工业和信息化精品系列教材

网络技术

Networking technology of
Local Area Networks

微课版

局域网组网技术

项目式教程

王春莲 宋彬彬 杨雪平 ◉ 主编

杨雪 ◉ 副主编

U0390296

人民邮电出版社

北 京

图书在版编目（CIP）数据

局域网组网技术项目式教程：微课版 / 王春莲，宋
彬彬，杨雪平主编. -- 北京：人民邮电出版社，2022.7
工业和信息化精品系列教材. 网络技术
ISBN 978-7-115-58326-0

Ⅰ. ①局… Ⅱ. ①王… ②宋… ③杨… Ⅲ. ①局域网
－组网技术－教材 Ⅳ. ①TP393.1

中国版本图书馆CIP数据核字(2021)第261732号

内 容 提 要

本书以培养学生的职业能力为核心，以工作实践为主线，以项目为导向，采用任务驱动的方式，融合计算机网络技术的发展成果，系统地阐述局域网组网的基础理论和主流技术。

本书精心设计了 8 个项目。全书围绕某小型企业网的建设项目，以网络的规划、组建、防护为主线，以基本的实践应用为引导，对局域网的基本知识、网络设备、综合布线、网络组建、无线局域网组建、网络服务、网络管理与安全防护等内容进行全面的讲解。同时，每个项目的"拓展实训"部分可以帮助读者巩固局域网组网的具体应用。

本书内容丰富、图文并茂，以实践为基础，注重内容的新颖性、科学性、系统性、实用性。本书可作为高职高专院校计算机应用技术、计算机网络技术、软件技术、信息管理等专业的"实用组网技术"课程的教材，也可作为计算机网络培训、计算机网络爱好者的学习用书。

- ◆ 主　　编　王春莲　宋彬彬　杨雪平
　　副主编　杨　雪
　　责任编辑　马小霞
　　责任印制　王　郁　焦志炜
- ◆ 人民邮电出版社出版发行　　北京市丰台区成寿寺路 11 号
　　邮编　100164　　电子邮件　315@ptpress.com.cn
　　网址　https://www.ptpress.com.cn
　　固安县铭成印刷有限公司印刷
- ◆ 开本：787×1092　1/16
　　印张：15.25　　　　　　　　　　2022 年 7 月第 1 版
　　字数：386 千字　　　　　　　2025 年 1 月河北第 4 次印刷

定价：59.80 元

读者服务热线：(010)81055256　印装质量热线：(010)81055316
反盗版热线：(010)81055315
广告经营许可证：京东市监广登字 20170147 号

前言 PREFACE

计算机网络的发展日新月异，计算机技术已经融入社会生活的各个方面，为科学、教育、办公、娱乐、商务、资讯等领域提供了不可或缺的交流平台。目前，我国很多高等职业院校的计算机相关专业都将"实用组网技术"作为一门重要的专业课程。为了帮助高职高专院校的教师比较全面、系统地讲授这门课程，使学生能够熟练地掌握相关技术，我们编写了本书。

党的二十大报告提出，育人的根本在于立德。本书根据教育部专业教学标准要求编写，邀请行业、企业专家和一线课程负责人一起从人才培养目标、专业方案等方面做好顶层设计，明确专业课程标准，强化专业技能培养，落实立德树人为根本任务，从创新能力、爱国情怀、民族自信、社会责任、法制意识、工业文化、职业态度、职业素养等方面着眼，以学生综合职业能力培养为中心来安排教材内容。根据岗位技能要求，本书引入了企业实践案例，旨在提高职业院校专业技能课程的教学质量。

教学方法

本书中的每个项目都包含了一个相对独立的教学主题和重点，并通过多个任务来具体阐释，而每个任务又通过若干个典型操作来具体细化。每个项目中包含以下经过专门设计的结构要素。

- 项目背景：以某小型企业网的建设项目引出本项目内容。
- 项目目标：介绍项目教学要达到的主要知识和技能目标。
- 素养提示：落实立德树人根本任务，结合本专业知识，融入素养要点，达到素质目标。
- 关键术语：介绍项目教学涉及的主要术语。
- 任务要求：通过典型操作任务具体阐释教学主题和重点。
- 知识准备：介绍任务实施过程中涉及的知识点。
- 任务实施：详细介绍任务实施的操作过程，并及时提醒学生应注意的问题。
- 拓展实训：为学生准备可以在课堂上即时练习的项目，以巩固所学的基本知识。
- 知识延伸：介绍与内容相关的知识要点，拓展学生知识储备。
- 扩展阅读：立德树人，介绍与课程内容相关的课外知识或历史事件。
- 检查你的理解：每个项目的最后都有一组习题，用以检查学生的学习效果。

教学内容

教师可用 32 个课时来讲授本书的内容，再配以 32 个课时的实践训练，以便达到较好的教学效果。各项目的教学课时可参考下面的课时分配表。

项目	课程内容	课时分配	
		讲授	实践训练
项目 1	网络概念、网络体系结构、局域网、网络操作系统、网络的新技术和新应用领域	4	4
项目 2	网络需求分析、网络设计、IP 地址规划、网络项目招投标	2	2
项目 3	网络设备、传输介质、综合布线	4	4
项目 4	二层交换技术、VLAN 技术、基于端口的 VLAN、Trunk	4	4
项目 5	路由器的基本配置、网络地址转换、静态路由、访问控制列表	6	6
项目 6	无线局域网、无线局域网通信模型、无线局域网组建	4	4
项目 7	Internet 信息服务、管理 Web 网站、DHCP 服务、DNS 服务、FTP 服务	4	4
项目 8	网络安全威胁、网络安全常用命令、病毒防范、网络攻击技术、网络防御技术、无线网络安全	4	4
课时总计		32	32

教学资源

为方便教师教学，本书配备了内容丰富的教学资源包，包括 PPT、电子教案、习题答案、教学视频、拓展资源、两套模拟试题及答案。任课老师可登录人民邮电出版社人邮教育社区（www.ryjiaoyu.com）免费下载并使用。

本书由德州职业技术学院王春莲、宋彬彬、杨雪平任主编，杨雪任副主编，济南博赛网络技术有限公司董良工程师参编。由于编者水平有限，书中难免存在疏漏之处，敬请广大读者指正。

编 者
2023 年 5 月

目录

项目 3

认识网络设备和传输介质 …………… 56

项目 4

组建办公室网络 ……………………… 92

项目1
初识计算机网络

项目背景

小明今年刚大学毕业，入职某公司。今天，小明接到了一个任务，是为公司搭建一个小型企业网络。接到任务后，小明决定先了解网络技术相关的专业知识，边学边用，以便顺利地搭建网络。本项目主要讲解网络基础知识，小明应掌握如何绘制企业局域网拓扑结构图和安装 Windows 系统。本项目知识导图如图 1-1 所示。

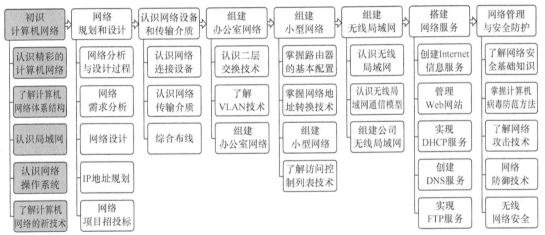

图 1-1　项目 1 知识导图

项目目标

在学习完本项目之后，小明应该能够回答下面的问题。

- 计算机网络的功能和特点有哪些？
- 计算机网络的组成部分有哪些？
- 计算机网络的拓扑结构有哪些？
- OSI 参考模型与 TCP/IP 参考模型有什么区别？

- 如何搭建小型网络拓扑结构？
- 局域网与网络的关系是怎样的？
- 常见的网络操作系统有哪些？

素养提示

精益求精　工匠精神　团结协作　技术创新　网络生态

关键术语

- 计算机网络
- 局域网
- 城域网
- OSI 参考模型
- IEEE 802
- Windows Server 2019

- 拓扑结构
- 广域网
- 国际互联网
- TCP/IP 参考模型
- Linux 系统

任务 1.1　认识精彩的计算机网络

【任务要求】

网络为我们的生活增添了丰富的色彩。通过网络，我们可以进行企业办公，也可以浏览新闻、查询资料、在线学习等。为了搭建网络，小明需要了解计算网络的定义和组成，掌握计算机网络的功能和特点等知识。

【知识准备】

1.1.1　计算机网络的定义及其发展

在计算机领域，网络是信息传输、接收、共享的虚拟平台，它把各个点、面、体的资源联系到一起，从而实现这些资源的共享。网络是人类发展史上的重要发明，加快了科技和社会的发展速度。

1. 计算机网络的定义

计算机网络是利用通信线路将分散的、具有独立功能的计算机系统和通信设备按不同的形式连接起来，以功能完善的网络软件实现资源共享和信息传递的系统。

它有以下 3 个基本要素。

（1）至少有两台具有独立网络操作系统的计算机，且它们之间有相互共享资源的需求。

（2）必须有某种通信手段将两台独立的计算机连接。

（3）网络中各台独立的计算机之间要想相互通信，必须制定通用的规范标准或协议。

2. 计算机网络的发展历程

20 世纪 50 年代后期，美国半自动地面防空系统（Semi-Automatic Ground Environment，SAGE）开始了计算机技术与通信技术相结合的尝试。在 SAGE 中，远程雷达和其他测控设备由线路汇集至一台 IBM 大型计算机上集中进行信息处理。该系统最终于 1963 年建成，被认为是计算机技术和通信技术结合的先驱。

随着计算机网络技术的蓬勃发展，计算机网络的发展过程大致可分为如下几个阶段。

（1）第一代计算机网络

20 世纪 50 年代，为了使用计算机系统，将分散的多台无处理能力的终端机（终端机是一台计算机的外部设备，包括显示器和键盘等，无 CPU 和内存）通过通信线路连接到一台中心计算机上，使其排队等候，待系统空闲时使用计算机。科学工作者们创造了第一代计算机网络。

第一代计算机网络的主要特征是：为了提高系统的计算能力和实现资源共享，分时系统所连接的多台终端机与中心服务器连接，这样就可以让多个用户同时使用中心服务器资源。

（2）第二代计算机网络

第二代计算机网络（远程大规模互联）将多台主机通过通信线路进行互联，为网络用户提供服务。20 世纪 60 年代出现了大型主机商业应用，因而也有了对大型主机资源远程共享的要求。同时，以程控交换为特征的电信技术的发展，为这种远程通信需求提供了实现手段。

在这种网络中，主机之间不直接用线路相连，而由端口信息处理机（Interface Message Processor，IMP）转接后实现互联。IMP 和通信线路一起负责网络中主机间的通信任务，从而构成通信子网。接入通信子网的互联主机负责运行程序，提供共享资源，组成资源子网。

20 世纪 70 年代是通信网络大力发展的时期，这一时期的网络都以实现计算机之间的远程数据传输和信息共享为主要目的，通信线路大多为租用的电话线路，少数为铺设的专用线路。这一时期的网络以远程大规模互联为主要特点。

（3）第三代计算机网络

随着计算机网络技术的成熟，网络的应用领域越来越广泛，网络规模不断扩大，通信技术也变得更加复杂。各大计算机公司纷纷制定出自己公司的网络技术标准。

1977 年，国际标准化组织（International Organization for Standardization，ISO）制定了开放系统互联（Open System Interconnection，OSI）参考模型。OSI 参考模型的出现，标志着第三代计算机网络的诞生，即所有的厂商都遵循 OSI 参考模型的标准，形成了一个具有统一网络体系结构的局面，并以此建设遵循国际标准的开放式和标准化网络。

OSI 参考模型将网络划分为 7 个层次，使网络通信过程直观化，网络通信原理简化，网络通信协议标准化，成为新一代计算机网络体系结构的基础，为普及局域网奠定了基础。

（4）第四代计算机网络

20 世纪 80 年代，计算机技术、局域网技术发展成熟，出现了光纤及高速网络传输技术。网络就像一个对用户透明的大规模计算机系统，计算机网络获得了高速发展。

计算机网络及 Internet 已成为社会结构的组成部分。网络被应用于工商业各个方面，包括电子银行、电子商务、现代化的企业管理、信息服务等。从学校远程教育到政府日常办公，再到电子社区，都离不开网络，网络无处不在。

（5）下一代网络

下一代网络（Next Generation Network，NGN）是互联网、移动通信网络、固定电话通信网络的融合及 IP 网络和光网络的融合。NGN 可以提供包括语音、数据和多媒体等各种业务在内的综合开放的网络构架，是业务驱动、业务与呼叫控制分离、呼叫与承载分离的网络，也是基于统一协议、基于分组的网络。

NGN 的核心思想是在一个统一的网络平台上，以统一管理的方式提供多媒体业务，在整合现有的市内固定电话、移动电话的基础上，增加多媒体数据服务及其他增值型服务。其中，话音的交换将采用软交换技术，而平台的主要实现方式为 IP 技术。

NGN 朝着具有定制性、多媒体性、可携带性和开放性等方向发展。毫无疑问，下一代网络将进一步提高人们的生活质量，为消费者提供种类更丰富、语音质量更高的数据和多媒体业务。

1.1.2 计算机网络的功能和特点

社会进步及科学技术的发展为计算机网络的发展提供了非常有利的条件。计算机网络与通信网络的结合，不仅使众多个人计算机（Personal Computer，PC）能够同时处理文字、数据、图像、声音等信息，还可以使这些信息"四通八达"，及时与全国乃至全世界的信息进行交换。计算机网络的主要功能和特点归纳起来有以下几点。

1. 数据通信

数据通信是计算机网络最基本的功能，其为网络用户提供了强有力的通信手段。计算机网络建设的主要目的之一就是使分布在不同物理位置的计算机能相互通信和传送信息（如声音、图形、图像等多媒体信息）。计算机网络的其他功能都是在数据通信功能的基础之上实现的，如发送电子邮件、远程登录、联机会议等。

2. 资源共享

（1）硬件和软件的共享。硬件共享是指计算机网络允许网络上的用户共享不同类型的硬件设备。硬件设备通常有打印机、光驱、大容量的磁盘和高精度的图形设备等。软件共享通常是指如果某一系统软件或应用软件（如数据库管理系统）占用的空间较大，则将其安装到一台配置较高的服务器上，并将其属性设置为共享，这样网络上的其他计算机即可直接使用该软件，极大地节省了计算机的硬盘空间。

（2）信息共享。信息也是一种宝贵的资源，Internet 就像一个浩瀚的海洋，有"取之不尽、用之不竭"的信息与数据。每一个连入 Internet 的用户都可以共享这些信息，例如各类电子出版物、网上新闻、网上图书馆和网上超市等。

3. 提高计算机系统的可靠性

在计算机系统中，单个部件或计算机暂时失效时，必须通过替换资源的方法来维持系统的持续运行。在计算机网络中，每种资源（尤其是程序和数据）分别存放在多个地点，用户可以通过多种途径来访问网络内部的某个资源，从而避免了单点失效对用户造成的影响。

4. 提高系统处理能力

单台计算机的处理能力是有限的，将多台计算机连接起来之后，由于种种原因（如时差），计算机之间的忙闲程度是不一致的。从理论上讲，同一网络内的多台计算机可以通过协同操作和并行处理来提高整个系统的处理能力，使网络内的各台计算机之间实现负载均衡。

随着越来越多的移动终端接入网络，互联网在移动设备上的应用层出不穷。无论是个人应用，还是企业级的携带自己的设备办公（Bring Your Own Device，BYOD），都意味着网络已经进入了"移动"时代。传统网络和移动网络的规划、设计、部署和维护，都需要大量的高科技人才，这也是越来越多的人选择从事网络相关行业的原因之一。

1.1.3 计算机网络的组成

计算机网络是由通信子网和资源子网构成的。通信子网负责全网中的信息传递，资源子网负责信息处理。

1. 通信子网

通信子网是由用作信息交换的通信控制处理机、通信线路和其他通信设备组成的独立的数据信息系统，它承担全网的数据传递、转接等通信处理工作。

2. 资源子网

资源子网是指计算机网络中面向用户的部分，其处于网络的外围，由主机系统、终端、中断控制器、外部设备、各种软件资源和信息组成，主要负责提供全网的信息处理、信息共享和信息储存服务。

资源子网主要负责全网的信息处理、数据处理业务，以及向网络用户提供各种网络资源和网络服务、资源共享功能等。它主要包括网络中所有的主计算机、输入/输出（Input/Output，I/O）设备、终端、各种网络协议、网络软件和数据库等。在局域网中，资源子网主要由网络的服务器、工作站、共享的打印机和其他设备及相关软件所组成。

主计算机系统简称主机（host），它可以是大型机、中型机或小型机。主机是资源子网的主要组成单元，它通过高速通信线路与通信子网的通信控制处理机相连接。普通用户终端通过主机连入网络内。主机要为本地用户访问网络中其他主机设备和资源提供服务，同时为远程用户共享本地资源提供服务。

终端（terminal）是用户访问网络的界面。终端可以是简单的输入、输出终端，也可以是带有微处理机的智能终端。终端可以通过主机连入网络内，也可以通过终端控制器、报文分组组装与拆卸装置或通信控制处理机连入网络内。

1.1.4 计算机网络的分类

计算机网络分类的标准有很多，如拓外结构、应用协议、传输介质、数据交换方式。但是这些标准只能反映网络某方面的特征，不能反映网络的本质。最能反映网络本质的分类标准是网络的覆盖范围，按网络的覆盖范围可以将网络分为局域网（Local Area Network，LAN）、城域网（Metropolitan Area Network，MAN）、广域网（Wide Area Network，WAN）。

1. 局域网

局域网的地理分布范围在方圆几千米以内，一般局域网建立在某个机构所属的一个建筑群内或校园内，甚至几台计算机也能构成一个小型局域网。由于局域网的覆盖范围有限，数据的传输距离短，因此局域网内的数据传输速率比较高，一般在 10 ~ 100Mbit/s，现在的高速局域网传输速率可达到 1 000Mbit/s。

2. 城域网

城域网的覆盖范围在局域网和广域网之间，一般为方圆几千米到方圆几十千米，通常在一个城市内。

3. 广域网

广域网也称远程网，是远距离、大范围的计算机网络。这类网络的作用是实现远距离计算机之间的数据传输和信息共享。广域网可以是跨地区、跨城市、跨国家的计算机网络，覆盖范围一般是方圆几千米至方圆数千千米，其通信线路大多借用公用通信网络（如公用电话网）。由于广域网覆盖的范围很大，联网的计算机众多，因此广域网中的信息量非常大，共享的信息资源极为丰富。但是广域网的数据传输速率比较低，一般在 64kbit/s ~ 2Mbit/s。

1.1.5 计算机网络的应用

随着社会信息化进程的推进和通信技术、计算机技术的迅速发展，计算机网络的应用越来越普遍，如今计算机网络几乎深入社会的各个领域。Internet 已成为家喻户晓的网络名称，是当今世界上最大的计算机网络，同时也是一条贯穿全球的"信息高速公路主干道"。计算机网络主要提供如下服务，通过这些服务人们可以将计算机网络应用于社会的方方面面。

1. 计算机网络在企事业单位中的应用

计算机网络可以使企事业单位内部实现办公自动化，做到各种软硬件资源的共享。如果将内部网络联入 Internet，还可以实现异地办公。例如，通过万维网或电子邮件，单位可以很方便地与分布在不同地区的子公司或其他业务单位建立联系，这不仅能够及时地交换信息，还实现了无纸化办公。在外地的员工通过网络可以与单位保持通信，得到单位的指示和帮助。单位可以通过 Internet 收集市场信息，并发布单位产品信息，从而获得良好的经济效益。

2. 计算机网络在个人信息服务中的应用

计算机网络在个人信息服务中的应用与单位网络的工作方式不同。家庭和个人一般拥有一台或几台微型计算机，它们通过电话交换网或光纤连入公共数据网。家庭和个人一般希望通过计算机网络获得各种信息服务。一般来说，个人通过计算机网络获得的信息服务主要是以下 3 类。

（1）远程信息的访问。人们可以通过万维网访问各类信息系统，包括政府、教育、艺术、健康、娱乐、科学、体育、旅游等各方面的信息，甚至包括各类商业广告。随着报纸的网络化与个性化，人们可以通过网络查看报纸、新闻或下载感兴趣的内容。

（2）个人与个人之间的通信。20 世纪人们通信的基本工具是电话，21 世纪则是计算机网络。电子邮件等通信方式已得到广泛应用，初期的电子邮件用于传送文本文件，后来进一步用于传送语音、图像文件。

（3）家庭娱乐。家庭娱乐正对信息服务业产生着巨大的影响，人们可以在家里点播电影和电视节目。新的电影形式可能是交互式的，观众在看电影时可以参与到电影情节中去。家庭电视也可以成为交互式的，观众可以参与到猜谜等活动之中。

3. 计算机网络在商业上的应用

随着计算机网络的广泛应用，电子数据交换（Electronic Data Interchange，EDI）已成为国际贸易往来的一个重要手段，它以一种被共同认可的资料格式使分布在全球各地的贸易伙伴通过计算机传输各种贸易单据，从而代替了传统的贸易单据，节省了大量的人力和物力，提高了效率。例如，网上商城实现了网上购物、网上付款等服务。

总之，随着网络技术的发展和各种网络应用的开发，计算机网络应用的范围和领域在不断地扩大、拓宽，许多新的计算机网络应用系统不断地被开发出来，如远程教学、远程医疗、工业自动控制、电子博物馆、数字图书馆、全球情报检索与信息查询、电视会议、电子商务等。

【任务实施】初识身边的网络

1. 使用搜索引擎搜索网页资源

步骤❶ 在浏览器地址栏中输入百度搜索引擎地址，按"Enter"键即可打开百度搜索引擎。

步骤❷ 在百度的搜索文本框中输入要查找的关键词，如"什么是网络"，单击"百度一下"按钮后，即可搜到相关的资料。

2. 利用官方网站下载计算机版软件

步骤❶ 在浏览器地址栏中输入要下载软件的官方网站地址，如人民邮电出版社官方网站 https://www.ptpress.com.cn/，按"Enter"键即可打开网站。

步骤❷ 在该网站中找到"钉钉软件下载"按钮并单击。

步骤❸ 单击"Windows 版本下载"按钮，即可把软件下载并保存到本地。

任务 1.2　了解计算机网络体系结构

【任务要求】

计算机网络将位于不同地点的计算机或终端互联起来，实现相互通信、协网工作和资源共享，这是一个复杂的工程设计问题。为了解决这一复杂问题，可以采用结构化的设计方法，构建网络体系结构。为了深入了解计算机网络，小明需要掌握 OSI 参考模型和 TCP/IP 参考模型的知识，学会查看本机 IP 地址等技能。

【知识准备】

1.2.1　认识计算机网络体系结构

为了明确计算机网络中所有设备之间的通信协作关系，可以通过构建网络体系结构（Network Architecture）的方式，把网络中计算机之间的互联关系、基本通信功能描述清楚。同时，采用分层网络体系结构，还可以理清设备之间的通信进程、通信的规则和约定，以及上下层及相邻端口的服务关系。

1. 构成网络体系结构的基本概念

计算机网络体系结构是指计算机网络层次结构模型和各层协议的集合。它广泛采用的是 ISO 在 1977 年提出的 OSI 参考模型。

计算机网络体系结构用分层研究的方法定义网络中各层的功能，该体系结构是各层协议和端口的集合。在这里，需要明确构成网络体系结构的基本概念。

（1）服务。服务可以说明某一层为上一层提供什么功能。

（2）端口。端口可以说明上一层如何使用下层的服务。

（3）协议。协议是指通信双方对传送内容的理解、表示形式及应答等，是通信双方遵守的一些共同约定。

2. 结构化层次模型的优点

网络体系结构最早由 IBM 公司在 1974 年提出，当时名为系统网络体系结构（System Network Architecture，SNA）模型，建立结构化层次模型主要是为了解决异种网络互联时所遇到的兼容性问题。结构化层次模型具有以下优点。

（1）各层之间相互独立，即不需要知道低层结构，只需要知道每一层通过层间端口所提供的服务。

（2）灵活性好，只要端口不变，结构就不会因层变化（甚至是取消该层）而变化。

（3）各层采用最合适的技术实现结构，不影响其他层。

（4）有利于促进网络体系标准化，每层的功能和提供的服务都有标准说明，使具备相同对等层的不同网络设备能实现互操作。

（5）降低问题复杂程度，一旦网络发生故障，可迅速定位故障，便于查错和纠错。

1.2.2　OSI 参考模型

为了解决不同类型的网络设备之间的互联互通问题，ISO 于 1979 年提出了 OSI 参考模型。

1. OSI 参考模型概述

OSI 参考模型采用分层结构描述网络设备之间的通信协议、服务和端口标准，要求不同厂商必须遵循这一网络体系结构，否则就无法实现互联互通。

OSI 参考模型在规划过程中，应遵循以下原则。

（1）网络中各节点都有相同的层。

（2）不同节点的同等层具有相同功能。

（3）同一节点内相邻层之间通过端口进行通信。

（4）每一层使用下层提供的服务，并向其上层提供服务。

（5）不同节点的同等层按照协议实现通信。

2. OSI 参考模型

OSI 参考模型共分为 7 层结构，分别是物理层（physical layer）、数据链路层（data link layer）、网络层（network layer）、传输层（transport layer）、会话层（session layer）、表示层（presentation layer）和应用层（application layer）。

（1）低 3 层（物理层、数据链路层和网络层）：称作面向数据传输的通信层，负责有关通信子网的工作及解决网络中的通信问题，是网络工程师所研究的对象。

（2）高 3 层（会话层、表示层和应用层）：称作面向用户应用控制层，负责有关资源子网的工作，是用户面向用户关系的内容层。

（3）传输层是通信子网和资源子网的端口，起连接传输和控制通信质量的作用。OSI 参考模型示意图如图 1-2 所示。

层与层之间的联系通过各层之间的端口实现，上层通过端口向下层发出服务请求，而下层通过端口向上层提供服务。

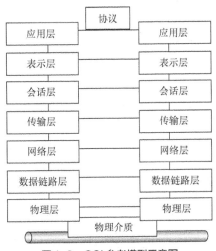

图 1-2　OSI 参考模型示意图

　　两台终端计算机通过网络进行通信时，除了物理层通过传输媒体连接之外，其余各对等层之间均不存在直接通信关系，而是通过各对等层协议进行通信。只有两个物理层之间才通过传输媒体连接，进行真正的物理通信。

　　模型中每层都依赖上层和下层来实现网络信息交互。数据在每一层通信前，该层都附加上了属于这一层的控制信息，以便上一层或下一层知道如何处理这些数据。

　　信息在 7 层结构中的流动过程为：数据在发送端从上到下逐层加上各层控制信息，构成比特流发送到物理信道，然后经过网络传输到接收端的物理层，从下到上逐层去掉相应层的控制信息后，最终传送到应用层进程。

　　在接收计算机上，报文要逐层被解封装，读出针对该层的控制信息。依次类推直到最顶层，此时数据已经不带有任何控制信息，由应用程序直接处理。

1.2.3　TCP/IP 参考模型

　　传输控制协议/互联网协议（Transmission Control Protocol/Internet Protocol，TCP/IP）是美国国防部早期建立的美国国防部高级研究计划局计算机网（Advanced Research Project Agency Network，ARPANET）设计开发的通信标准，主要提供与底层硬件无关的网络之间的通信，目的是使不同厂商的通信设备能在同一网络环境下组网，实现网络之间的互联互通。阿帕（ARPA）是美国国防部高级研究计划局（Advanced Research Project Agency）的简称。

　　TCP/IP 现在得到了全世界的认可，是 Internet 的主要通信标准。

　　TCP/IP 是一组通信协议的集合，其中的每个协议都有特定的功能，可完成相应的网络通信任务。TCP/IP 中的部分协议如图 1-3 所示。

　　TCP/IP 得名于两个重要的协议：传输控制协议（Transmission Control Protocol，TCP）和互联网协议（Internet Protocol，IP）。TCP 是 TCP/IP 的核心，其为网络提供可靠的数据信息流传递服务。IP 是支持网间互联的数据报协议，提供网间连接的标准，规定 IP 数据报在互联网络范围内的地址格式。

TCP/IP四层模型	各层网络协议
应用层	TFTP、FTP、NFS、WAIS
	Telnet、rlogin、SNMP、Gopher
	SMTP、DNS
传输层	TCP、UDP
网络层	IP、ICMP、IGMP、ARP、RARP
网络接口层 （数据链路层）	PDDI、Ethernet、SLP、PPP、Arpanet
	IEEE 802.1A、IEEE802.2-IEEE802.11

图 1-3　TCP/IP 中的部分协议

　　TCP/IP 是一个 4 层的网络体系结构，包括应用层、传输层、网络层和网络接口层（数据链路层）。

　　由于设计时并未考虑要与具体传输媒体相关联，因此没有对网络接口层和物理层做出规定，最低层的网络接口层也没有具体内容。信息传输过程与低层的网络接口层和物理层无关，这也是 TCP/IP 的重要特点。TCP/IP 网络特点如下。

　　（1）开放的协议标准（与硬件、网络操作系统无关）。

　　（2）独立于特定的网络硬件（运行于局域网、广域网，特别是互联网中）。

　　（3）统一网络编址（网络地址的唯一性）。

　　（4）标准化高层协议可提供多种服务。

1-3

微课

【任务实施】查看本机 IP 地址

　　查看本机 IP 地址有以下两种方法。

　　方法一如下。

　　（1）用鼠标右键单击网络图标，如图 1-4 所示，选择"打开'网络和 Internet'设置"选项。

　　（2）单击"以太网"选项，如图 1-5 所示。

　　（3）在"以太网"界面中选择"网络"选项，如图 1-6 所示。

图 1-4　网络图标

图 1-5　网络和 Internet 的设置窗口

（4）单击图 1-6 所示的"网络"图标就能在"属性"区域中看到 IP 地址了，如图 1-7 所示。

图 1-6 "以太网"界面

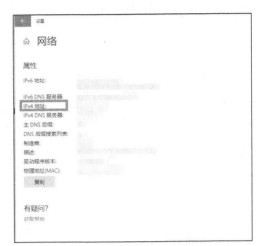

图 1-7 查看 IP 地址

方法二如下。

（1）按组合键"Win+R"打开"运行"对话框，在"运行"对话框中输入"cmd"，单击"确定"按钮，如图 1-8 所示。

（2）打开命令提示符窗口，输入"ipconfig/all"，按"Enter"键，如图 1-9 所示。

图 1-8 "运行"对话框

图 1-9 命令提示符窗口

（3）此时就可以看到 IP 地址等信息，如图 1-10 所示。

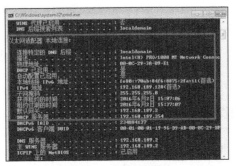

图 1-10 IP 地址等信息

任务 1.3 认识局域网

【任务要求】

搭建一个小型企业网络，完成局域网的组网搭建。为了完成本任务，小明需要掌握局域网的一些相关知识，例如局域网的功能与分类、局域网的拓扑结构、体系结构和标准，以及局域网的组成要素，以便能够完成企业局域网拓扑结构图的绘制。

【知识准备】

1.3.1 局域网的定义

局域网技术已经成为计算机网络中最流行的技术之一。局域网产生于 20 世纪 70 年代，微型计算机的发明和迅速流行、计算机应用的迅速普及，以及人们对信息交流、资源共享和高带宽的迫切需求，都直接推动了局域网的发展。20 世纪 90 年代以来，局域网的发展更是突飞猛进，日新月异的新技术、新产品令人目不暇接。特别是交换技术的出现，更使局域网的发展进入了一个崭新的阶段。

局域网是联网距离有限的数据通信系统，它支持各种通信设备的互连，并以廉价的媒体提供宽频带的通信来实现信息交换和资源共享，而且它通常是为用户自己所专有的。狭义地讲，局域网是在一个局部地理范围内（如一所学校、一个工厂和一个机关单位内），将各种计算机、外部设备和数据库等互相连接起来组成的计算机通信网。一般来说，局域网主要有如下特点。

1. 覆盖的地理范围较小

局域网的覆盖范围一般不超过方圆 10 千米，通常为一幢大楼、一个工厂、一所学校等。

2. 传输速率高

由于局域网通信线路短，因此数据传输速率高，其目前传输速率通常在 100Mbit/s 以上。局域网是实现计算机之间高速通信的有效工具。

3. 管理方便

由于局域网范围较小，且为单位或部门所有，因此网络的建立、维护、管理、扩充和更新等都十分方便。

4. 价格低廉

由于局域网覆盖范围有限、通信线路短，且以价格低廉的微机为联网对象，因此局域网的性价比相当理想。

1.3.2 局域网的功能与分类

局域网的功能非常广泛，种类也很多。

1. 局域网的功能

局域网有许多功能，如可以进行数据通信、资源共享等，具体功能如下。

数据通信即实现计算机与终端、计算机与计算机间的数据传输。数据和文件的传输是网络的重要功能，现代的局域网不仅能传送文件、数据信息，还可以传送声音、图像。局域网站点之间可提供电子邮件服务及传真、远程数据交换等功能。

2. 局域网的分类

局域网存在多种分类方法，因此一个局域网可能属于多种类型。局域网经常采用以下几种方法分类。

（1）按拓扑结构可将局域网分为总线型局域网、环形局域网、星形局域网及混合型局域网等类型。这种分类方法反映的是网络采用的哪种拓扑结构，是最常用的分类方法。

（2）按传输介质可将局域网分为同轴电缆局域网、双绞线局域网和光纤局域网。若采用的传输介质是无线电波、微波，则可将该局域网称为无线局域网。

（3）按访问介质可将局域网分为以太网（Ethernet）、令牌环网（Token Ring Network）、令牌总线网（Token Bus Network）。

（4）按网络操作系统可将局域网分为 Novell 公司的 Netware 网、3COM 公司的 3+OPEN 网、Microsoft 公司的 Windows NT 网、IBM 公司的 LAN Manager 网、BANYAN 公司的 VINES 网等。

（5）按数据的传输速可将局域网率分为 10Mbit/s 局域网、100Mbit/s 局域网、155Mbit/s 局域网等。

1.3.3 局域网的拓扑结构

局域网的拓扑结构主要有总线型、星形、环形和混合型。

1-4

微课

1. 总线型拓扑结构

总线型拓扑结构中所有设备都直接与总线相连，它所采用的传输介质一般是同轴电缆（包括粗缆和细缆）。不过现在也有采用光缆作为传输介质的，ATM 网、Cable Modem 所采用的网络等都属于总线型局域网。

总线型拓扑结构在局域网中得到了广泛的应用，其主要优点如下。

（1）布线容易、线缆用量小。总线型局域网中的节点都连接在一个公共传输介质上，所以需要的线缆长度短，减少了安装费用，易于布线和维护。

（2）可靠性高。总线型局域网结构简单，从硬件上来看，十分可靠。

（3）易于扩充。在总线型局域网中，如果要增加长度，可通过中继器加上一个附加段；如果需要增加新节点，可在总线的任何点将其接入。

（4）易于安装。总线型局域网的安装比较简单，对技术要求不是很高。

2. 星形拓扑结构

星形拓扑结构是目前在局域网中应用最为普遍的一种，在企业网络中几乎都是采用这种结构。星形拓扑结构几乎是以太网的专用结构。在这种结构中，所有的网络节点都通过一个网络集中设备（如集线器或者交换机）连接在一起，各节点呈星状分布。

星形拓扑结构有以下优点。

（1）可靠性高。在星形拓扑结构中，每个节点只与一个设备相连，因此单个节点的故障只影响一个设备，不会影响全网。

（2）方便服务。中央节点和中间接线都有一批集中点，可方便提供服务和进行网络重新配置。

（3）故障诊断容易。如果网络中的节点或者传输介质出现问题，只会影响该节点或者与传输介质相连的节点，不会涉及整个网络，从而比较容易判断故障的位置。

3. 环形拓扑结构

环形拓扑结构是一个像环一样的闭合链路，在该链路上有许多中继器和通过中继器连接到链路上的节点。也就是说，环形拓扑结构是由一些中继器和连接到中继器的点到点链路组成的一个闭合环。在环形局域网中，所有的通信共享一条物理通道，即连接网中包含所有节点的点到点链路。

环形拓扑结构具有以下优点。

（1）线缆长度短。环形拓扑结构所需的线缆长度与总线型拓扑结构相当，但比星形拓扑结构短。

（2）适用于光纤。光纤传输速率高，环形拓扑结构是单向传输，十分适合用于光纤传输介质。如果在环形局域网中把光纤作为传输介质，将大大提高网络的传输速率和抗干扰能力。

（3）无差错传输。由于环形拓扑结构采用点到点链路，被传输的信号在每个节点上再生，因此传输信息误码率可降到最低。

4. 混合型拓扑结构

混合型拓扑结构是综合性的拓扑结构，一般是由星形和总线型拓扑结构结合在一起的网络结构。组建混合型拓扑结构的网络有利于发挥网络拓扑结构的优点，克服相应的局限。混合型拓扑结构同时兼顾了星形拓扑结构和总线型拓扑结构的优点，并克服了它们的一些缺点。这种拓扑结构主要用于较大的局域网中。

混合型拓扑结构具有以下优点。

（1）应用广泛。混合型拓扑结构主要弥补了星形和总线型拓扑结构的不足，满足了大公司搭建网络的实际需求。

（2）扩展灵活。混合型拓扑结构继承了星形拓扑结构的优点。

（3）传输速率较快。因其骨干网采用高速的同轴电缆或光缆，所以整个网络在传输速率上不受太多的限制。

1.3.4 局域网的体系结构和标准

局域网的体系结构与广域网的体系结构有很大的区别。广域网使用的是点到点连接的网络，各个主机之间通过多个节点组成的网络进行通信；局域网则使用的是广播信道，即所有的主机都连接到同一传输媒体上，各主机对传输媒体的控制和使用采用多路访问信道及随机访问信道机制。

电气电子工程师协会（Institute of Electrical and Electronics Engineers，IEEE）制定了一系列局域网标准，这些标准称为 IEEE 802。目前许多 IEEE 802 已经成为 ISO 国际标准。

由于局域网不需要路由选择，因此它并不需要网络层，只需要最低的两层：物理层和数据链路层。按照 IEEE 802，数据链路层分为两个子层：介质访问控制（Media Access Control，MAC）子层和逻辑链路控制（Logical Link Control，LLC）子层。因此在 IEEE 802 中，局域网体系结构由物理层、MAC 子层和 LLC 子层组成，如图 1-11 所示。

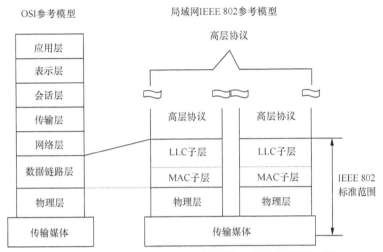

图 1-11　局域网的 IEEE 802 参考模型与 OSI 参考模型的对比

1. 局域网参考模型

OSI 参考模型（Reference Model，RM）是具有一般性的网络模型结构，其作为一种标准框架为构建网络提供了一个参照系。但局域网作为一种特殊的网络，有它自身的技术特点。另外由于局域网实现方法的多样性，所以它并不完全套用 OSI 体系结构。国际上通用的局域网标准由 IEEE 802 委员会制定。IEEE 802 委员会根据局域网适用的传输媒体、网络拓扑结构、性能及实现难易程度等因素，为局域网制定了一系列标准，即 IEEE 802。

由于局域网大多采用共享信道，当通信局限于一个局域网内部时，任意两个节点之间都有唯一的链路，即网络层的功能可由数据链路层来完成，所以局域网中不单独设立网络层。IEEE 802 委员会提出的局域网参考模型（LAN/RM）与 OSI 参考模型的对应关系如图 1-12 所示。

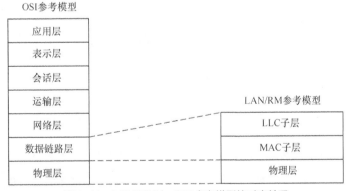

图 1-12　LAN/RM 与 OSI 参考模型的对应关系

和 OSI 参考模型相比，LAN/RM 只相当于 OSI 参考模型的最低两层。物理层用来建立物理连接，是必需的。数据链路层把数据转换成帧来传输，并实现帧的顺序控制、差错控制及流量控制等功能，使不可靠的链路变成可靠的链路，所以该层也是必要的。

2. IEEE 802

IEEE 802 委员会于 1984 年前后公布了 5 项标准：IEEE 802.1 ~ IEEE 802.5。此外，千兆

以太网技术目前也已标准化。IEEE 802 各标准之间的关系如图 1-13 所示。

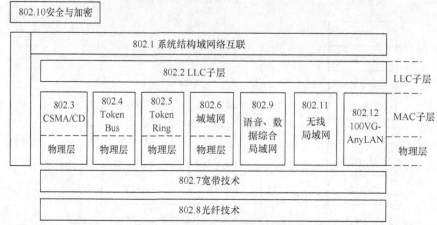

图 1-13　IEEE 802 各标准之间的关系

IEEE 802.1——局域网概述、体系结构、网络管理和网络互联。

IEEE 802.2——LLC 子层。

IEEE 802.3——CSMA/CD 介质访问控制标准和物理层规范，其定义了 4 种不同介质的 10Mbit/s 以太网规范，分别是 10BASE2、10BASE5、10BASET、10BASEF。

IEEE 802.4——令牌总线。

IEEE 802.5——令牌环网访问方法和物理层规范。

IEEE 802.6——城域网访问方法和物理层规范。

IEEE 802.7——宽带技术咨询和物理层课题与建议实施。

IEEE 802.8——光纤技术咨询和物理层课题。

IEEE 802.9——综合语音、数据服务的访问方法和物理层规范。

IEEE 802.10——安全与加密访问方法和物理层规范。

IEEE 802.11——无线局域网访问方法和物理层规范，包括 IEEE 802.11a、IEEE 802.11b、IEEE 802.11c 和 IEEE 802.11q。

IEEE 802.12——100VG-AnyLAN 快速局域网访问方法和物理层规范。

1.3.5　局域网的组成要素

局域网是由硬件系统和软件系统两大部分组成的。硬件系统主要包括网络设备，这些网络设备的连接方式和配置高低决定着局域网所具备的潜能；软件系统主要包括各种网络应用软件和管理软件，用户利用局域网开展的所有工作都是围绕各种软件来进行的。

1. 硬件系统

局域网的硬件系统主要包括服务器、工作站、网络适配器、传输介质和集线设备等网络硬件，将这些硬件按照一定的规则进行连接，即可构成一个基础的局域网硬件平台。

2. 软件系统

局域网的软件系统是局域网正常工作的"精神"基础，如果没有软件系统的支持，再高的网络硬件配置也没有实际意义。局域网的软件系统主要包括网络操作系统、网络设备驱动程序、网络应用软件、管理软件和工作站软件。

网络操作系统是向局域网中的计算机提供各种服务的专用操作系统，比较常见的有 UNIX、NetWare、Windows Server 和 Linux 系统等。网络设备驱动程序专门为网络硬件设备而开发，用于支持网络设备的正常工作。网络应用软件和管理软件则是用户借助于局域网进行资源共享、数据传输、系统办公和网络管理维护所必需的软件平台。另外，工作站上使用的软件其实也可以视为软件系统的一部分，主要用于辅助用户完成各种局域网应用。

就像人们进行交流时必须使用相同的语言规则一样，局域网中的计算机之间要想实现网络通信也必须遵循相同的通信规则，这些通信规则在网络领域被称为通信协议。通信协议常常由一组具有单一功能的单个协议组合而成，可以实现数据翻译、数据处理、错误校验和信息编址等功能。

【任务实施】绘制企业局域网拓扑结构图

1-5

微课

结合之前所学的内容完成办公室网络连接构成图，再次观察办公室的网络，认识并记录双绞线、水晶头、网卡和交换机等主要硬件设备，了解它们在网络中所起的作用，运用 Microsoft Office Visio 绘画软件绘制办公室网络的拓扑结构图。

Microsoft Office Visio 绘画软件的使用方法如下。

步骤❶ 打开 Microsoft Office Visio，在打开的界面右侧找到"详细网络图"模板，如图 1-14 所示。

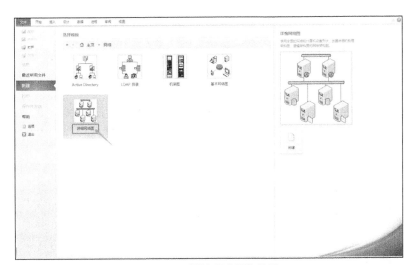

图1-14 "详细网络图"模板

步骤❷ 双击"详细网络图"模板进入绘图界面，在左侧形状列表里可以看到绘制基本网络拓扑结构图所需的一些基本图形形状，如图 1-15 所示。

步骤❸ 接下来开始绘制网络拓扑结构图。单击左侧的形状列表，在"计算机和显示器"中，将"PC"拖到绘图区域内，作为网络设备，如图 1-16 所示。

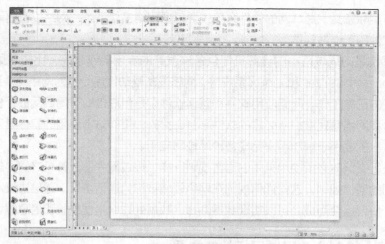

图 1-15　绘图界面

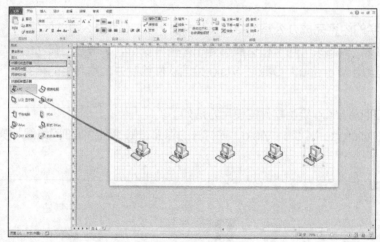

图 1-16　添加"PC"

步骤④ 在绘图区域中添加交换机、路由器、防火墙等设备，并用连接线连接，如图 1-17 所示。

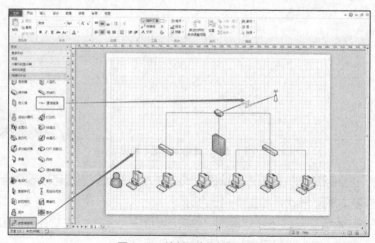

图 1-17　绘制网络拓扑结构图

步骤 ❺ 为了能够让其他人看明白图纸，可以在每个图形的下方加上文字注释，一张简单的网络拓扑结构图就绘制完毕了，如图 1-18 所示。

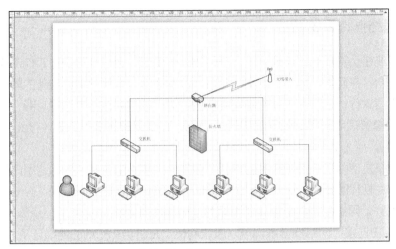

图 1-18　网络拓扑结构图

步骤 ❻ 使用 Microsoft Office Visio 绘制的图形文件为不常用的 OSD 格式，为了方便非专业人士查看该文件，可以通过"另存为"对话框将该文件保存为 JPEG 格式，如图 1-19 所示。

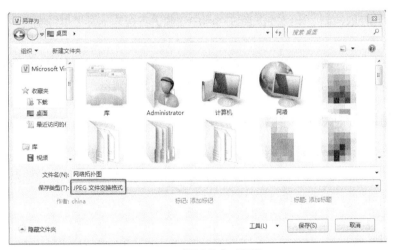

图 1-19　"另存为"对话框

任务 1.4　认识网络操作系统

【任务要求】

现代计算机系统是硬件和软件结合在一起的系统。由硬件组成的机器称为"裸机"，网络操作系统是最靠近硬件的底层软件，是计算机与用户之间的端口。小明如果想顺利搭建网络，就先要完成计算机网络操作系统的安装。

【知识准备】

1.4.1　网络操作系统概述

网络操作系统是负责控制和管理计算机硬件和软件资源，合理地组织计算机工作流程并方便用户使用的程序集合。在网络环境下，要实现分布式进程通信，为用户提供完备的网络服务功能，就必须具备网络高层软件。该软件应具备将网络低层所提供的数据进行传送的功能，以及为高层用户提供网络资源共享管理服务和其他网络服务的功能，其就是网络操作系统（Network Operating System，NOS）。

网络操作系统是使网络中各计算机能方便、有效地共享网络资源，为网络用户提供所需的各种服务的软件和有关规程的集合。一个典型的网络操作系统一般具有以下特征。

（1）硬件独立。网络操作系统可以在不同的网络硬件上运行。

（2）网桥/路由连接。网络操作系统可以通过网桥、路由功能和别的网络连接。

（3）多用户支持。在多用户环境下，网络操作系统给应用程序及其数据文件提供了足够的、标准化的保护。

（4）网络管理。网络操作系统支持网络实用程序及其管理功能，如系统备份、安全管理、容错、性能控制等。

（5）安全性和存取控制。网络操作系统对用户资源进行控制，并提供控制用户对网络的访问的方法。

（6）功能丰富的用户界面。网络操作系统可提供丰富的界面功能，具有多种网络控制方式。

总之，网络操作系统为网上用户提供了便利的操作和管理平台。

1.4.2　局域网中常见的网络操作系统

目前，网络操作系统主要有三大类：Windows 系统，其较新产品是 Windows Server 2019；UNIX 系统，代表产品包括 HP-UX、IBM AIX 等；Linux 系统，虽说出现得比较晚，但由于其开放性和高性价比等特点，近年来获得了较大的发展。

下面选择其中的一些代表产品进行介绍。

1. Windows 系统

Windows 系统相信大家都不会陌生，它是由全球最大的软件开发商——微软（Microsoft）公司开发的。Microsoft 公司的 Windows 系统不仅在个人操作系统中占有绝对优势，在网络操作系统中也具有非常强劲的实力。这类网络操作系统在整个局域网配置中是最常见的，但由于它对服务器的硬件要求较高，且稳定性不是很强，所以 Microsoft 公司的网络操作系统一般用在中、低端服务器中，高端服务器通常采用 UNIX、Linux 等。在局域网中，Microsoft 公司的网络操作系统主要有 Windows Server 2019、Windows Server 2016 等，工作站系统可以采用任一 Windows 或非 Windows 系统，包括个人操作系统，如 Windows 10 系统等。

2. UNIX 系统

目前常用的 UNIX 系统版本主要有 Unix SUR4.0、HP-UX 11.0 和 SUN 公司的 Solaris 8.0

等。UNIX 系统支持网络文件系统服务，提供数据等应用，功能强大，由 AT&T 和 SCO 公司推出。这种网络操作系统稳定性和安全性非常好，但由于它多是以命令方式来进行操作的，不容易掌握，特别是对于初级用户。因此，小型局域网基本不使用 UNIX 系统作为网络操作系统，UNIX 系统一般用于大型网站或大型企事业单位局域网中。UNIX 系统历史悠久，其良好的网络管理功能已为广大网络用户所接受，拥有丰富的应用软件的支持。

3. Linux 系统

Linux 是一种新型网络操作系统，最大的特点是源代码开放，用户可以免费获取许多应用程序。目前也有中文版本的 Linux 系统，如 RedHat（红帽子）、红旗 Linux 等。Linux 系统在国内得到了用户的充分肯定，主要体现在它的安全性和稳定性方面，它与 UNIX 系统有许多类似之处。目前这类网络操作系统主要应用于中、高端服务器中。

1.4.3 认识 Windows Server 2019

Windows Server 2019 是由 Microsoft 公司推出的服务器版网络操作系统，该系统基于 Windows Server 2016 开发而来。Windows Server 2019 提供了 GUI 界面，并且包含了大量服务器相关新特性，它也是 Microsoft 公司提供长达 10 年技术支持的产品，可以向企业和服务提供商提供先进、可靠的服务。

Windows Server 2019 进一步融合了云计算、大数据时代的新特性，包括先进的安全性能，同时广泛支持容器基础，原生支持混合云扩展，提供低成本的超融合架构，用户在本地数据中心也可以连接未来趋势的创新平台。

在安全方面，Windows Server 2019 支持 Linux 虚拟机。Windows Server 2019 还嵌入了 Windows Defender 高级威胁防护，提供预防性保护、检测攻击和零日攻击等功能。

在应用平台方面，Windows Server 2019 带来了 Windows Server 容器和 Linux 系统上 Windows 子系统的改进。

Windows Server 2019 的配置要求如表 1-1 所示。

表 1-1　Windows Server 2019 的配置要求

硬件设备	网络操作系统要求
CPU	最低 1.4 GHz 64 位处理器
内存	最小 512 MB（对于带桌面体验的服务器，安装选项为 2 GB）
可用磁盘空间	最小 32 GB（此为系统分区对磁盘空间的最低要求）
驱动器	DVD-ROM 驱动器
显示器和外部设备	超级 VGA（800×600）或更高分辨率显示器；键盘；Microsoft 鼠标或兼容的指针设备

【任务实施】安装 Windows 系统

与以往的 Windows Server 版本相比，Windows Server 2019 的各方面性能均有了很大程度的提高，并且安装过程大大简化，只需几步简单操作即可轻松完成安装。

安装 Windows Server 2019 时，需要先下载 Windows Server 2019 镜像，该操作可以在

VMware 软件（即虚拟机）中进行。

步骤❶ 打开虚拟机后选择"新建虚拟机"选项，如图 1-20 所示。

步骤❷ 选中"典型（推荐）"单选按钮，单击"下一步"按钮，如图 1-21 所示。

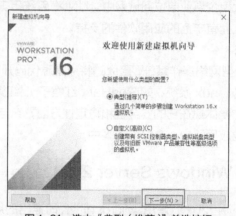

图 1-20 "新建虚拟机"选项　　　　图 1-21 选中"典型（推荐）"单选按钮

步骤❸ 安装客户机操作系统。选中"稍后安装操作系统"单选按钮（这样做有助于了解虚拟机的设置），然后单击"下一步"按钮，如图 1-22 所示。

选中"客户机操作系统"中的"Microsoft Windows"单选按钮，并选择将要安装的操作系统版本，这里安装 Windows Server 2019，单击"下一步"按钮，如图 1-23 所示。

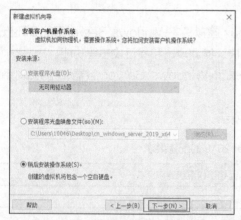

图 1-22 安装客户机操作系统界面　　　　图 1-23 选择客户机操作系统界面

步骤❹ 输入虚拟机的名称，并修改虚拟机的路径。名称一般根据自己的虚拟机功能设置，如 DC、Mail 等，路径可以通过单击"浏览"按钮更改，然后单击"下一步"按钮，如图 1-24 所示。

步骤❺ 指定磁盘容量。将"最大磁盘大小（GB）"设置为 60GB，然后选中"将虚拟磁盘拆分成多个文件"单选按钮，单击"下一步"按钮，如图 1-25 所示。

步骤❻ 单击"完成"按钮，即可完成虚拟机的创建；也可单击"自定义硬件"按钮，然后根据自己的需求进行硬件设置，如图 1-26 所示。

步骤❼ 配置处理器。根据自己的硬件配置和系统需要的配置合理设置处理器数量及其内核数量，如图 1-27 所示。

步骤⑧ 设置虚拟机内存。可以拖动滑块设置内存，也可以在文本框中手动输入内存的大小，根据自己的配置设置即可，如图 1-28 所示。

图 1-24　命名虚拟机界面

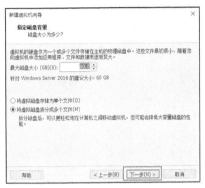

图 1-25　指定磁盘容量界面

图 1-26　完成创建虚拟机界面

图 1-27　处理器配置界面

步骤⑨ 设置网络适配器。根据自己的需求选择网络适配器即可，如图 1-29 所示。

图 1-28　虚拟机的内存设置界面

图 1-29　选择网络适配器界面

步骤⑩ 在虚拟机硬件设置中添加 Windows Server 2019 的镜像文件，如图 1-30 所示。

步骤⑪ 指定磁盘文件的保存位置，这里保持默认，单击"关闭"按钮。虚拟机配置完成后单击"完成"按钮，如图 1-31 所示。

图 1-30　添加 Windows Server 2019 的镜像文件

图 1-31　创建虚拟机设置界面

步骤⑫ 开始安装 Windows Server 2019。

根据安装提示即可完成安装，如图 1-32 所示。

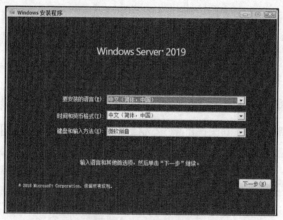

图 1-32　安装程序界面

任务 1.5　了解计算机网络的新技术和新应用领域

【任务要求】

随着使用无线设备的用户和移动用户的增多，以及网络管理系统的不断发展、优化、升级，网络管理系统的建设获得了各大企业越来越多的关注。为了更好地发挥网络管理系统的投资效用，企业必须掌握网络管理的最新动态及发展方向。本任务小明要了解计算机网络的新技术和新应用领域。

【知识准备】

1.5.1　了解计算机网络的新技术

随着计算机硬件的飞速发展，计算机网络技术朝着低成本、高速率、智能化的方向发展。为满足社会需求，大量网络新技术不断涌现。

1. 5G

在 2016 年 11 月于乌镇举办的第三届世界互联网大会上，美国高通公司展示了实现"万物互联"的 5G 原型，这昭示着网络技术开始向千兆移动网络和人工智能迈进。

5G 即第五代移动通信技术，其可以支持超密集异构网络、移动云计算、软件定义无线网络、情境感知、万物互联、万物互通等技术的实现。5G 最高下行网速可以达到 5Gbit/s，相较于 4G-LTE，提升了 10 倍以上。

2. 云计算

云计算（Cloud Computing）是一种基于互联网的计算方式。通过这种方式，共享的软、硬件资源和信息可以按需求提供给计算机和其他设备。该操作主要是基于互联网的相关服务的增加、使用和交付模式，通常涉及通过互联网来提供动态、易扩展的虚拟化资源。

1.5.2　了解计算机网络的新应用领域

新时代的计算机网络是一个非常智能的工具，它不但可以处理日常的信息，同时还开辟了一些新的应用领域。

1. BYOD

BYOD 指携带自己的设备办公，这些设备包括手机、计算机等。员工可以在机场、火车站、宾馆、咖啡厅等场所登录公司邮箱和在线办公系统，办公不再受时间、地点、设备、网络环境等客观条件的限制。BYOD 在满足员工自身对新科技和个性化追求的同时，也提高了员工的工作效率，降低了企业在移动终端上的投入。BYOD 向人们展示了一幅美好的未来办公场景的画面，是未来办公的发展趋势。

2. 物联网

物联网（Internet of Things，IoT）是新一代信息技术的重要组成部分。顾名思义，物联网就是物物相连的互联网。其包括两层含义：首先，物联网的核心仍然是互联网，它是在互联网的基础上延伸和扩展的网络；其次，在物联网中，用户端延伸和发展到了可以在任何物品与物品之间进行信息交换和通信的程度。

物联网是一个基于互联网和电信网的信息承载体，可以实现所有物理对象的互通互联。物联网整合了感知识别、传输互联、全球定位、激光扫描和计算处理等功能，是新一代信息技术的集成和运用，因此也称为继计算机、互联网之后世界信息产业发展的第三次浪潮。物联网是利用局域网或互联网等通信技术把传感器、控制器、机器、人和物等通过新的方式连在一起，形成人与物、物与物相连，实现信息化、智能化和远程管理控制的网络。

3. 车联网

车联网是指利用先进的传感技术、网络技术、计算技术和控制技术，在信息网络平台上对所有车辆的属性信息和静态、动态信息进行提取和有效地利用，实现多个系统间大范围、大容量数据的交互，并根据不同的功能需求对所有车辆的运行状态进行有效监管并提供综合服务。

【任务实施】查找计算机网络新技术在不同领域中的应用案例

练习使用搜索引擎搜集信息，进一步了解 5G 等网络新技术在不同领域中的应用案例，并整理所搜集到的资料。

步骤❶ 打开百度网站，输入"BYOD 的应用领域"。

步骤❷ 搜索与"BYOD 的应用领域"相关的新闻等信息。

步骤❸ 搜索与"物联网的应用领域""车联网的应用领域"相关的新闻等信息。

步骤❹ 搜集并整理相关资料。

【拓展实训】

项目实训 认识企业网络

1. 实训目的

走访、参观企业，掌握企业网络的连接结构，并画出逻辑拓扑结构图。

2. 实训内容

（1）记录各网络硬件的名称。

（2）完成各硬件之间的连接记录。

（3）绘制拓扑结构图。

3. 实训设备

装有 Microsoft Office Visio 软件的联网 PC 一台。

4. 实训步骤

步骤❶ 参观企业网络中心，认识并记录服务器、路由器和核心交换机。

步骤❷ 观察并记录交换机与服务器、路由器的连接，以及路由器与 Internet 的连接。

步骤❸ 查看并记录核心交换机与楼宇交换机的连接。

步骤❹ 认识并记录光缆、光纤端口。

步骤❺ 利用 Microsoft Office Visio 软件画出企业网络的逻辑拓扑结构图。

5. 实训总结

（1）记录网络中心各种网络设备的名称。

（2）画出设备之间的连接线路。

（3）完成企业网络拓扑结构图的绘制。

【知识延伸】Windows Server 2019 网络设置

Windows Server 2019 安装完成以后，默认自动获取 IP 地址。由于 Windows Server 2019

需要为网络提供服务，因此需要设置静态 IP 地址。可以通过以下步骤完成 TCP/IP 配置。

步骤① 打开"网络和共享中心"窗口。

右击桌面任务托盘区域的网络连接图标，选择"网络和共享中心"选项，打开"网络和共享中心"窗口。

步骤② 打开"本地连接状态"对话框。

单击"本地连接"右侧的"查看状态"，打开"本地连接状态"对话框。

步骤③ 打开"Ethernet0 属性"对话框。

单击"属性"按钮，弹出图 1-33 所示的"Ethernet0 属性"对话框。Windows Server 2019 中包含 IPv6 和 IPv4 两个版本的 Internet 协议，均默认安装。

> **注意** 目前由于 IPv6 还没有被大范围应用，网络中仍以 IPv4 为主，因此本书在讲解网络设置时以 IPv4 为例。

步骤④ 打开"Internet 协议版本 4（TCP/IPv4）属性"对话框。

在图 1-33 所示的"此连接使用下列项目"选项框中勾选"Internet 协议版本 4（TCP/IPv4）"复选框，单击"属性"按钮，弹出"Internet 协议版本 4（TCP/IPv4）属性"对话框，选中"使用下面的 IP 地址"单选按钮，分别输入 IP 地址、子网掩码、默认网关和域名系统（Domain Name System，DNS）服务器。如果要通过动态主机配置协议（Dynamic Host Configuration Protocol，DHCP）服务器获取 IP 地址，则保留默认选中的"自动获得 IP 地址"单选按钮。

步骤⑤ 设置完成。

单击"确定"按钮，完成 Windows Server 2019 网络设置，如图 1-34 所示。

图 1-33 "Ethernet0 属性"对话框

图 1-34 "Internet 协议版本 4（TCP/IPv4）属性"对话框

【扩展阅读】5G 网络建设彰显中国速度

在信息通信业的全力推进下，我国 5G 网络建设已初具规模，向着打造技术领先、高速高质、资源集中、安全可靠的基础通信网络的目标稳步前进。网络充分共建、共享，是我国 5G 网络建设最具特色的创新模式。

　　福建是中国重要的出海口，拥有海域面积 13 万余平方千米，陆地海岸线长达 3700 千米，沿海岛屿达 1400 多个，海域覆盖是网络规划和建设中必不可少的重要场景。福建移动与华为等合作伙伴在宁德成功推出全国首个 5G 智慧海洋精品网络示范点，在 50 千米海域实现 5G 全覆盖，形成了 5G 智能海洋基线解决方案，不仅为沿海智慧渔村建设、渔业养殖运营以及渔民和村民的数字生活提供了强有力的网络保障，而且创造了全省首个 5G 海洋执法示范项目，5G 智慧海洋的扩容取得了积极成果。

【检查你的理解】

1. 选择题

（1）下列属于网络应用的是（　　　）。

　　A. 证券交易系统　　　　　　　　B. 信息的综合处理与统计

　　C. 远程医疗　　　　　　　　　　D. 电子图书

（2）新型的多功能融合信息网络包括（　　　）（多选）。

　　A. 计算机网络　　　　　　　　　B. 电视网络

　　C. 有线电话网络　　　　　　　　D. 移动电话网络

（3）下列不属于星形拓扑结构优点的是（　　　）。

　　A. 易于实现　　　　　　　　　　B. 易于故障排查

　　C. 易于网络扩展　　　　　　　　D. 易于实现网络的高可靠性

（4）一座大楼内的一个计算机网络系统属于（　　　）。

　　A. 个人局域网　　B. 局域网　　　C. 城域网　　　　D. 广域网

（5）下列对广域网的覆盖范围叙述最准确的是（　　　）。

　　A. 方圆几千米到方圆几十千米　　B. 方圆几十千米到方圆几百千米

　　C. 方圆几百千米到方圆几千千米　　D. 方圆几千千米以上

（6）局域网中通常采用的网络拓扑结构是（　　　）。

　　A. 总线型　　　　B. 星形　　　　C. 环形　　　　D. 网状

（7）OSI 参考模型中各层从下至上的排列顺序为（　　　）。

　　A. 应用层、表示层、会话层、传输层、网络层、数据链路层、物理层

　　B. 物理层、数据链路层、网络层、传输层、会话层、表示层、应用层

　　C. 应用层、表示层、会话层、网络层、传输层、数据链路层、物理层

　　D. 物理层、数据链路层、传输层、网络层、会话层、表示层、应用层

（8）按网络的通信距离和覆盖范围，计算机网络可分为（　　　）。

　　A. 广域网　　　　　B. 局域网　　　C. 城域网　　　D. Internet

2. 简答题

（1）计算机网络的功能有哪些？

（2）局域网、城域网和广域网的主要特征是什么？

（3）计算机网络的发展可以分为几个阶段？每个阶段各有什么特点？

（4）计算机网络可以应用在哪些领域？分别举例说明。

项目2
网络规划和设计

项目背景

熟悉了网络技术相关的专业知识后，小明了解到，公司为了实现公司内部信息的共享和快速传递，进一步提高信息化的应用水平，迫切需要建设一个快速、可靠的网络运营平台。

该公司是一家集生产和销售为一体的小型企业，公司设计了 5 个不同的业务部门和 1 个小型数据中心，并搭建了网络服务，彼此间需要互联互通，同时也需要对某些业务进行互访限制。另外，各业务部门对网络的可靠性要求较高，要求网络核心区域发生故障时的中断时间尽可能短。还有，网络部署时要考虑网络的可管理性，并合理利用网络资源。

小明要完成此项目，先要完成网络规划和设计任务，为此需要掌握网络分析与设计的全过程，同时学习 IP 地址规划和网络项目招投标等内容。本项目主要练习编制网络需求说明书、逻辑网络和物理网络设计文档、IP 地址规划等网络规划和设计。本项目知识导图如图 2-1 所示。

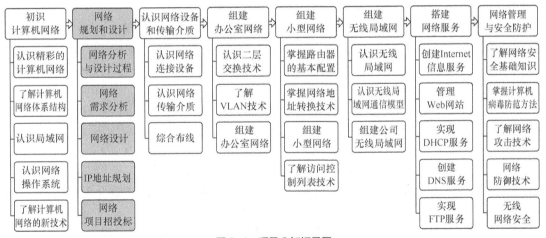

图 2-1　项目 2 知识导图

项目目标

在学习完本项目之后，小明应该能够回答下面的问题。

● 什么是网络系统生命周期？	● 逻辑网络设计的内容有哪些？
● 四阶段生命周期、五阶段生命周期、六阶段生命周期有什么不同？	● 层次化网络设计思想是怎样的？
	● 物理网络设计的内容有哪些？

● 五阶段生命周期模型的网络规划和设计过程是怎样的？ ● 需求分析过程，需要考虑几个方面的需求？ ● 网络需求说明书如何编制？	● IP 地址有哪几类？ ● 如何进行子网划分？ ● 网络项目招投标流程是怎样的？

素养提示

网络强国 自信自强 科技强国 平等意识 规则意识

关键术语

● 网络系统生命周期 ● 需求分析 ● 网络规划 ● 逻辑网络设计 ● 物理网络设计 ● 层次化结构模型	● 招投标 ● 接入层 ● 核心层 ● 汇聚层 ● 子网掩码 ● 子网划分

任务 2.1 网络分析与设计过程

【任务要求】

小明要进行网络规划和设计，需要知道网络分析与设计过程中常用的网络系统生命周期分类及其各自的优缺点，并根据特点选择适合本项目的生命周期，从而清晰地了解网络规划和设计过程。

【知识准备】

2.1.1 网络系统生命周期

网络系统生命周期，就是一个网络系统从开始构思到最后被淘汰的过程。一般来说包括：构思和计划、分析和设计、运行和维护的过程。它与软件系统生命周期相似，是一个循环迭代的过程，循环迭代的动力来自网络应用需求的变更，每一个迭代周期都是网络重构的过程。

网络系统生命周期主要有 3 种：四阶段生命周期、五阶段生命周期和六阶段生命周期。

2-1

微课

1. 四阶段生命周期

四阶段生命周期能够快速适应新的需求变化，强调网络建设周期中的宏观管理。4 个阶段分别为构思与规划阶段、分析与设计阶段、实施与构建阶段、运行与维护阶段。这 4 个阶段之间有一定的重叠，保证了相邻两个阶段之间的交接工作。四阶段生命周期如图 2-2 所示。

（1）四阶段生命周期各阶段的任务

① 构思与规划阶段：明确网络设计的需求，确定网络建设的目标。

② 分析与设计阶段：根据需求进行设计，形成特定的设计方案。

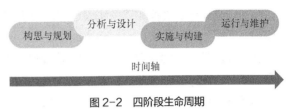

图 2-2　四阶段生命周期

③ 实施与构建阶段：根据设计方案进行设备的购置、安装、设计，建成实际可用的网络环境。

④ 运行与维护阶段：提供网络服务，实施网络管理。

（2）四阶段生命周期的适用范围

因其成本较低、灵活性好，四阶段生命周期适用于网络规模较小、需求较为明确、网络结构简单的项目。

2. 五阶段生命周期

五阶段生命周期是较为常用的迭代周期划分方式，一次迭代分为需求规范、通信规范、逻辑网络设计、物理网络设计、实施 5 个阶段，每个阶段完成后才能进入下一个阶段，类似软件工程中的"瀑布模型"。五阶段生命周期如图 2-3 所示。

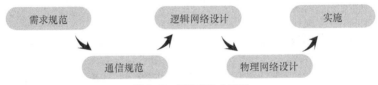

图 2-3　五阶段生命周期

（1）五阶段生命周期的优缺点

① 优点：所有的计划在较早的阶段完成，系统负责人对系统的具体情况和工作进度都非常清楚，容易协调工作。

② 缺点：比较呆板，不灵活，用户需求发生变更时，难以返回进行修改，从而影响工作的进度，这就使得用户需求的确认工作变得非常重要。

（2）五阶段生命周期的适用范围

由于存在较为严格的需求和通信规范，并且在设计过程中考虑了网络的逻辑特性和物理特性，结构较为严谨，因此五阶段生命周期适用于网络规模较大、需求明确、需求变更较小的网络项目。

3. 六阶段生命周期

六阶段生命周期是对五阶段生命周期的补充，是对其缺乏灵活性的改进，它在实施阶段前增加了相应的测试和优化过程，以提高网络建设过程中对需求变更的适应性。它由需求分析、逻辑设计、物理设计、优化设计、实施与测试、监测与性能优化 6 个阶段组成。六阶段生命周期如图 2-4 所示。

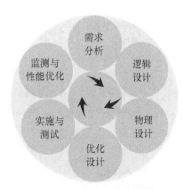

图 2-4　六阶段生命周期

（1）六阶段生命周期各阶段的任务

① 需求分析：网络分析人员通过与用户进行交流来确定新系统（或系统升级）的商业目标和技术目标，分析当前的网络流量、网络性能、协议行为和服务质量要求。

② 逻辑设计：主要完成网络拓扑结构创建、网络地址分配、

设备命名规则制定、交换和路由协议选择、安全规则制定、网络管理等工作，并选择设备和服务供应商。

③ 物理设计：根据逻辑设计的结果选择具体的技术和产品，使逻辑设计结果符合项目设计规范的要求。

④ 优化设计：通过召开专家研讨会、搭建实验平台、网络仿真等多种形式找出设计方案中的缺陷，并进一步优化。

⑤ 实施与测试：根据优化后的方案购置设备，进行安装、调试及测试工作，在该过程中发现网络环境与设计方案的偏差，纠正其中的错误，并修改网络设计方案。

⑥ 监测与性能优化：网络的运营和维护阶段，通过网络管理、安全管理等技术手段对网络是否正常运行进行实时监测。如果发现问题，则通过优化网络参数来达到优化网络性能的目的，如果发现网络性能无法满足用户的需求，则进入下一个迭代周期。

（2）六阶段生命周期的适用范围

六阶段生命周期偏重于网络的测试和优化，侧重于网络需求的不断变更，其严格的逻辑设计与物理设计阶段，使得这种模式适用于大型网络的建设工作。

2.1.2　网络规划和设计过程

网络系统生命周期为网络规划和设计过程提供了理论模型，一个网络项目从构思到最终退出应用，一般会遵循迭代模型经历多个迭代周期。例如，在网络建设的初期，网络规模较小，宜采用四阶段生命周期模型，网络规模扩大后，则更适合采用五阶段或六阶段生命周期模型。

由于中等规模的网络较多且应用范围较广，下面主要介绍五阶段生命周期模型。根据五阶段生命周期模型，网络规划和设计过程可以被划分为 5 个阶段，如图 2-5 所示。

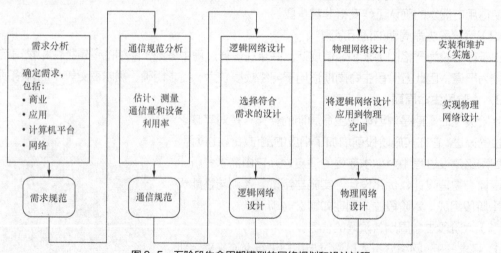

图 2-5　五阶段生命周期模型的网络规划和设计过程

1. 需求分析

需求分析是网络规划和设计过程中最关键的阶段。不同的用户有不同的网络需求，需求调研人员应与不同的用户进行交流，归纳总结出明确的需求，以确保设计出符合客户要求的网络。需收集的需求范围包括：商业需求、应用需求、计算机平台需求、网络需求。

需求分析的输出是一份需求说明书，也就是需求规范。网络设计者必须清晰且细致地记录单位和个人的需求并将其记录在需求说明书中，网络项目设计人员还必须与网络管理部门就需求的变化建立起需求变更机制，明确允许变更的范围。

2. 通信规范分析

通信规范分析处于第二阶段，主要工作是估计、测量网络流量和设备利用率，为逻辑网络设计阶段提供设计依据，包括通信模式分析、通信边界分析、网络流量分布分析、网络流量分析、网络基准分析、编写通信规范说明书等内容。

（1）通信模式分析

通信模式是指数据的网络传递模式，通信模式将决定网络流量在不同网段的分布。通信模式基本上与应用软件的网络处理模型相同，分为 4 种。

① 对等网络（Peer-to-Peer，P2P）通信模式。参与的网络节点是平等角色，既是服务的提供者，也是服务的享受者。此模式中，网络流量通常是双向对称的。

② 客户端/服务器（Client/Server，C/S）通信模式。该模式是由服务器进行应用计算、客户端进行用户交互的通信模式，也是目前应用最为广泛的一种通信模式。此模式中，网络流量以双向非对称方式流动，在不同的应用中，两个流向的网络流量是不同的。

③ 浏览器/服务器（Browser/Server，B/S）通信模式。它是随着 Internet 技术的兴起，在 C/S 通信模式的基础上进行变化或者改进的通信模式。在这种通信模式下，用户通过浏览器向分布在网络上的许多服务器发出请求，服务器对浏览器的请求进行处理，将用户所需信息返回到浏览器。

④ 分布式计算通信模式。该模式中多个计算节点协同工作来完成一项共同任务，应用流的方向与 C/S 通信模式正好相反，且计算设备有严格的性能要求，其网络流量特征比较复杂，网络流量难以预测。

（2）通信边界分析

网络中的通信边界通常以 3 种形式存在：局域网中的通信边界、广域网中的通信边界和虚拟专用网络中的通信边界。通信边界是故障易发位置，对通信边界进行分析，有助于找出网络中的关键点。

① 局域网中的通信边界：主要是网络中的冲突域和广播域，冲突域和广播域的划分可以限制网络流量。广播域的边界是指局域网广播报文可以传递到的边界，通常情况下是网络设备的端口或者网卡。

② 广域网中的通信边界：主要由路由的自治系统（Autonomous System，AS）、路由协议中的域和各局域网构成。在进行路由 AS 的通信规范分析时，主要分析本 AS 和其他 AS 之间往来的网络流量。

③ 虚拟专用网络（Virtual Private Network，VPN）中的通信边界：无论设计广域网的 VPN 采用何种技术，以及形成 VPN 的结构是点对点还是中心辐射状，都会存在直接与服务提供商相连的用户边缘设备（Custom Edge，CE）和骨干网上的边缘路由器（Provider Edge Router，PER），PER 就是 VPN 的通信边界。

（3）网络流量分布分析

通信规范分析中，最终的目标是产生网络流量。根据需求分析中产生的单个网络流量大小，以及通信模式与通信边界的分析，确定区域与边界上的总网络流量，遵循的规则有以下2个。

① 80/20 规则。对一个网段内部的网络流量不进行严格的分布分析，仅根据对用户和应用需求的统计，产生网段内的总网络流量大小，总网络流量的 80% 是网段内部的网络流量，而剩余的 20% 是网段外部的网络流量。

80/20 规则适用于内部交流较多、外部访问相对较少、网络较为简单、不存在特殊应用的网络或网段。

② 20/80 规则。根据对用户和应用需求的统计，产生网段内的总网络流量大小，认为总网络流量的 20% 是网段内部的网络流量，而剩余的 80% 是网段外部的网络流量。

虽然 80/20 规则和 20/80 规则是一些简单的规则，但是这些规则是建立在大量的项目经验基础上的。

（4）网络流量分析

通信流量分析步骤如下。

① 把网段分成易管理的网段。一般来说，按照工作组或者部分来划分网段。

② 确定个人用户和网段应用的网络流量。复查需求说明书中的各种需求，其中反映网络流量的主要是应用需求和网络需求。确认需求分析中的各种统计数据，根据通信模式，将其转换为统一的网络流量表格，以便后续工作。

③ 确定本地和远程网段上的网络流量。明确多少网络流量存在于网段内部，多少网络流量是访问其他网段的。

④ 对每个网段重复步骤①~③。

⑤ 分析基于各网段信息的广域网和网络骨干的网络流量。

⑥ 输出。网络流量计算完成后，需要将结果整理总结成一份文件，这份文件将成为通信规范说明书的一部分。

（5）网络基准分析

基准法是更为精确的基于网络流量的计算法。对于升级的网络项目，基准法可替代网络流量计算法作为设计依据，也可以两者配合使用；对于新建网络项目，可以将基准法中的仿真机制作为设计工作的验证机制。

采用基准法测量需要专门的监视器设备和应用软件，但成本较高，所以通常依靠估算法确定和记录网络的性能。但是只要条件允许，最好能同时使用估算法和基准法。

（6）编写通信规范说明书

通信规范说明书是通信规范分析阶段的主要产物，它描述的是当前网络正在做什么。通信规范说明书由以下主要内容组成：执行情况概述、分析阶段概述、分析数据总结、设计目标建议、申请批准部分、修改说明书。

3. 逻辑网络设计

逻辑网络设计是体现网络设计核心思想的关键阶段。在这一阶段，根据需求规范和通信规范选择一种比较适宜的逻辑网络结构，并实施后续的资源分配规划、安全规划等内容。

在逻辑网络设计阶段，需要描述满足用户需求的网络行为及性能，详细说明数据是如何在网络上传输的，此阶段不涉及网络元素的具体物理位置。网络设计者利用需求分析和现有网络体系分析的结果来设计逻辑网络结构。如果现有的软件、硬件不能满足新网络的需求，现有系统就必须升级。如果现有系统能继续运行使用，可以将其集成到新设计中来。如果不集成旧系统，网络设计小组可以找一个新系统，对它进行测试，确定其是否符合用户的需求。

4. 物理网络设计

物理网络设计是逻辑网络设计的具体实现，主要工作是对设备的具体物理分布、运行环境等进行确定，以确保网络的物理连接符合逻辑网络设计的要求。

在这一阶段，网络设计者需要确定具体的软硬件、连接设备、布线和服务的方案。物理网络设计文档必须尽可能详细、清晰，内容包括：项目概述、物理网络设计图、注释和说明、设备资产清单、最终费用估计和批文。

5. 安装和维护（实施）

安装和维护阶段可以分为两个小阶段，分别是安装阶段和维护阶段。

（1）安装

这是根据前面的项目成果实施环境准备、设备安装调试的过程。安装阶段的主要输出就是网络本身。安装阶段应产生的输出如下：逻辑网络结构图和物理网络部署图，以便网络管理员迅速掌握网络的结构；符合规范的设备连接图和布线图，同时包括线缆、连接器和设备的规范标识；运营维护记录和文档，包括测试结果和数据流量记录。

（2）维护

网络安装完成后，收集用户的反馈意见和监控网络的运行是网络管理员的任务，网络投入运行之后，需要做大量的故障监测、故障恢复、网络升级和性能优化等维护工作，网络维护也是网络产品的售后服务工作。

2.1.3 网络规划和设计的约束因素

网络规划和设计的约束因素是网络规划和设计工作必须满足的一些附加条件，如果一个网络不具备这些约束因素，该网络的设计方案将无法实施。所以在需求分析阶段确定用户需求的同时，也应明确出现的约束因素。一般来说，网络规划和设计的约束因素主要来自政策、预算、时间和应用目标等方面。

1. 政策约束

了解政策约束的目的是发现可能导致项目失败的事务安排，以及利益关系或历史因素导致的对网络建设目标的争论意见。政策约束的来源包括法律法规、行业规定、业务规范和技术规范等。政策约束的具体表现是法律法规条文，以及国际、国家和行业标准等。

2. 预算约束

预算是决定网络规划和设计的关键因素，很多满足用户需求的优良设计方案因为超出用户的预算而不能实施。对于预算不能满足用户需求的情况，应该在统筹规划的基础上将网络建设划分为多个迭代周期，阶段性地实现网络建设目标。

3. 时间约束

网络规划和设计的进度安排是需要考虑的另一个问题。通常项目进度由客户负责管理，但网络设计者必须就项目的进度表是否可行提出自己的意见。在全面了解项目之后，网络设计者要对安排的计划和进度表的时间进行分析，就有疑问的地方及时与用户进行沟通。

4. 应用目标约束

在进行下一阶段的任务之前，需要确定是否了解了客户的应用目标和所关心的事项。对应用目标进行检查，可以避免用户需求的缺失。

【任务实施】公司网络规划和设计

公司有财务部、行政部、销售部、市场部和技术部 5 个部门，中心机房位于办公楼 3 楼。网络设计需求为：公司内部有网络，并且可以从外界访问；公司有自己的办公自动化系统；有丰富的网络服务，能实现广泛的软、硬件资源共享，包括电子邮件、文件传输、远程登录、打印机及文件共享等。该公司的组织结构如图 2-6 所示。

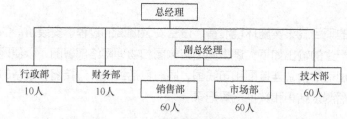

图 2-6　公司的组织结构

步骤① 了解用户的需求。

（1）用户需要连接公司内部网络，各部门员工的终端能够实现连通。

（2）公司财务部门的数据很重要，希望有一定的安全措施。

（3）要求网络设备运行速度快且稳定。

（4）根据用户的需求描述，可以分析出用户需要使用交换机连接所有客户端。

（5）需要在交换机上划分 VLAN，VLAN 之间需要配置路由实现互通。

步骤② 从网络基础设施层面考虑该公司网络的设计。

在网络基础设施建设层面，设计者应考虑该公司网络的综合布线系统设计、网络中心机房的设计和电源等因素。

步骤③ 从网络通信技术层面考虑该企业网络的设计。

思考关于网络外部联网和内部组网技术的选择。每个部门根据自己所在的区域选择合适的外部联网技术，公司内部根据现有情况选择组网技术。此外，选择合适的网络操作系统和服务器，或者升级改造服务器和网络通信设备等。

步骤④ 从网络信息平台层面考虑公司网络的设计。

公司网络的物理网络建设完成以后，设计者应思考网络的平台层面需要提供哪些功能，明确网络的通用服务。这涉及数据库技术、电子邮件技术、群件技术、网络管理技术和分布式处理技术等技术的选择，如数据库系统软件的选择、网络通信交流的能力和通信系统的选择、电子邮件系统的选择等。

任务 2.2 网络需求分析

【任务要求】

在规划和设计网络时，无论从工作量，还是重要性来看，需求分析都占到网络系统项目 60% 的份额。小明要做好需求分析工作，就必须知道需求分析的步骤和具体内容，并根据获取的资料编制网络需求说明书。

【知识准备】

2.2.1 网络需求分析步骤

网络需求分析可通过以下 3 个步骤完成。

1. 明确用户目标

在用户需求分析中，首先需要确定组网项目的目标。目标通常可以按照工期来分，主要分为近期目标和远期目标两类。无论是近期目标还是远期目标，都应该由专业人士和用户共同讨论确定。在目标中应该明确是设计一个新的网络系统，还是对现有网络系统进行改造。

2. 需求调研

用户需求调研是为了真正了解用户网络建设的目的，以及现有的网络基础和环境。在需求调研中通过与用户交谈和实地的环境考察，确定用户需求中的功能性需求等；通过成本估算来简单明确用户投资的额度范围，看看用户是否能够承担这笔费用。如果超出用户的承受能力，就应该在系统设计中精简环节，以便符合用户实际应用需求和远期目标。

3. 需求分析报告

在需求分析和需求调研后，需要形成一份完整的报告文档，该文档将详细说明系统必须具有的功能和要达到的性能要求，文档的大小由网络系统的规模来确定。

2.2.2 网络需求分析的内容

网络需求分析阶段主要完成用户网络系统调查，了解用户建网需求，或用户对原有网络升级改造的要求等。这阶段主要进行综合布线系统、网络平台、网络应用的需求分析，为下一步制订网络方案打好基础，包括收集业务需求、收集用户需求、收集应用需求、收集计算机平台需求、收集网络需求、分析技术目标与约束、编制需求说明书等方面。

2-3

微课

1. 收集业务需求

收集业务需求的目的是明确企业的业务类型、应用系统的软件种类，以及企业对网络指标（如带宽、服务质量）的要求。收集业务需求是网络建设中首要的环节，是建设网络规划与设计的基本依据。

了解用户的商业目标及其约束是网络设计中一个至关重要的环节。只有对客户的商业目标进行全面的分析，才能提出得到客户认可的网络设计方案。

收集业务需求要为以下方面提供决策依据：需实现或改进的企业网络功能，需要技术的企业应用，是否需要电子邮件服务，是否需要 Web 服务器，是否需要联网，需要的数据共享模式，需要的带宽范围，是否需要进行网络升级等。

2. 收集用户需求

为了设计出符合用户需求的网络，必须知道哪些服务或功能对用户的工作是重要的，以及哪些决策人对网络设计项目负责。可以用 3 种方式收集用户需求：观察和问卷调查、集中访谈、采访关键人物。

要收集的用户需求信息包括以下内容：主要相关人员、关键时间点、网络的投资规模、业务活动、增长率、网络的可靠性和可用性等。

3. 收集应用需求

每种软件应用对网络服务都有其自身的需求，所以需要收集应用需求。典型的应用需求包括：应用的类型和地点、应用的使用方法、需求增长、可靠性和有效性需求、网络响应需求等。

4. 收集计算机的平台需求

收集计算机的平台需求是网络需求分析过程中一个不可缺少的步骤，需要调查的计算机平台主要有 PC、工作站、中型机、大型机等。

（1）PC：调查 PC 时，应该考虑微处理器、内存、I/O 设备、网络操作系统、网络配置等。

（2）工作站：以 PC 和分布式网络计算机为基础，主要面向专业应用领域，具备强大的数据运算与图形、图像处理能力。

（3）中型机：包括小型计算机和 UNIX 服务器。应用范围为工程、办公自动化、交互式远程通信服务、信息系统等。

（4）大型机：包括大型机和相关的 C/S 产品，可以管理大型网络，存储大量关键数据及驱动数据并保证其完整性。大型机具有高可用率、严格进行备份和恢复、高带宽 I/O 设备、大规模存储、分配管理和集中管理的特点。

5. 收集网络需求

需求分析的最后工作是考虑网络管理员的需求，这些需求包括以下内容：网络功能、网络拓扑结构、网络性能、网络管理、网络安全。

（1）网络功能。对于升级的网络，可以对现有网段划分方式进行改进，形成新的划分方案。对于新建的网络，要和网络管理员一起商量网段的划分方式。

（2）网络拓扑结构。网络拓扑结构分为广域网拓扑结构和局域网拓扑结构。局域网的特点为覆盖范围小，专用性强，具有较为稳定和规范的网络拓扑结构。广域网采用点到点方式连接，其连接主要依靠公用通信设施，网络拓扑结构较为复杂。

（3）网络性能。网络需求收集工作中，针对网络的性能需求，需要考虑网络容量和响应时间、可用性、备份管理和存档。

（4）网络管理。网络管理的需求主要从网络管理功能要求、网络管理软件两方面进行。

（5）网络安全。网络安全包括安全方面要达到的目标、网络访问的控制、信息访问的控制、信息传输的保护、攻击的检测和反应、偶然事故的防备、事故恢复计划的制订、物理安全的保护、灾难防备计划等。

6. 分析技术目标与约束

技术目标包括可伸缩性、可用性、安全性、可管理性、易用性、适应性、可购买性等内容。其中可伸缩性是指网络设计必须支持的增长幅度，可用性是指网络可供用户使用的时间，安全性是网络设计过程中客户需求的保证，要能防止商业数据和其他资源的丢失或破坏。

7. 编制需求说明书

需求说明书是网络设计过程中第一个正式的可以传阅的重要文件，其目的在于对收集的需求信息进行清晰的概况整理，这也是用户管理层将正式批阅的第一个文件，以便后期设计、实施、维护工作的开展。

【任务实施】编制网络需求说明书

需求说明书应该由以下几部分组成：执行综述、需求分析阶段概述、需求数据汇总、按优先级排列的需求清单、申请批准部分和修改需求说明书。

步骤① 执行综述。

综述部分应包括：项目的简单描述、设计过程的阶段清单、项目的状态（包括已完成部分和正在执行的部分）。

步骤② 需求分析阶段概述。

简单回顾本阶段已做的工作，列出所接触过的群体和个人的名单，表明收集信息的方法（面谈、集中访谈、调查等）。说明该过程中受到的约束，如无法接触关键人物等。

步骤③ 需求数据汇总。

认真总结从收集的数据中得到的信息。例如为了增强网络整体性能，局域网的性能在网络的几个关键物理网段较差等问题，可以根据情况用各种不同的方法来表示信息，一般多种方法合用的效果很好。进行需求数据汇总时，描述要简单直接，说明数据来源和优先级，尽量多用图片，指出矛盾的需求。

步骤④ 按优先级排列的需求清单。

对需求数据做出总结后，按优先级列出数据的需求清单。

步骤⑤ 申请批准部分。

在收集业务需求时，应知道谁将对网络设计备选方案做出选择。需求说明书中，应该说明需要在进行下一步工作之前得到批准的原因。

步骤⑥ 修改需求说明书。

需求说明书中一般都揭示了不同群体的需求之间的矛盾，管理层会解决这些矛盾。不要修改原来调查的数据，而应该在说明书中附加一部分内容，解释管理层的决定，然后给出最终需求。

任务 2.3　网络设计

【任务要求】

完成网络需求分析后，小明要继续进行网络设计工作，现在要在网络规划的基础上，设计一个能够解决用户问题的方案。在整个设计过程中，首先要确定网络总体目标和设计原则，然后设计逻辑网络结构，最后设计物理网络结构。

【知识准备】

逻辑网络设计是指根据用户需求确定网络建设的方案，是体现网络设计核心思想的关键阶段。在这一阶段根据需求规范和通信规范，选择一种比较合适的逻辑网络结构，并基于该逻辑网络结构实施后续的资源分配规划、安全规划等内容。最后选择一种比较合适的物理网络结构。

2.3.1 逻辑网络设计

逻辑网络设计来自用户需求中描述的网络行为和性能等要求。逻辑网络设计要根据网络用户的分类和分布，选择特定的技术，形成特定的网络结构。网络结构大致描述了设备的连接及分布情况，但是不对具体的物理位置和运行环境进行确定。

2-4

微课

1. 逻辑网络设计过程

逻辑网络设计过程主要由以下 4 个步骤组成：确定逻辑网络设计目标，网络服务评价，技术选项评价，进行技术决策。

（1）确定逻辑网络设计目标

逻辑网络设计目标主要来自需求分析说明书中的内容，尤其是网络需求部分，这部分内容直接体现了网络管理部门和人员对网络设计的要求。一般情况下，逻辑网络设计目标包括以下内容：合适的应用运行环境、成熟稳定的技术选型、合理的网络结构、合适的运营成本、逻辑网络的可扩充性能、逻辑网络的易用性、逻辑网络的可管理性、逻辑网络的安全性。

（2）网络服务评价

网络设计人员应依据网段提供的服务要求来选择特定的网络技术。不同的网络，其服务要求不同。大多数网络存在着两个主要的网络服务——网络管理和网络安全，这些服务在设计阶段是必须考虑的。

（3）技术选项评价

根据用户的需求设计逻辑网络，选择正确的网络技术比较关键，在进行选择时应考虑通信带宽、技术成熟性、连接服务类型、可扩充性、高投资产出比等因素。

（4）进行技术决策

技术决策包括物理层技术选择、局域网技术选择与应用、广域网技术选择与应用、路由协议选择、网络管理等。

2. 网络结构设计

优良的网络结构是网络稳定可靠运行的基础，进行网络结构设计时需要了解局域网结构、广域网结构和层次化网络设计模型。

（1）局域网结构

常见的局域网结构如下。

① 单核心局域网结构：由一台核心二层或三层交换设备构建局域网的核心，一般通过与核心交换机连接的路由设备接入广域网。

② 双核心局域网结构：由两台核心交换设备构建局域网的核心，两台核心交换设备存在物理链路。

③ 环形局域网结构：由弹性分组（Resilient Packet Ring，RPR）连接多台核心交换设备与接入设备。

④ 层次局域网结构：分为核心层、汇聚层、接入层 3 层。该结构分工明确，便于维护，利于故障定位，同时功能清晰，有利于发挥设备的最大效率，但对高层设备要求高，从而造成整体成本较高。

（2）广域网结构

常见的广域网结构如下。

① 简单广域网结构。简单广域网结构包括单核心广域网结构、双核心广域网结构、环形广域网结构。

② 复杂广域网结构。复杂广域网结构包括半冗余广域网结构、对等子域广域网结构、层次子域广域网结构。

（3）层次化网络设计模型

一个大规模的网络系统往往会被分为几个较小的部分，它们之间既相对独立又相互关联，这种化整为零的做法是分层进行的，即层次化网络设计。现在大中型网络普遍采用了三层网络结构形式：接入层（access layer）、汇聚层（convergence layer）和核心层（core layer），如图 2-7 所示。通常将网络中直接面向用户连接或访问网络的部分称为接入层，将位于接入层和核心层之间的部分称为汇聚层或分布层。

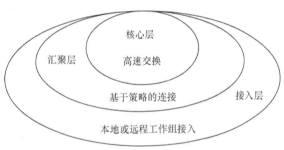

图 2-7　三层网络结构形式

① 核心层。核心层是网络的高速交换主干，对整个网络的连通起到至关重要的作用。核心层应该具有可靠性、高效性、冗余性、容错性、可管理性、适应性、低延时性等特征。在核心层中，应该采用高带宽（千兆以上）的交换机。核心层是网络的枢纽，重要性不言而喻。核心层设备采用双机冗余热备份是非常必要的，也可以使用负载均衡功能来改善网络性能。

② 汇聚层：汇聚层是核心层和接入层之间的分界点。汇聚层可以对网络的边界进行定义。汇聚层包含下列功能：汇聚地址或区域；将部门或工作组的访问连接到骨干；定义广播/组播域；选择VLAN 间路由；介质转换；提供安全策略等。

③ 接入层。接入层向本地网段提供工作站接入。在接入层中，减少同一网段的工作站数量，能够向工作组提供高速带宽。接入层可以选择不支持 VLAN 和三层交换技术的普通交换机。

2.3.2　物理网络设计

在确定了建设一个什么样的网络之后，下一步就要选择合适的传输介质和设备来实现它。物理网络设计的任务就是要选择符合逻辑性能要求的传输介质、网络设备等，并将它们搭建成一个可以正常运行的网络。

1. 网络传输介质选型

传输介质是指连接两个网络节点的物理线路，用于网络信号传输。传输介质通常分为有线传输介质和无线传输介质。有线传输介质包括同轴电缆、双绞线、光纤等，无线传输介质包括红外线、电磁波、通信卫星等。

2-5

微课

（1）同轴电缆选型

选择同轴电缆时，主要考虑特性阻抗、衰减、传播速度、直流回路电阻等参数指标。

（2）双绞线选型

选择双绞线时，主要考虑信号衰减、近端串扰、直流电阻、特性阻抗、衰减串扰比、信噪比等参数指标。

（3）光纤选型

选择光纤时，主要考虑光信号的损耗、色散、带宽、截止波长、模场直径等参数指标。

2. 网络设备选型

常用的网络设备有交换机、路由器、防火墙设备、服务器等。

（1）交换机选型

交换机技术参数主要有端口数量（8、16、24、48口等）、端口类型（电口、光口）、端口传输速率（10/100/1000Mbit/s、10GE）、背板带宽、包转发速率、延时、MAC地址表大小、工作层（2、3、4层）、数据转发模式（直通、存储转发）、简单网络管理协议等。

（2）路由器选型

路由器性能指标主要有吞吐量、丢包率、时延、路由表容量，以及其他指标（如连接认证、VPN、QoS、IP语音、冗余协议、网络管理、冗余电源、热插拔组件等）。

（3）防火墙选型

防火墙的主要性能指标有网络吞吐量、丢包率、延迟、连接数等。性能好的防火墙能够有效地控制通信，为不同级别、不同需求的用户提供不同的控制策略。控制策略的有效性、多样性、级别目标清晰性和制订难易程度都直接反映出防火墙的质量。

（4）服务器选型

服务器性能指标主要有系统响应速度、作业吞吐量、并发访问处理能力、可用内存、磁盘读写时间等。

【任务实施】编写网络设计说明书

编写网络设计说明书包括编写逻辑网络设计文档和编写物理网络设计文档。

逻辑网络设计文档是所有网络设计文档中技术要求最详细的文档之一，该文档是从需求分析、通信分析到实际的物理网络建设方案的一个过渡阶段文档，也是指导实际网络建设的一个关键性文档，逻辑网络设计文档对网络设计的特点及配置情况进行了描述。

步骤❶ 编写逻辑网络设计文档。

根据企业网络需求分析进行逻辑网络设计，编写逻辑网络设计文档，主要包括执行综述、项目目标及方案、逻辑网络设计的批准等文档。

（1）执行综述

执行综述概述了开发一个新逻辑网络设计项目。该项目的主要阶段包括：需求分析、逻辑网络设计、物理网络设计、网络实现。

第一阶段，需求和分析阶段，已完成。第二阶段，逻辑网络设计阶段，将会在逻辑网络设计方案被公司管理部门批准和签订之后完成。该方案批准之后，将进入物理网络设计阶段。最后完成网络实现过程。

（2）项目目标及方案

本文档针对需求报告中所列的目标提出明确的建议。例如，需求报告表明局域网的性能在网络的几个关键物理网段较差的问题。为解决这个问题，同时考虑到公司的发展，建议通过下列措施增强系统性能：增加局域网用户的有效带宽；升级局域网服务器。

增加局域网总体带宽有两个选择，按照成本从低到高分别如下。

选择 1：保持以太网，并把网络带宽提高到 100Mbit/s。

选择 2：保持以太网，并把网络带宽提高到 1Gbit/s。

要升级局域网服务器，可以在现有的机器上更新硬盘，或购买新的既能提供大的硬盘驱动器又能保证高速处理的计算机。要增强网络访问性能，建议将互联网服务提供商的连接升级到全链路。

（3）逻辑网络设计的批准

批准意味着合作双方对上述内容及建议是认可的，而后项目将转入物理网络设计阶段。

步骤❷ 编写物理网络设计文档。

物理网络设计文档应包括以下内容：项目概述、物理网络设计图、注释和说明、设备资产清单、最终费用估算和批文。

（1）项目概述

项目概述应简要描述项目、列出项目设计过程各阶段的内容及各阶段目前的状态（已完成和正在进行的）。

（2）物理网络设计图

网络设计的每个阶段都要将文字和图排列清楚。收集阶段产生的是需求，物理网络设计阶段产生的主要是图。

物理网络设计图是详细的比例草图，是设计网络的结构蓝图。可以用它来估算所需线缆的长度，决定每部分线缆长度是否满足要求。由于施工人员和监管人员都要用到这张图，它必须正确且清晰。

（3）注释和说明

为了防止图纸表示不清，产生歧义，应对图纸添加尽可能多的注释和说明，尤其应说明所需线缆的类型、遵循的布线标准、物理施工安全问题和安装要点。

（4）设备资产清单

设备资产清单应包括 3 种类型的信息：新的工具和零件；网络中已有的设备；未应用的设备。

（5）最终费用估算

物理网络设计中应该详细说明新的网络安装需要多少软、硬件及其费用。这些费用应包括人力工时估计、整个安装进度安排和费用合计。

（6）批文

物理网络设计方案在实施前，须经高层人员审批，各主管人员及网络设计组代表在物理网络设计文档上签名。

任务 2.4　IP 地址规划

【任务要求】

在网络规划中，IP 地址方案的设计至关重要，好的 IP 地址方案不仅可以减少网络负荷，还能为以后的网络扩展打下良好的基础。小明要为公司的网络 IP 地址规划方案，对于网络规划中存在的制约问题，采用子网划分技术解决。

【知识准备】

2.4.1　IP 地址

连接到 Internet 上的设备必须有一个全球的 IP 地址。IP 地址与链路类型、设备硬件无关，是由网络管理员分配指定的，因此也称为逻辑地址（logical address）。每台主机可以拥有多个网络端口卡，也可以同时拥有多个 IP 地址。

2-6
微课

1．MAC 地址和 IP 地址

（1）MAC 地址

MAC 地址，又称为物理地址，也叫硬件地址，用来定义网络设备的位置。MAC 地址是网卡出厂时设定的，是固定的（但可以通过设备管理器或注册表等方式修改，同一网段内的 MAC 地址必须唯一）。MAC 地址采用十六进制数表示，长度是 6 个字节（48 位），分为前 24 位和后 24 位。

① 前 24 位叫作组织唯一标志符（Organizationally Unique Identifier，OUI），是由 IEEE 的注册管理机构给不同厂家分配的代码，区分了不同的厂家。

② 后 24 位由厂家自己分配，称为扩展标识符。同一个厂家生产的网卡中 MAC 地址的后 24 位是不同的。

MAC 地址对应于 OSI 参考模型的第二层——数据链路层，工作在数据链路层的交换机维护着计算机 MAC 地址和自身端口的数据库，交换机根据收到的数据帧的"目的 MAC 地址"字段来转发数据帧。

（2）IP 地址

IP 地址（Internet Protocol Address，IP Adress）是一种在 Internet 上给主机统一编址的地址格式，也称为网络协议（IP 协议）地址。它为互联网上的每一个网络和每一台主机分配一个逻辑地址。常见的 IP 地址分为 IPv4 与 IPv6 两大类，当前广泛应用的是 IPv4，目前 IPv4 几乎耗尽，下一阶段必然会升级到 IPv6。如无特别注明，一般我们讲的 IP 地址指的是 IPv4。

IP 地址对应于 OSI 参考模型的第三层网络层，工作在网络层的路由器会判断目标 IP 地址和源 IP 地址是否属于同一网段，如果是不同网段，则转发数据包。

（3）IP 地址格式和表示

IP 地址（IPv4）由 32 位二进制数组成，分为 4 段（4 个字节），每一段为 8 位二进制数（1 个字节），中间使用英文标点符号"."隔开。

由于二进制数太长，为了便于记忆和识别，把每一段的 8 位二进制数转换成十进制数，大小为 0 至 255。IP 地址的这种表示法叫作"点分十进制表示法"。IP 地址表示为：xxx.xxx.xxx.xxx。举个例子，210.21.196.6 就是一个 IP 地址。

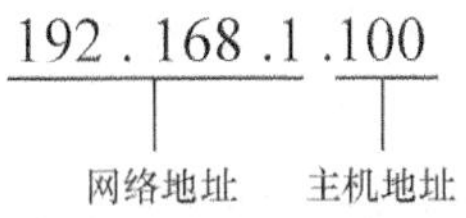

192 . 168 . 1 . 100

网络地址 主机地址

图 2-8 IP 地址结构

（4）IP 地址的组成

IP 地址=网络地址+主机地址，如图 2-8 所示。

计算机的 IP 地址由两部分组成，一部分为网络地址，另一部分为主机地址，同一网段内不同计算机的网络地址相同，主机地址不能相同。路由器连接不同网段，负责不同网段之间的数据转发，交换机连接的是同一网段的计算机。设置网络地址和主机地址，在互相连接的整个网络中可以保证每台主机的 IP 地址不会互相重叠，即 IP 地址具有唯一性。

2. IP 地址分类

标准 IP 地址分类规则：根据 32 位地址的前 8 位地址的不同，将地址空间分为 5 类，其中 A、B、C 类为基本类，D 类用于组播传输，E 类保留，供 Internet 工程任务组（Internet Engineering Task Force，IETF）科研使用。

（1）A 类地址

A 类地址使用 IP 地址中的第一个 8 位组表示网络地址，其余 3 个 8 位组表示主机地址。A 类地址的第一个 8 位组的第一位被设置为 0，因此 A 类地址的第一个 8 位组的值始终小于 127，也就是说仅有 127 个可能的 A 类网络，如图 2-9 所示。

| 0XXXXXXX | 主机地址 | 主机地址 | 主机地址 |

(0～127)

图 2-9　A 类地址

（2）B 类地址

B 类地址使用前两个 8 位组表示网络地址，后两个 8 位组表示主机地址。设计 B 类地址的目的是支持中大型网络。B 类地址的第一个 8 位组的前两位总是被设置为 10，所以 B 类地址的范围是从 128.0.0.0 到 191.255.0.0，如图 2-10 所示。

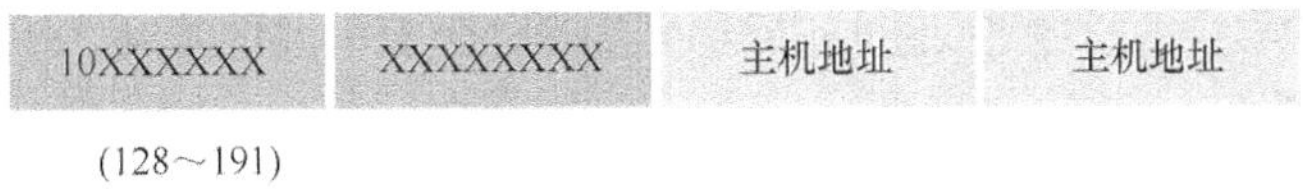

| 10XXXXXX | XXXXXXXX | 主机地址 | 主机地址 |

(128～191)

图 2-10　B 类地址

（3）C 类地址

C 类地址使用前 3 个 8 位组表示网络地址，最后一个 8 位组表示主机地址。设计 C 类地址的目的是支持大量的小型网络，因为这类地址拥有的网络数目很多，而每个网络所拥有的主机数却很少。C 类地址的第一个 8 位组的前 3 位被设置为 110，所以 C 类地址的范围是从 192.0.0.0 到 223.255.255.0，如图 2-11 所示。

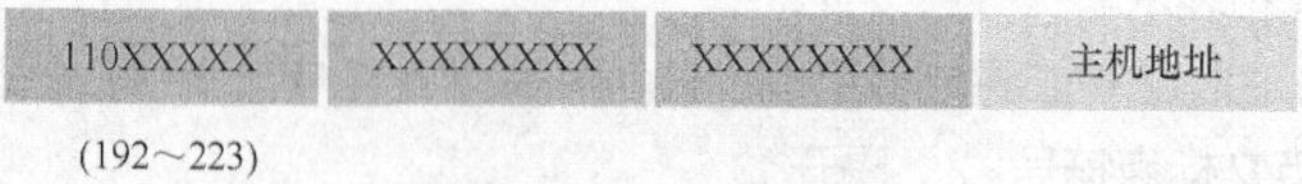

（192~223）

图 2-11 C 类地址

（4）D 类地址

D 类地址用于 IP 网络中的组播。它一个组播地址标识了一个 IP 地址组。因此可以同时把一个数据流发送到多个接收端，这比为每个接收端创建一个数据流的流量小得多，它可以有效地节省网络带宽。D 类地址的第一个 8 位组的前 4 位被设置成 1110，所以 D 类地址的范围是从 224.0.0.0 到 239.255.255.255，如图 2-12 所示。

图 2-12 D 类地址

（5）E 类地址

E 类地址虽然被定义，但却被 IETF 保留作研究使用，因此 Internet 上没有可用的 E 类地址。E 类地址的第一个 8 位组的前 4 位恒为 1，因此有效的地址范围是从 240.0.0.0 到 255.255.255.255，如图 2-13 所示。

图 2-13 E 类地址

3. 保留的特殊 IP 地址

以下这些特殊 IP 地址都是不能分配给主机用的地址。

（1）主机 ID 全为 0 的地址：特指某个网段，如 192.168.10.0，子网掩码 255.255.255.0，指 192.168.10.0 网段。

（2）主机 ID 全为 1 的地址：特指该网段的全部主机，如 192.168.10.255。如果你的计算机发送数据包使用主机 ID 全是 1 的 IP 地址，则数据链路层地址用广播地址 FF-FF-FF-FF-FF-FF。

（3）127.0.0.1：本地环回地址，指本机地址，一般用来测试。回送地址（127.x.x.x）是本机回送地址（loopback address），即主机 IP 堆栈内部的 IP 地址。

（4）169.254.0.0：169.254.0.0~169.254.255.255 实际上是自动私有 IP 地址。

（5）0.0.0.0：如果计算机的 IP 地址和网络中的其他计算机地址冲突，使用 ipconfig 命令看到的就是 0.0.0.0，子网掩码也是 0.0.0.0。

4. 公网和私网 IP 地址

（1）公网 IP 地址

公网 IP 地址的分配和管理由国际互联网信息中心（Internet Network Information Center，Inter NIC）负责。各级互联网服务提供商使用的公网 IP 地址都需要向 Inter NIC 提出申请，由 Inter NIC 统一发放，这样就能确保地址块不冲突。

（2）私网 IP 地址

创建 IP 寻址方案的人也创建了私网 IP 地址。这些地址可以被用于私有网络，Internet 没有这些 IP 地址，Internet 上的路由器也没有到私有网络的路由表。

私有 IP 地址的分类及范围如下。

A 类：10.0.0.0，子网掩码 255.0.0.0。

B 类：172.16.0.0　255.255.0.0 ~ 172.31.0.0，子网掩码 255.255.0.0。

C 类：192.168.0.0　255.255.255.0 ~ 192.168.255.0，子网掩码 255.255.255.0。

5. 子网掩码

RFC 950 定义了子网掩码的使用方法，子网掩码是一个 32 位的二进制数，其对应网络地址的所有位置都为 1，对应主机地址的所有位置都为 0。

由此可知，A 类网络的默认子网掩码是 255.0.0.0，B 类网络的默认子网掩码是 255.255.0.0，C 类网络的默认子网掩码是 255.255.255.0。将子网掩码和 IP 地址按位进行逻辑"与"运算，得到 IP 地址的网络地址，剩下的部分就是主机地址，从而区分出任意 IP 地址中的网络地址和主机地址。

子网掩码常用点分十进制数表示，我们还可以用无类别域间路由（Classless Inter-Domain Routing，CIDR）的网络前缀法表示掩码，即"/<网络地址位数>;"。例如，138.96.0.0/16 表示 B 类网络 138.96.0.0 的子网掩码为 255.255.0.0。

2.4.2　子网划分

根据需要，可以把基于每类的 IP 网络进一步分成更小的网络，每个子网由路由器界定并分配一个新的子网地址，子网地址是借用基于每类的网络地址的主机部分创建的。

1. 子网划分概念

Internet 组织机构定义了 5 种 IP 地址，其中有 A、B、C 三类地址。A 类网络有 126 个，每个 A 类网络可能有 16 777 214 台主机，它们处于同一广播域。但在同一广播域中有这么多节点是不可能的，网络会因为广播通信而饱和，从而造成 16 777 214 个地址中大部分没有被分配出去。

当我们对一个网络进行子网划分时，基本上就是将它分成小的网络。例如，当一组 IP 地址指定给一个公司时，公司可能将该网络"分割成"许多小的网络，每个部门一个，这样技术部和行政部等都可以有属于他们的小网络。划分子网时可以按照需要将网络分割成多个小网络，这样也有助于提高网络性能和保证网络的安全。

子网划分通过借用 IP 地址的若干位主机位来充当子网地址，从而将原来的网络分为若干个彼此隔离的子网，如图 2-14 所示。

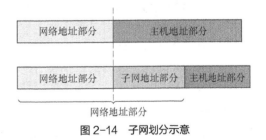

图 2-14　子网划分示意

2. 子网划分步骤

在子网划分计算中，有时需要根据已知的每个子网内需要容纳的主机数量来划分子网，此类问题的计算方法如下。

（1）计算主机地址的位数。假设每个子网内需要划分出 Y 个 IP 地址，那么当 Y 满足公式 $2^N \geqslant Y+2 \geqslant 2^{N-1}$ 时，N 就是主机地址的位数。其中，加 2 是因为需要考虑主机地址为全 0 和全 1 的情况。在这个公式中也存在这样的含义：在主机数量符合要求的情况下，能够划分更多的子网。

（2）计算子网掩码的位数。计算出主机地址的位数 N 后，可得出子网掩码位数为 32-N。

（3）根据子网掩码的位数计算出子网地址的位数 M。根据子网地址位数计算子网个数的公式为：子网个数=2^M。

例如，要将一个 C 类网络 192.168.1.0 划分成若干个子网，要求每个子网的主机数为 30 台，则计算过程如下。

（1）根据子网划分要求，每个子网的主机地址数量 Y 为 30。

（2）计算网络主机地址的位数。根据公式 $2^N \geqslant Y+2 \geqslant 2^{N-1}$，计算出 $N=5$。

（3）计算子网掩码的位数。子网掩码位数为 32-5=27，子网掩码为 255.255.255.224。

原 C 类网络子网掩码位数为 24，划分子网后的子网掩码位数为 27，可知子网地址位数为 27-24，即 3，则该网络能划分 8（2^3）个子网，这些子网地址分别是 192.168.1.0、192.168.1.32……192.168.1.224。

3. 划分子网注意事项

在划分子网时不仅需要考虑目前的需要，还应该了解将来需要多少子网和主机。子网掩码使用较多的主机位，可以得到更多子网，节约了 IP 地址资源。将来需要更多的子网时，不用再重新分配 IP 地址，但每个子网的主机数量有限。反之，子网掩码使用较少的主机位，每个子网的主机数允许有更大的增长，但可用子网数有限。

一般来说，一个网络中的节点数太多，网络会因为广播通信而饱和，所以网络中的主机数量的增长是有限的。也就是说，在条件允许的情况下，应将更多的主机位用于子网位。

【任务实施】公司网络 IP 地址规划

公司网格 IP 地址的规划步骤如下。

步骤① 地址需求分析。

（1）汇总所有可能连接 PC 的信息点。

（2）查找所有服务器。

（3）规划网络中的所有三层链路。

（4）汇总所有设备的网络管理地址。

（5）本网 IP 地址使用私有地址 192.168.0.0 进行划分，公司网络拓扑结构图如图 2-15 所示。

步骤② IP 地址规划原则。

（1）唯一性。应该保证全网不存在相同的 IP 地址。

（2）按子网划分。相同子网的设备的 IP 地址应该划分在同一个网段内。

（3）可扩展性。预留一定的 IP 地址空间供网络扩展用。

（4）最大汇总原则。全网 IP 地址可以汇总成一个或较少的几个 IP 网段。

（5）实义性。使 IP 地址具有实际的含义，看到 IP 地址就知道它的用途。

步骤③ IP 地址规划方案。

本网采用先地区后业务的划分方法进行 IP 地址划分。按照"172.16.地区位（3 位）业务位

（2 位）子网位（3 位）子网位（1 位）主机位"规则对 IP 地址进行划分，表 2-1、表 2-2 为具体的 IP 地址分配表。

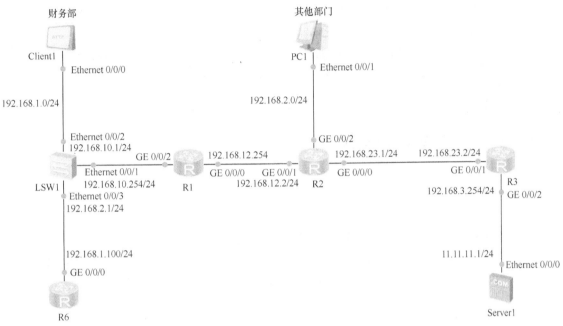

图 2-15　公司网络拓扑结构图

表 2-1　链路及 loopback 端口 IP 地址分配表

设备	端口	IP 地址	对端设备	对端端口	对端 IP 地址
S1	Ethernet0/0/1	192.168.10.1/24	R1	GE0/0/2	192.168.10.1/24
S1	Loopback0	172.16.0.1/32	–	–	–
S1	Ethernet0/0/2	192.168.1.2/24	Client1	Ethernet0/0/0	192.168.1.1/24
S1	Ethernet0/0/3	192.168.2.1/24	R4	GE0/0/0	192.168.1.100/24
AR1	GE0/0/2	192.168.10.1/24	S1	Ethernet0/0/1	192.168.10.1/24
AR1	GE0/0/0	192.168.12.254/24	AR2	GE0/0/1	192.168.12.2/24
AR1	Loopback0	172.16.0.6/32	–	–	–
AR2	GE0/0/1	192.168.12.2/24	AR1	GE0/0/0	192.168.12.254/24
AR2	GE0/0/2	192.168.2.254/24	PC1	Ethernet0/0/1	192.168.2.1/24
AR2	GE0/0/0	192.168.23.1/24	AR3	GE0/0/1	192.168.23.2/24
AR2	Loopback0	172.16.64.1/32	–	–	–
AR3	GE0/0/1	192.168.23.2/24	AR2	GE0/0/0	192.168.23.1/24
AR3	GE0/0/2	192.168.3.254/24	Server	Ethernet0/0/0	11.11.11.11/24
Client1	Ethernet0/0/0	192.168.1.1/24	S1	Ethernet0/0/2	192.168.1.2/24
Server	Ethernet0/0/0	11.11.11.11/24	AR3	GE0/0/2	192.168.3.254/24

表 2-2　办公室 VLAN 的 IP 地址分配表

VLAN 号	IP 地址范围	网关	描述
10	192.168.56.128～192.168.56.255/25	192.168.56.129/25	行政部
20	192.168.57.128～172.168.57.255/25	192.168.57.129/25	财务部
30	192.168.57.1～192.168.57.127/25	192.168.57.1/25	销售部
40	192.168.56.1～192.168.56.127/25	192.168.56.129/25	市场部
50	192.168.58.1～192.168.58.127/25	192.168.58.1/25	技术部

任务 2.5　网络项目招投标

【任务要求】

网络设计完成后，就进入招投标阶段。在前期提供的企业物理布局图、应用需求和初步设计的基础上，投标人负责提出完善的设计方案、设备报价、安装与集成、系统维护、用户培训及服务承诺等。小明所在的公司将根据投标人的方案、价格、服务及资信等情况确定中标人。

【知识准备】

2.5.1　网络项目招投标方式

网络项目的招投标主要有公开招投标、邀请招标、竞争性谈判、询价采购和单一来源采购等方式。

1. 公开招投标

公开招投标指招标单位通过国家指定的报刊、信息网站或其他媒介发布招标公告的方式，邀请不特定的法人或其他组织投标的招投标方式。这种招投标方式为所有系统集成商提供了一个平等竞争的平台，有利于选择优良的施工单位，控制项目的造价和施工质量。由于投标单位较多，因此会增加资格预审和评标的工作量。对于项目造价较高的项目，《中华人民共和国政府采购法》规定必须采取公开招投标的方式。

2. 邀请招标

邀请招标属于有限竞争选择招标，是由招标单位向有承担能力、资信良好的设计单位直接发出投标邀请书的招标方式。根据项目的大小，一般会邀请 5～10 家单位参加投标，最少不能少于 3 家单位。有条件的项目，应邀请不同地区、不同部门的设计单位参加。这种招标方式可能存在一定的局限性，但会显著地降低项目评标的工作量，因此网络项目的招标经常采用邀请招标方式。

3. 竞争性谈判

竞争性谈判是指招标方或代理机构通过与多家系统集成商（不少于 3 家）进行谈判，最后从中确定最优系统集成商的一种招标方式。这种招标方式要求招标方可就有关项目事项，如价格、技术规格、设计方案、服务要求等与不少于 3 家系统集成商进行谈判，最后按照预先规定的成交标准，确定成交系统集成商。对于比较复杂的项目，竞争性谈判方式有利于招标单位选择价格、技术方案、服务等方面最优的系统集成商。

4．询价采购

询价采购是指对几家（通常至少 3 家）系统集成商的报价进行比较，以确保价格具有竞争性的一种招标方式。合同一般授予符合招标方实际需求的最低报价的系统集成商或承包商。询价采购方式一般适用于金额较小、集成难度较低的项目。参与询价采购的系统集成商原则上也是经政府采购管理部门合法程序认定的供应商。

5．单一来源采购

单一来源采购是没有竞争的谈判采购方式，是指采购金额达到竞争性招标采购的金额标准，但在适当条件下招标方通过向单一的系统集成商或承包商征求建议或报价来采购货物、项目或服务，通常是所购产品的来源渠道单一或属于专利、秘密咨询、原形态或首次制造、合同追加、后续扩充等特殊的采购。

2.5.2　网络项目招投标流程

网络项目的各类招投标方式中，公开招投标的程序是最复杂、最完备的。网络项目招投标流程一般包括 6 个部分，如图 2-16 所示。

图 2-16　网络项目招投标流程

1．招标

（1）建设项目报建

建设项目报建的内容主要包括：项目名称、建设地点、投资规模、资金来源、当年投资额、项目规模、结构类型、发包方式、计划竣工日期、项目筹建情况等。

（2）审查建设单位资质

建设单位在招投标活动中必须采用有相应资质的单位。同时注意审查有资质单位的资质原件、资质有效期和资质业务范围。

（3）招标申请

招标单位填写"建设工程施工招标申请表"，凡招标单位有上级主管部门的，需经该主管部门批准同意后，连同"工程建设项目报建登记表"交给招标管理机构审批。

（4）项目标底价格的编制

招标文件中的商务条款一经确定，即可进入工程标底价格编制阶段。工程标底价格由招标单位自行编制或委托具备编制工程标底价格资格和能力的中介机构代理编制。

（5）发布招标通告

由委托的招标代理机构在报刊、电视、网络等媒体发布该项目的招标通告。

2．投标

（1）招标文件发放

由招标管理机构将招标文件发放给预审获得投标资格的单位。招标单位如果需要对招标文件进行修改，应先通过招标管理机构的审查，然后以补充文件的形式发放。投标单位对招标文件中有不清楚的问题，应在收到招标文件 7 日内以书面形式向招标单位提出，由招标单位以书面形式解答。

（2）勘察现场

综合布线系统的设计较为复杂，投标单位必须到施工现场进行勘察，以确定具体的布线方案。勘查现场的时间已在招标文件中指定，由招标单位在指定时间内统一组织。

（3）投标文件管理

在投标截止时间前，投标单位必须按时将投标文件递交到招标单位（或招标代理机构）。招标单位要注意检查所接收的投标文件是否按照招投标的规定进行密封。在开标之前，必须妥善保管好投标文件资料。

（4）项目标底价格的报审

开标前，招标单位必须按照招投标有关管理规定，将项目标底价格以书面形式上报招标管理机构。

3. 评标和议标

在招标单位组织下，所有投标单位代表在指定时间内到达开标现场。招标单位以公开方式拆除各单位投标文件密封标志，然后逐一报出每个单位的竞标价格。

由招标单位组织的评标专家对各单位的投标文件进行评审和评议。评审的主要内容有：投标单位是否具有招标文件规定的资质；投标文件是否符合招标文件的技术要求；专家根据评分原则给各投标单位评分；根据评分分值大小推荐中标单位顺序。

4. 定标

由招标单位召开会议，对专家推荐的评标结果进行审议，最后确认中标单位。招标单位应及时以书面形式通知中标单位，并要求中标单位在指定时间内签订合同。

5. 签订合同

网络项目合同由招标单位与中标单位的代表共同签订。合同应包含以下重要条款：项目造价、施工日期、验收条件、付款时期、售后服务承诺。

邀请招标、竞争性谈判等方式可以在公开招投标方式流程的基础之上进行简化。

【任务实施】撰写网络项目招投标书

撰写标书是整个招投标流程中最重要的一环。标书就像剧本，是电影、话剧的灵魂。标书必须表达出使用单位的全部意愿，不能有疏漏。标书也是投标商编制投标书的依据，投标商必须对标书的内容进行实质性的响应，否则该标书将被判定为无效标（按废弃标处理）。标书同样也是评标最重要的依据。

步骤❶ 招标书撰写。

招标书要简明扼要，告知投标人项目要求，使投标者一看就清楚该项目所需做的事、大概需要的时间、需要投入的资金、需要购买的设备、需要的外部环境等。

招标书的主要内容可分为三大部分——程序条款、技术条款、商务条款，主要包含下列 9 项内容：招标邀请函、投标人须知、招标项目的技术要求及附件、投标书格式、投标保证文件、合同条件（合同的一般条款及特殊条款）、技术标准和规范、投标企业资格文件、合同格式。

步骤② 投标书撰写。

此部分由投标单位编制，投标书格式是对投标文件的规范要求。其中包括投标方授权代表签署的投标函，说明投标的具体内容和总报价，并承诺遵守招标程序和各项责任、义务，确认在规定的投标有效期内投标期限所具有的约束力；还包括技术方案内容的提纲和投标价目表格式。

步骤③ 评标书。

评委应根据项目所涉及的专业、行业，选择既懂技术又懂行情的人士参加。从理论上讲，能够参加并具有投标资格的单位，其方案的技术水平是相差不大的，关键是具体的细节措施上有区别。项目建设单位应为每位评委印制一份评标表，供评委在评标时使用。

评标表包括投标单位、总报价、投标单位总分、技术方案总分、施工管理总分、技术方案阐述总分、服务响应周期、技术培训、评审人评审时间总得分等。

【拓展实训】

项目实训 公司网络规划和设计

1. 实训目的

了解公司建设网络的基本需求，完成网络规划和设计过程。

2. 实训内容

（1）了解公司网络需求。

（2）对公司网络进行功能分析。

（3）网络规划设计。

3. 实训环境

一台计算机，连接互联网。

4. 实训步骤

步骤① 网络设计需求分析。

根据公司要求，可将整个网络分成以下两部分。

（1）设备管理中心：位于公司的中心机房，也是整个公司网络是否能够正常运作的关键。核心交换机、服务器、远程接入路由器，以及 Internet 接入设备均属于设备管理中心，便于统一管理。

（2）办公点：公司办公室。

步骤② 网络功能分析。

公司为了方便对公司内部办公的信息交互和业务的管理，充分利用公司内部资源，增强网络的可靠性和安全性，对网络的主要功能提出了以下需求。

（1）全网用户都能通过边界路由器访问 Internet。其中 DNS 的地址为：202.103.96.112。公司申请了一个公网地址：202.202.202.0/29。

（2）交换网络的生成树协议（Spanning Tree Protocol，STP）和热备份路由器协议（Hot Standby Router Protocol，HSRP）的网关备份要求。

（3）DHCP 要求：都应通过设置 DHCP 服务器来分配 IP 地址。

（4）访问控制列表（Access Control Lists，ACL）访问控制要求：生产业务只能访服务器网段；办公业务能访问服务器网段和 Internet。

（5）公司跟外部通过 VPN 进行互联，并能够通过开放式最短路径优先（Open Shortest Path First，OSPF）互联外部。

（6）保护公司内部网络不受攻击。

步骤❸ 网络规划设计。

公司网络的整体架构采用核心、汇聚、接入 3 层网络结构部署，主干区域采用路由方式。汇聚层最终通过防火墙分别接入联通和电信网络。

采用有线网络和无线网络相结合的方式建设公司网络，网际协议采用 IPv4 技术，入网方式使用联通、电信两条链路。VLAN 的划分要合理，并且要有效地避免广播域。

网络地址使用私有地址，通过 DHCP 服务提供地址的统一分配管理。设备选型网络的核心层使用路由器，汇聚层使用路由交换机，接入层使用交换机。

按照此设计方案来建设公司网络所需的费用均需在公司的可承受范围之内，并且设计方案中所选的设备采用性价比较高的产品。

5. 实训总结

（1）写出公司网络规划和设计初步方案。

（2）总结本方案的优势和特点。

【知识延伸】VLSM 设计

可变长子网掩码（Variable Length Subnet Mask，VLSM）是一种产生不同大小子网的网络分配机制，指一个网络可以配置不同的掩码。开发 VLSM 的思路就是将一个网络再划分为更小的多个子网供不同组织使用。VLSM 的本质是，增加子网掩码的长度，网络位的数量增加，导致网络的数量增加，代价是主机位减少，即每个网络的可用 IP 地址数量减少。

如果没有 VLSM，则一个子网掩码只能提供给一个网络，这样就限制了要求的子网数上的主机数。另外，VLSM 是基于比特位的，而类网络是基于 8 位组的。

在实际项目实践中，用户可以进一步将网络划分成 3 级或更多级子网。同时，可以考虑使用全 0 和全 1 子网，以节省网络地址空间。某局域网上使用了 27 位的掩码，则每个子网可以支持 30 台主机（$2^5-2=30$），而对于广域网连接而言，每个连接只需要两个地址，理想的方案是使用 30 位掩码，产生 2 个网络位（$2^2-2=2$），即产生 2 个 IP 地址，然而由于同主类别网络相同掩码的约束，广域网之间也必须使用 27 位掩码，这样就浪费了 28 个地址。

VLSM 为了有效地使用 CIDR 和路由汇总来控制路由表的大小，网络管理员需要使用先进的 IP 寻址技术，VLSM 就是其中的常用技术，其可以对子网进行层次化编址，以便最有效地利用现有的地址空间。

【扩展阅读】我国积极参与国际标准制定，加速 IPv6 创新发展

当前，以互联网协议第 6 版（即 IPv6）为基础的下一代互联网在全球加速发展，并改变着全球互联网的整体格局。我国作为世界上较早开展下一代互联网试验和应用的国家，在 IPv6 基础技术研发和掌握方面拥有先发优势。从基础设施上来看，IPv6 涉及的 AS 间的路由、DNS 根服务器、

终端，以及上游的芯片和网络操作系统等，我国都已进行研究和布局。

自 1996 年国际互联网标准化机构制定 IPv6 第一批标准以来，IPv6 相关的一系列以编号排定的征求意件稿（Request For Comments，RFC）已累计 600 余篇，且这个数字还在不断增加。随着近年来我国对标准化认识的不断加深，我国对国际标准的参与程度也逐渐加深，中国主导完成的 RFC 数量和工作组文稿数量的增幅均保持在全球第一，目前已经主导完成了百余项 IPv6 领域的 RFC。

通过与全球 IPv6 论坛的深化合作，我国引入并建立了全球 IPv6 测试中心，累计为全球数百家单位提供测试认证服务，测试业务量占全球的 45%，现已发展成为全球最大的 IPv6 测试认证中心。2019 年 5 月，全球 IPv6 论坛宣布秘书处正式落户中国，这无疑将为我国下一代互联网国际化进程提供良好的助力。

【检查你的理解】

1. 选择题

（1）IP 地址是一个 32 位的二进制数，它通常采用点分（　　）。

    A. 二进制数表示　　　　B. 八进制数表示　　　C. 十进制数表示　　　D. 十六进制数表示

（2）在 IP 地址方案中，159.226.181.1 是一个（　　）。

    A. A 类地址　　　　　　B. B 类地址　　　　　C. C 类地址　　　　　D. D 类地址

（3）把网络 202.112.78.0 划分为多个子网（子网掩码是 255.255.255.192），则每个子网中可用的主机地址数是（　　）。

    A. 254　　　　　　　　B. 128　　　　　　　　C. 124　　　　　　　　D. 62

（4）三层网络结构不包括（　　）。

    A. 核心层　　　　　　　B. 汇聚层　　　　　　C. 用户层　　　　　　D. 接入层

（5）一个子网网段地址为 5.32.0.0，掩码为 255.224.0.0，它允许的最大主机地址是（　　）。

    A. 5.32.254.254　　B. 5.32.255.254　　C. 5.63.255.254　　D. 5.63.255.255

（6）在一个子网掩码为 255.255.240.0 的网络中，合法的网段地址有（　　）。

    A. 150.150.0.0　　B. 150.150.0.8　　C. 150.150.8.0　　D. 150.150.16.0

（7）如果 C 类子网的掩码为 255.255.255.224，则包含的子网位数、子网数目、每个子网中的主机数目是（　　）。

    A. 2，2，62　　　　B. 3，6，30　　　　C. 4，14，14　　　　D. 5，30，6

2. 填空题

（1）子网掩码的作用是_____。

（2）标准的 B 类 IP 地址使用_____位二进制数表示网络号。

（3）网络规划人员应从_____、_____、_____3 个方面进行用户需求分析。

（4）IP 地址由_____个字节组成，MAC 地址由_____个字节组成。

项目3
认识网络设备和传输介质

项目背景

完成前期的项目规划和设计后，公司需要实施部分办公室和网络中心的网络布线工程。在企业网中实施网络综合布线工程是一项非常复杂又琐碎的工作，需要系统规划网络综合布线工程，实施过程中需要使用到各种常用器材和各项工具。小明需要了解常用的网络设备和传输介质，同时学习综合布线规划、设计和安装实施过程。本项目主要训练创建网络设备拓扑结构图、双绞线和办公室布线设计。本项目知识导图如图 3-1 所示。

图 3-1　项目 3 知识导图

项目目标

在学习完本项目之后，小明应该能够回答下面的问题。

- 常见的网络设备有哪些？
- 路由器和交换机的工作原理是什么？
- 传输介质有哪些？

- 常见的双绞线是如何制作的？
- 什么是综合布线？
- 办公室综合布线是如何设计的？

素养提示

安全意识　精益求精　职业道德　科技报国

关键术语

● 网卡	● 双绞线
● 交换机	● 同轴电缆
● 路由器	● 光纤
● 中继器	● 综合布线
● 网关	● 信息模块

任务 3.1　认识网络设备

【任务要求】

网络设备是组建计算机网络的基础，选择符合要求的网络设备才能组成畅通的网络，并充分发挥网络的性能。在本任务中，小明主要练习如何使用模拟器创建网络设备拓扑结构图。

【知识准备】

3.1.1　认识网卡

网卡是连接计算机和网络的硬件设备。实际上，网卡就像邮局，主要负责将信件打包，按照地址将信件发送出去，同时也负责接收包裹，解包后再将信件分发给相应的收信人。

1. 什么是网卡

计算机与外界局域网的连接通过在主机箱内插入一块网络端口板（或者是在笔记本电脑中插入一块 PCMCIA 网卡）实现。网络端口板又称为通信适配器、网络适配器（adapter）或网络端口卡（Network Interface Card，NIC），但是现在用得更多的名称是"网卡"。

2. 网卡的功能

网卡是工作在物理层和数据链路层的网络组件，是局域网中连接计算机和传输介质的端口。其不仅能实现与局域网传输介质之间的物理连接和电信号匹配，还涉及帧的发送与接收、帧的封装与拆封、介质访问控制、数据的编码与解码、数据缓存等功能。

（1）网卡能进行串行/并行转换

网卡和局域网之间的通信是通过电缆或双绞线以串行传输方式进行的。网卡和计算机之间的通信则是通过计算机主板上的 I/O 总线以并行传输方式进行的。因此，网卡的一个重要功能就是进行串行/并行转换。由于网络上的数据率和计算机总线上的数据率并不相同，因此在网卡中必须装有对数据进行缓存的存储芯片。

（2）网卡能实现以太网协议

在安装网卡时，必须将管理网卡的设备驱动程序安装在计算机的网络操作系统中。

（3）网卡能处理正确的帧

当收到一个有差错的帧时，网卡将这个帧丢弃而不必通知它所插入的计算机。当收到一个正确的帧时，网卡使用中断来通知该计算机并将此帧交付给协议栈中的网络层。当计算机要发送一个 IP 数据包时，该 IP 数据包由协议栈向下交给网卡，由网卡将其组装成帧后发送到局域网。

3. 网卡的种类

目前常见的网卡有集成网卡和独立网卡，集成网卡直接焊接在计算机主板上，而独立网卡插在主板的扩展插槽里，可以随意拆卸，具有灵活性，如图 3-2 所示。

（1）PCI 网卡，即 PCI 插槽的网卡。PCI 网卡可以通过安装高增益天线获得良好的信号，且信号稳定性好。PCI 网卡不易损坏，寿命长，如图 3-3 所示。

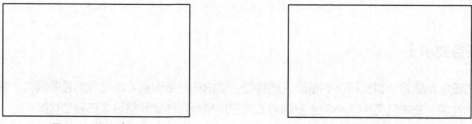

图 3-2　独立网卡　　　　　　　　　　　　　　　　　图 3-3　PCI 网卡

（2）USB 网卡，该网卡支持即插即用功能，在无线局域网领域应用较为广泛。USB 网卡的优点是使用灵活、携带方便、节省资源，而且它只占用一个 USB 端口。不过 USB 网卡提供的信号偏差，因为其内置的天线增益值低，无法调节开线角度，这样很难获得最佳的信号，如图 3-4 所示。

（3）PCMCIA 网卡，它是笔记本电脑专用网卡，因为受笔记本电脑空间的限制，其体积较小，比 PCI 网卡小。PCMCIA 总线分为两类，一类是 16 位 PCMCIA，另一类是 32 位 CardBus。CardBus 是一种新的高性能 PCMCIA 网卡总线端口标准，具有功耗低、兼容性好等优势，如图 3-5 所示。

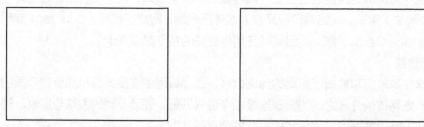

图 3-4　USB 网卡　　　　　　　　　　　　　　　图 3-5　PCMCIA 网卡

（4）ISA 网卡，该网卡早已退出市场，现在在局域网中几乎很难看到 ISA 网卡。ISA 网卡如图 3-6 所示。

网卡按照支持的网络带宽可分为 10Mbit/s 网卡、100Mbit/s 网卡、10/100Mbit/s 自适应网卡和 1000Mbit/s 网卡。10Mbit/s 网卡早已被淘汰，目前的主流产品是 10/100Mbit/s 自适应网卡，其能够自动侦测网络并选择合适的带宽来适应网络环境。1000Mbit/s 网卡的带宽可以达到

图 3-6　ISA 网卡

1Gbit/s，能够带给用户高速的网络体验。

4. 查看网卡的 MAC 地址

3-1

微课

MAC 地址是一个用来确认网络设备位置的地址。在 OSI 参考模型中，网络层负责 IP 地址，数据链路层则负责 MAC 地址。MAC 地址用于在网络中唯一标识一个网卡，一台设备若有一个或多个网卡，则每个网卡都会有一个唯一的 MAC 地址。

（1）按组合键"Win+R"，打开"运行"对话框。

（2）在"运行"对话框中输入 cmd 命令，并单击"确定"按钮，如图 3-7 所示，打开命令提示符窗口。

（3）在命令提示符窗口中输入 ipconfig /all 命令，并按"Enter"键运行此命令，如图 3-8 所示。

图 3-7 "运行"对话框

图 3-8 输入 ipconfig /all 命令

（4）运行 ipconfig /all 命令后，即可看到计算机网卡的相关信息，"物理地址"后面的数字串就是此计算机的 MAC 地址，如图 3-9 所示。

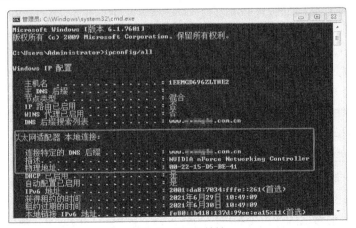

图 3-9 MAC 地址

3.1.2 认识交换机

交换机是近年来局域网中最为重要的组网设备，在网络应用中，交换机用于实现信息的接入、整形、汇集与转发等基本网络通信功能。

1. 什么是交换机

交换机（switch）是一种用于转发电信号的信息设备，其英文原意为"开关"，用于电话线路的人工接续与分拆。随着电子技术的发展，电话交换机实现了自动化的电路接续。交换机可以为接入交换机的任意两个网络节点提供独享的电信号通路。最常见的交换机是以太网交换机，如图 3-10 所示。

图 3-10　以太网交换机

2. 交换机的端口类型

（1）Access 端口

Access 端口发出的帧中不带有 VLAN 标记（VLAN ID，VID），其特点是：只允许符合 PVID（或 VLAN ID）的流量通过。

当 Access 端口收到一个帧的时候，如果这个帧没有标记，它就用自己的 PVID 给该帧打上标记；如果这个帧的 VLAN ID=PVID，交换机就去掉标记，以保证传送给终端设备的帧没有变动。

> **提示**　VLAN ID 定义其中的端口可以接收发自这个 VLAN 的包。PVID 的英文解释为 Port-base VLAN ID，是基于端口的 VLAN ID，一个端口可以属于多个 VLAN，但是只能有一个 PVID。

（2）Trunk 端口

① 当 Trunk 端口收到一个没有标记的帧的时候，它就用自己的 PVID 给该帧打上标记。然后查询允许通过的 VLAN ID 的列表，如果该帧允许通过则接收，否则丢弃。

② 当 Trunk 端口收到一个有标记的帧的时候，交换机查询允许通过的 VLAN ID 的列表，允许通过则接收，否则丢弃。

③ 当 Trunk 端口发送一个与自己的 PVID 相等且在允许通过的 VLAN ID 的列表中的帧的时候，交换机会将该帧中的标记去掉，并发送报文。

④ 当 Trunk 端口发送一个与自己的 PVID 不相等且在允许通过的 VLAN ID 的列表中的帧的时候，交换机会保持该帧中的标记不变，并发送报文。

（3）Hybrid 端口

Access 端口一般发送的都是没有标记的帧，Trunk 端口一般发送的都是带有标记的帧，而 Hybrid 端口拥有 Access 端口与 Trunk 端口两者的属性。

① 当 Hybrid 端口收到一个不带标记的帧时，交换机会添加该端口的 PVID，如果 PVID 在允许通过的 VLAN ID 列表中，则接收该报文；否则丢弃该报文。当收到带标记的帧时，交换机检查其 VLAN ID 是否在允许通过的 VLAN ID 列表中。如果 VLAN ID 在允许通过的 VLAN ID 列表中，

则接收该报文；否则丢弃该报文。

② Hybrid 端口发送帧时，将检查该端口是否允许该帧通过。如果允许通过，则可以通过命令配置发送该帧时是否携带标记。

交换机上的二层端口称为 switch port，由设备上的单个物理端口构成，只有二层交换功能。该端口可以是一个 Access 端口（UnTagged 端口），即接入端口；也可以是一个 Trunk 端口（Tagged Aware 端口），即干道端口。

Access 端口只属于一个 VLAN，它的默认 VLAN 就是它所在的 VLAN，不用设置 VLAN ID，它发送的帧不带有标记；Trunk 端口属于多个 VLAN，需要设置默认 VLAN ID，它发出的帧一般带有标记，所以可以接收和发送多个 VLAN 的报文。默认情况下，Trunk 端口将传输所有 VLAN 的帧。可通过设置 VLAN ID 许可列表来限制 Trunk 端口传输哪些 VLAN 的帧。

默认 VLAN，也称为 Native VLAN。一个 IEEE 802.1q 的 Trunk 端口有一个默认 VLAN ID。IEEE 802.1q 不为默认 VLAN 的帧打上标记。

如果设置了端口的默认 VLAN ID，当端口接收到不带标记的报文后，则交换机将报文转发到属于默认 VLAN 的端口；当端口发送带有标记的报文时，如果该报文的 VLAN ID 与端口默认的 VLAN ID 相同，则交换机将去掉报文的标记，然后再发送报文。

3. 交换机的特点

交换机有多个端口，每个端口都具有桥接功能，可以连接一个局域网或一台高性能服务器或工作站。因为交换机有带宽很高的内部交换矩阵和背部总线，并且这个背部总线上挂接了所有的端口。通过内部交换矩阵，交换机就能够把数据包直接而迅速地传送到目的节点而非所有节点，这样就不会浪费网络资源，从而产生非常高的效率。同时在此过程中，数据传输的安全程度非常高，更是受到使用者的欢迎和普遍好评。

4. 交换机的分类

从传输介质和传输速率来看，交换机可以分为以太网交换机、快速以太网交换机、千兆以太网交换机、FDDI 交换机、ATM 交换机和令牌环网交换机等，这些交换机分别适用于以太网、快速以太网、千兆以太网、FDDI、ATM 和令牌环网等环境。

按照应用规模，交换机可分为企业级交换机、部门级交换机和工作组交换机等，如图 3-11 和图 3-12 所示。

图 3-11　企业级交换机

图 3-12　部门级交换机

根据架构特点，人们还将交换机分为机架式、带扩展槽固定配置式、不带扩展槽固定配置式 3 种。

按照 OSI 参考模型的层次结构，交换机又可以分为二层交换机、三层交换机、四层交换机等，一直到七层交换机。基于 MAC 地址工作的二层交换机最为普遍，用于网络接入层和汇聚层，如图 3-13 所示。基于 IP 地址和协议进行交换的三层交换机普遍应用于网络的核心层，也少量应用于汇聚层，如图 3-14 所示。

图 3-13　二层交换机

图 3-14　三层交换机

5. 交换机的工作原理

当交换机收到帧时，它会检查其目的 MAC 地址，然后把帧从目的主机所在的端口转发出去。交换机之所以能实现这一功能，是因为交换机内部有一个 MAC 地址表，该地址表记录了网络中所有 MAC 地址与该交换机各端口的对应信息。某一帧需要转发时，交换机根据该帧的目的 MAC 地址在 MAC 地址表中查找，从而得到该地址对应的端口，即知道具有该目的 MAC 地址的设备是连接在交换机的哪个端口上，然后交换机把帧从该端口转发出去。

（1）交换机根据收到帧中的源 MAC 地址建立该地址同交换机端口的映射，并将其写入 MAC 地址表中。

（2）交换机将帧中的目的 MAC 地址同已建立的 MAC 地址表进行比较，以决定帧由哪个端口进行转发。

（3）如果帧中的目的 MAC 地址不在 MAC 地址表中，则将该帧向所有端口转发。这一过程称为泛洪（flood）。

（4）广播帧和组播帧向所有的端口转发。

3.1.3　认识路由器

在互联网技术日益发达的今天，是什么把网络相互连接起来的？答案是路由器。路由器在网络中扮演着非常重要的角色。

1. 什么是路由器

路由器（router）是连接 Internet 中各局域网、广域网的设备，它会根据信道的情况自动选择和设定路由，以最佳路径按前后顺序发送信号。路由器已经广泛应用于各行各业，各种不同档次的路由器已成为实现各种骨干网内部连接、骨干网间互联和骨干网与互联网互联互通业务的主力军。

2. 路由器的分类

（1）按路由性能划分

从路由性能上分，路由器可分为低端路由器、中端路由器和高端路由器。

① 低端路由器主要适用于小型网络的 Internet 接入或企业网络远程接入，其端口数量和类型、包处理能力都非常有限，如图 3-15 所示。

② 中端路由器适用于较大规模的网络，拥有较强的包处理能力和较丰富的网络端口，能适应较

为复杂的网络结构，如图 3-16 所示。

图 3-15　低端路由器

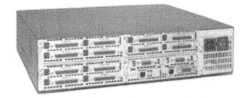

图 3-16　中端路由器

③ 高端路由器主要作为大型网络的核心路由器，拥有非常强的包处理性能，并且端口密度高、类型多，能适应复杂的网络环境，如图 3-17 所示。

通常情况下，将背板交换能力大于 40Gbit/s 的路由器称为高端路由器，背板交换能力在 25Gbit/s～40Gbit/s 的路由器称为中端路由器，背板交换能力低于 25Gbit/s 的是低端路由器。

（2）按结构划分

从结构上分，路由器可分为模块化结构路由器与非模块化结构路由器。

（3）按功能划分

从功能上分，路由器可分为核心层（骨干级）路由器、分发层（企业级）路由器和访问层（接入级）路由器。

图 3-17　高端路由器

（4）按应用划分

从应用上分，路由器可分为通用路由器与专用路由器。

（5）按所处网络位置划分

如果按路由器所处的网络位置，则通常把路由器划分为边界路由器和中间节点路由器两类。

3．路由器的主要功能

（1）连接网络

路由器用于将局域网络连接在一起，组建规模更大的广域网，并在每个局域网出口对数据进行筛选和处理。

（2）隔离广播

尽管交换机可以隔离冲突域，从而提高局域网的传输效率，但是交换机会将所有广播发送至整个网络内所有交换机的每一个端口。由于广播会发送至整个网络内所有交换机的每一个端口，并且由接入网络中的每台计算机进行处理，因此过大的广播数量不仅会严重影响网络的传输效率，而且还会大量占用计算机的 CPU 性能。当网络硬件损坏或受到计算机病毒攻击时，网络内的广播数量将会剧增，从而导致广播风暴，使网络传输和数据处理陷入瘫痪。

路由器的重要作用之一，就是将广播隔离在局域网内（路由器的每个端口均可视为一个局域网），不会将广播包向外转发。因此，大中型局域网都会被人为地划分成若干虚拟网，并使用路由实现彼此之间的通信，以达到隔离广播，提高传输效率的目的。

（3）路由选择

路出器能够按照预先设置的策略，智能选择到达远程目的地的路由。为了实现这一功能，路由器要按照某种路由通信协议维护和查找路由表。这是路由器最重要的功能。

（4）网络安全

作为整个局域网与外界联络的唯一出口，路由器还承担着保护内部用户和数据安全的重要责任。路由器的安全功能主要借助以下两种方式实现。

① 地址转换。局域网内的计算机使用内部保留 IP 地址，这种 IP 地址不会被路由到 Internet，因此该地址不会被外部计算机所知晓，从而可以安全地隐藏在网络内部，避免来自外部的恶意攻击。当内部计算机需要与外部网络通信时，由路出器提供网络地址转换，将其地址转换为合法的 IP 地址，实现对 Internet 的访问。

② 访问列表。借助 IP 地址访问列表，可以在路由器上设置各种访问策略，规定哪段时间、哪种网络协议和哪种网络服务是被允许外出和进入的，从而不仅可以避免对网络的滥用，提高网络传输性能和带宽利用率，也可以有效地避免蠕虫病毒、黑客工具对内部网络的分割。

4. 路由器的工作原理

路由器工作于 OSI 参考模型中的第三层，其主要任务是接收来自一个网络端口的数据包，根据其中所含的目的地址，决定转发到下一个目的地址。因此，路由器需要先在转发路由表中查找该数据包的目的地址，若找到了目的地址，就在数据包的帧格前添加下一个 MAC 地址，同时 IP 数据包头的 TTL（Time To Live，存落时间）域也开始减数，并重新计算校验和。当数据包被送到输出端口时，它需要按顺序等待，以便被传送到输出链路上。如果到某一特定节点有一条以上的路径，则基本上预先确定的路由准则是最优（或最经济）的传输路径。由于各种网络段及其相互连接情况可能会因环境变化而变化，因此路由情况的信息一般也按所使用的路由信息协议的规定而定时更新。

3.1.4 认识其他网络设备

除了以上介绍的硬件设备外，组网时还要用到集线器、中继器、光纤收发器、网关等设备，下面将概要介绍这些设备。

1. 集线器

集线器又称为"Hub"。"Hub"是"中心"的意思，集线器的主要功能是对接收到的信号进行再生、整形和放大，以增加网络的传输距离，同时把所有节点集中在以它为中心的节点上。它工作于 OSI 参考模型的物理层。集线器与网卡、网线等一样，属于局域网中的基础设备，采用 CSMA/CD（一种检测协议）机制，如图 3-18 所示。

图 3-18　集线器

（1）集线器的工作过程

节点发送信号到线路，集线器接收该信号，因信号在线缆传输中有衰减，集线器接收信号后将衰减的信号整形并放大，最后集线器将放大的信号以广播的方式转发给其他所有端口。

（2）集线器与交换机的区别

① 从工作层次来看，集线器工作在物理层，属于一层设备，每发送一个数据，所有的端口均可以收到。由于其采用了广播的方式，因此网络性能受到很大的限制。

交换机工作在数据链路层，属于二层设备，在"学习"MAC 地址之后，每个端口形成一张地址表，根据数据包的 MAC 地址转发数据，而不是广播方式。

② 从转发方式来看，集线器的转发方式是广播方式，无论哪个端口收到数据，都要广播到所有的端口。当接入设备比较多时，网络性能会受到很大的影响。

交换机根据 MAC 地址转发数据，在收到数据之后，会检查报文的目的 MAC 地址，找到对应的端口进行转发，而不是广播到所有的端口。

③ 从带宽来看，集线器不管有多少个端口，其所有端口都共享一条带宽，在同一时刻只能有两个端口传送数据，其他端口只能等待，同时集线器只能工作在半双工模式下。

交换机的每个端口都有一条独占的带宽，当两个端口工作时不会影响其他端口的工作。同时交换机不但可以工作在半双工模式下，而且可以工作在全双工模式下。在集线器连接的网络中，A、B 进行通信时，C、D 不能同时通信，如图 3-19 所示；而在交换机连接的网络中，A、B 进行通信时，C、D 能同时进行通信，如图 3-20 所示。

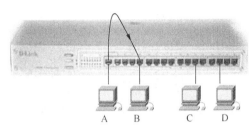

图 3-19　集线器连接的网络

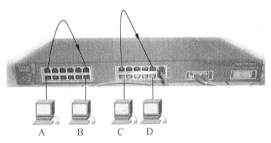

图 3-20　交换机连接的网络

2．中继器

中继器是连接网络线路的一种设备，常用于两个网络节点之间物理信号的双向转发工作。它是最简单的一种网络互联设备，主要完成物理层的功能，负责在两个节点的物理层上按位传递信息，完成信号的复制、调整和放大，以此来延长网络的长度，如图 3-21 所示。

3．光纤收发器

光纤收发器是一种将短距离的双绞线电信号和长距离的光信号进行互换的以太网传输介质转换单元，在很多地方也称为光电转换器，如图 3-22 所示。光纤收发器一般应用在以太网线缆无法覆盖，必须使用光纤来延长传输距离的实际网络环境中，或只有少量用户，不值得为交换机配备光纤模块的建筑中。

图 3-21　中继器

图 3-22　光纤收发器

4. 网关

网关（gateway）又称网间连接器、协议转换器，如图 3-23 所示。网关在网络层以上实现网络互联，是最复杂的网络互联设备，仅用于两个高层协议不同的网络互联。网关既可以用于广域网互联，也可以用于局域网互联。

图 3-23　网关

【任务实施】创建网络设备拓扑结构图

1. 安装 eNSP 模拟器

eNSP 模拟器是一款由华为提供的免费的图形化网络仿真工具平台。其通过对真实网络设备的仿真模拟，对企业网络路由器、交换机进行软件仿真，完美呈现真实设备实景，支持大型网络模拟。使用者可以在没有真实设备的情况下模拟演练，学习网络技术。登录华为官网即可下载安装该软件。

eNSP 模拟器里可以使用多种网络设备。

（1）路由器：AR1220、AR2220、AR2240 等。

（2）交换机：S3700、S5700 等。

（3）终端设备：PC、Server 等。

这些都是我们在实践中经常用到的设备。

2. 使用 eNSP 模拟器创建网络拓扑结构图

步骤❶ 打开 eNSP 模拟器，进入模拟器初始界面，如图 3-24 所示。

图 3-24　模拟器初始界面

步骤❷ 在左边的设备栏里找到路由器、交换机和终端 PC，找到后将其拖入右边绘图区域中并排列好，排列完成的效果如图 3-25 所示，这样方便我们进行后续的设备连接。

图 3-25　网络设备排列图

步骤❸　将排列好的所有设备启动，由于设备较多，启动时需耗费一些时间，如图 3-26 所示。

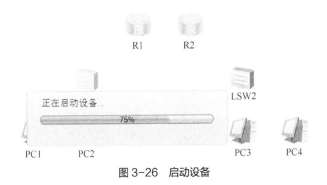

图 3-26　启动设备

步骤❹　设备在启动成功后，会由原本的暗色变为亮色，如图 3-27 所示。若设备均为亮色，则说明所有设备启动成功；若遇到设备启动不成功，多试几次就可以了。

图 3-27　设备启动成功

步骤❺　设备启动成功后，我们需要选择连线进行连接，左边设备栏中有很多连线供我们选择，但不可选择自动连线，如图 3-28 所示。我们需要根据设备来判断连线类型，这样在连接时才不会错乱，而且方便记忆。

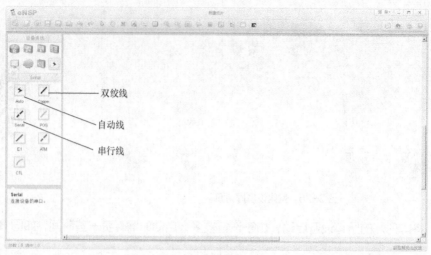

图 3-28　选择连线

步骤⑥　现在将设备进行连接，路由器用 Serial 0/0/1 端口进行连接，如图 3-29 所示。因为设备已经启动，所以若每个路由器相连的端口显示为绿色，表明线路畅通；若为红色，说明线路故障，数据不可通过该线路。

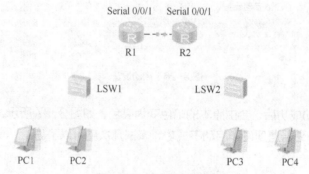

图 3-29　两个路由器相连

步骤⑦　开始连接路由器和交换机，路由器与交换机之间使用 GE0/0/1 端口进行连接，两端端口为绿色表明线路畅通，如图 3-30 所示。

GE 端口指的是 Gigabit Ethernet 千兆以太网端口，带有 GE 标记的端口就是 1000MB 以太网网络端口。

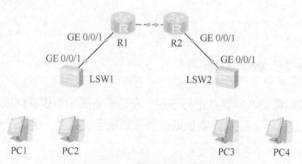

图 3-30 彩图

图 3-30　路由器与交换机相连

步骤 ⑧ 开始进行交换机与交换机之间的连接，该连接使用的是 GE0/0/2 端口，如图 3-31 所示。两端交换机的端口都是 GE0/0/2 端口，拓扑结构图不仅美观还好记，做任务时使用方便。

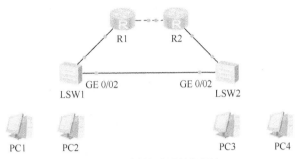

图 3-31　交换机与交换机相连

步骤 ⑨ 开始连接交换机与终端 PC，采用的是 Ethernet 连线，如图 3-32 所示。

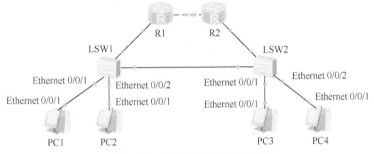

图 3-32　交换机与终端 PC 相连

步骤 ⑩ 所有设备连接完毕，将端口全部显示出来，如图 3-33 所示，上面黑色框里按钮的作用为显示或隐藏所有端口，这里将所有端口显示出来方便我们分析。

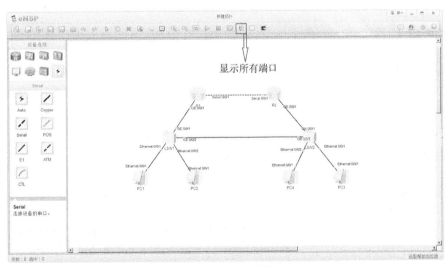

图 3-33　显示所有端口

注意：若是使用终端 PC 控制路由器，则需要用到图 3-34 所示的 CTL 线，CTL 线是终端 PC

与设备之间的串口连线。

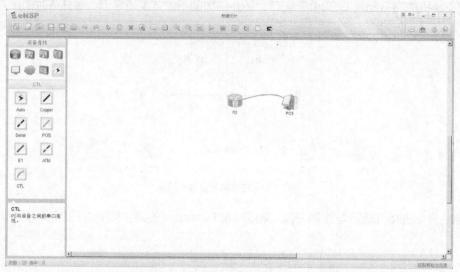

图 3-34　使用 CTL 线连接

任务 3.2　认识网络的传输介质

【任务要求】

只有合理配置传输介质，才能使网络通畅运行。网线是网络连接的常用传输介质，在布线过程中往往没有现成的网线，因此需要自己制作。小明接下来要了解传输介质，并完成双绞线的制作与测试。

【知识准备】

传输介质是传输数据信号、连接各网络站点的实体。如果没有网络传输介质传送信号，就不存在网络，因为传输介质是网络中信息传输的物理传输基础。在网络中，一台计算机将信号通过传输介质传输到另一台计算机，传输介质可以是有线传输介质，也可以是无线传输介质。

有线传输介质包括双绞线、光纤及目前很少使用的同轴电缆，无线传输介质包括激光、微波等。这些传输介质的特点不同，因此使用的网络技术不同，应用场合也不同。

3.2.1　认识双绞线

双绞线（Twisted Pair，TP）是局域网中最常用的传输介质，由两根具有绝缘保护层的铜导线组成。把两根绝缘的铜导线按一定密度相互绞在一起，每一根导线在传输过程中辐射出来的电波会被另一根导线上发出的电波抵消，有效减少了信号的干扰。

1. 双绞线的组成

双绞线由两根具有绝缘保护层的铜导线组成，其直径一般为 0.4~0.65 毫米，常用的是 0.5 毫米。它们各自被包裹在彩色绝缘层内，按照规定的绞距相互扭绞成一对双绞线，如图 3-35 所示。双绞线一般由两根 22～26 号绝缘铜导线相互缠绕而成。如果把一对或多对双绞线放在一个绝缘套管中，便成了双绞线电缆。在双绞线电缆内，不同线对具有不同的扭绞长度，一般来说扭绞长度为 14～38.1 厘米，按逆时针方向扭绞，相邻线对的扭绞长度在 12.7 厘米

图 3-35 彩图

图 3-35　双绞线

以上。与其他传输介质相比，双绞线在传输距离、信道宽度和数据传输速率等方面均受到一定限制，但价格较为低廉。

2．双绞线的分类

双绞线的分类有两种：一种是按其是否有屏蔽层分为非屏蔽双绞（Unshielded Twisted Pair，UTP）和屏蔽双绞线（Shielded Twisted Pair，STP），STP 在电磁屏蔽性能方面比 UTP 要好些，但价格也要高些；另一种是按电气特性分为三类、四类、五类、超五类、六类、七类双绞线等类型，数值越大，技术越先进、带宽越宽、价格越高。目前在局域网中常用的是五类、超五类和六类双绞线。

（1）UTP

在 UTP 中每对线的绞距与所能抵抗的电磁辐射干扰成正比，采用了滤波及对称性等技术，具有体积小、安装简便等特点，如图 3-36 所示。另外，UTP 具有以下优点。

① 无屏蔽外套、直径小、节省空间。

② 重量轻、易弯曲、易安装。

③ 将串扰减至最小甚至加以消除。

④ 具有阻燃性。

⑤ 具有独立性和灵活性，适用于结构化综合布线。

（2）STP

STP 电缆的外层由铝箔包裹，以减小辐射，但并不能完全消除辐射。STP 价格相对较高，安装时要比 UTP 困难，如图 3-37 所示。

图 3-36　UTP

图 3-37　STP

图 3-37 彩图

3.2.2　认识同轴电缆

同轴电缆（coaxial cable）由一根空心的护套及其所包围的铜芯导体组成，护套与铜芯导体由绝缘材料隔开，同轴电缆有粗、细两种形式。在早期的网络中经常用粗同轴电缆作为连接不同网络

的主干，如 20 世纪 80 年代早期以太网标准建立时，第一个定义的传输介质类型就是粗同轴电缆。目前，粗同轴电缆已经很少使用了。细同轴电缆的直径与粗同轴电缆相比要小一些，常用于将桌面工作站连到局域网。不论是粗同轴电缆还是细同轴电缆，其结构均如图 3-38 所示。

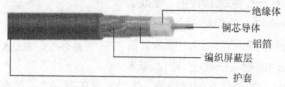

图 3-38　同轴电缆的结构

细同轴电缆连在同轴电缆插件（Bayonet Nut Connector，BNC）上，然后由 BNC 与 T 形接头连接。T 形接头的中部与计算机或网络设备的网卡连接在一起。如果计算机或设备是同轴电缆中的最后一个站点，那么中继器就要连接在 T 形接头的一端。

3.2.3　认识光纤

光纤是光导纤维的简称，是一种能够使用光信号传输数据的传输介质，它具有重量轻、频带宽、不耗电、抗干扰能力强和传输距离远等特点，其在目前通信市场得到了广泛应用。

1. 光纤的组成

光纤是一种传输光束细而柔韧的媒介，由使用纯净的石英玻璃经特殊工艺拉制成的粗细均匀的玻璃丝组成纤芯。纤芯质地脆、易断裂。一般在纤芯的外面包裹一层折射率较低的玻璃封套（包层），然后包裹一层薄的塑料外套（涂覆层），用来保护光纤。光纤通常被扎成束，外面有护层，其结构如图 3-39 所示。

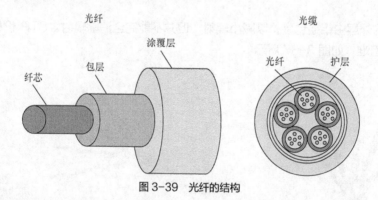

图 3-39　光纤的结构

2. 光纤的分类

光纤主要有以下两种分类方式。

光纤的模态就是其光波的分布形式。若入射光的模态为圆光斑，射出端仍能观察到圆光斑，这就是单模传输，相应光纤称为单模光纤；若入射光的模态为圆光斑，射出端为许多小光斑，即出现了许多杂散的高次模，形成多模传输，相应光纤称为多模光纤。单模光纤和多模光纤如图 3-40 所示。

（1）单模光纤（Single Mode Fiber，SMF）

单模光纤的纤芯直径很小，为 4～10μm，理论上只传输一种模态。单模光纤只传输主模，从而避免了模态色散，使得这种光纤的传输频带很宽，传输容量大，适用于大容量、长距离的光纤通信。在综合布线系统中，常用的单模光纤为 8.3/125μm 突变型单模光纤，常用于建筑群之间的布线。

（2）多模光纤（Muli-Mode Fiber，MMF）

在一定的工作波长下，若有多种模态在光纤中传输，则这种光纤称为多模光纤。多模光纤由于纤芯直径和数值孔径比单模光纤大，具有较强的集光能力和抗弯曲能力，特别适用于多接头的短距离应用场合，并且多模光纤的系统费用仅为单模光纤的 1/4。

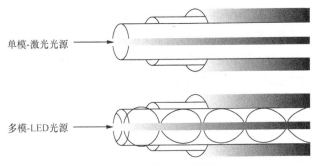

单模-激光光源

多模-LED光源

图 3-40　单模光纤和多模光纤

3. 光纤的通信特点

与铜导线相比，光纤具有非凡的性能。首先，光纤能够提供比铜导线高得多的带宽，在目前技术条件下，光纤的一般传输速率可达几十 Mbit/s 到几千 Mbit/s，其带宽可达 1Gbit/s，而在理论上光纤的带宽是没有界限的。其次，光纤中光的衰减很小，在长线路上，每 30 千米才需要一个中继器，而且光纤不受电磁干扰，不受空气中腐蚀性化学物质的侵蚀，可以在恶劣环境中正常工作。最后，光纤不漏光，而且难以拼接，这使它很难被窃听，安全性很高，是国家主干网传输的首选介质。另外，光纤还具有体积小、重量轻、韧性好等特点，其价格也会随着工程技术的发展而大大下降。具体来说，光纤的优、缺点如下。

（1）优点

① 传输速率高，目前实际可达到的传输速率为几十 Mbit/s 至几千 Mbit/s。

② 抗电磁干扰能力强、重量轻、体积小、韧性好、安全保密性高等。

③ 传输衰减极小，使用光纤传输时，可以在 6～8 千米的距离内不使用中继器进行高速率的数据传输。

④ 传输频带宽，通信容量大。

⑤ 线路损耗低，传输距离远。

⑥ 抗化学腐蚀能力强。

⑦ 光纤制造资源丰富。

（2）缺点

① 光纤多作为计算机网络的主干线，最大问题是与其他传输介质相比，其价格昂贵。

② 光纤衔接和光纤分支的实现均较困难，而且在分支时，信号能量损失很大。

3.2.4　认识无线传输介质

通信时除了可以使用同轴电缆、双绞线和光纤外，还可以利用无线传输介质。无线传输介质是指一种使网络信号不受任何种类光纤或网线约束的传输介质。

1. 微波

微波是频率为 300MHz～300GHz 的电磁波，微波通信是指用微波作为载体传输信号，用被传输的模拟信号或数字信号来调制该载波信号，它既可传输模拟信号又可传输数字信号。

地面微波通信采用定向抛物面天线，地面微波信号一般在低频率范围内传输。由于微波连接不需要线缆，所以比起基于线缆方式的连接，微波较适合跨越荒凉或难以通过的地段，一般经常用于连接两个分开的建筑物或在建筑群中构成一个完整网络。由于微波在空间中是直线传输的，而地球表面是个曲面，因此其传输距离受到限制，只有 50 千米左右。但若采用 100 米高的天线塔，则传输距离可增大至 100 千米。为了实现远距离通信，必须在一条无线电通信信道的两个终端之间建立若干中继站。中继站把上一站送来的信号经过放大后再送到下一站，所以也将地面微波通信称为"地面微波接力通信"。

2. 红外线

红外线通信通常又叫红外光通信，是利用红外线传送信息的一种通信方式。红外线通信能传输的内容是多样的，可以是音频信号，也可以是视频信号。红外线通信系统采用发光二极管、激光二极管来进行站与站之间的数据交换。红外设备发出的光一般只包含电磁波或小范围电磁频谱中的光子。红外线通信中的传输信号可以直接或经过墙面、天花板反射后，被接收装置收到。

3. 卫星通信

卫星通信就是地球上（包括地面和低层大气中）的无线电通信站间利用卫星作为中继器而进行的通信。卫星通信系统由卫星和地球站两部分组成。卫星通信的特点如下。

（1）通信范围大。只要在卫星发射的电波所覆盖的范围内，任何两点都可进行通信。

（2）不易受陆地灾害的影响（可靠性高）。只要设置地球站电路即可开通（开通电路迅速）。

（3）可同时在多处接收信号，能经济地实现广播、多址通信（多址特点）。

（4）电路设置非常灵活，可随时分散过于集中的话务量，同一信道可用于不同方向或不同区间的通信（多址联接）。

【任务实施】制作与测试双绞线

3-5

微课

1. 了解双绞线制作标准

双绞线的制作有两种国际标准，分别是 EIA/TIA 568A 和 EIA/TIA 568B，它们的线序标准如表 3-1 和表 3-2 所示。

表 3-1　EIA/TIA 568A 线序标准

1	2	3	4	5	6	7	8
白绿	绿	白橙	蓝	白蓝	橙	白棕	棕

表 3-2　EIA/TIA 568B 线序标准

1	2	3	4	5	6	7	8
白橙	橙	白绿	蓝	白蓝	绿	白棕	棕

（1）反线，即交叉双绞线（EIA/TIA 568A）：一端为正线的线序，另一端从左至右的线序是白绿、绿、白橙、蓝、白蓝、橙、白棕、棕。

（2）正线，即直通双绞线（EIA/TIA 568B）：两端线序一样，从左至右的线序是白橙、橙、白绿、蓝、白蓝、绿、白棕、棕。

EIA/TIA 568A 和 EIA/TIA 568B 对应水晶头的管脚编号，如图 3-41 所示。实际上，对于标准接法 EIA/TIA 568A 和 EIA/TIA 568B，二者并没有本质的区别，只是颜色上的区别，用户只需要注意在连接两个水晶头时必须实现如下情况。

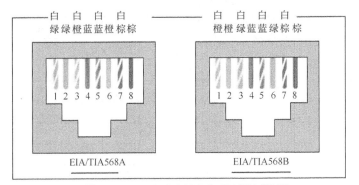

图 3-41 彩图

图 3-41　EIA/TIA 568A 和 EIA/TIA 568B

（1）1、2 线对是一对绕线对。

（2）3、6 线对是一对绕线对。

（3）4、5 线对是一对绕线对。

（4）7、8 线对是一对绕线对。

2．认识交叉双绞线和平行双绞线（直通双绞线）

双绞线的两种常用连接方法：交叉连接和平行连接（直通连接）。下面分别介绍使用这两种连接方法的线缆的引脚排序及适用场合。

（1）交叉双绞线。水晶头一端遵循 EIA/TIA 568A，另一端遵循 EIA/TIA 568B，如表 3-3 所示，即两个水晶头的连线交叉连接，A 端水晶头的 1、2 对应 B 端水晶头的 3、6，而 A 端水晶头的 3、6 对应 B 端水晶头的 1、2。

表 3-3　标准交叉双绞线

B 端	管脚编号	A 端
白橙	1	白绿
橙	2	绿
白绿	3	白橙
蓝	4	蓝
白蓝	5	白蓝

续表

B 端	管脚编号	A 端
绿	6	橙
白棕	7	白棕
棕	8	棕

交叉双绞线的适用场合为：计算机网卡（终端）与计算机网卡（终端）的连接；交换机（或集线器）普通端口与交换机（或集线器）普通端口的连接。

（2）平行双绞线。水晶头的两端都遵循 EIA/TIA 568A 或 EIA/TIA 568B，如表 3-4 所示，平行双绞线的每组绕线都是一一对应的。

表 3-4　标准平行双绞线

B 端	管脚编号	A 端
白橙	1	白橙
橙	2	橙
白绿	3	白绿
蓝	4	蓝
白蓝	5	白蓝
绿	6	绿
白棕	7	白棕
棕	8	棕

平行双绞线的适用场合为：计算机网卡（终端）与交换机（或集线器）普通端口的连接；交换机（或集线器）普通端口与交换机（或集线器）UPLINK 口的连接。

3. 任务器材

① 网线钳。网线钳是用来压接双绞线或电话线和水晶头的工具，如图 3-42 所示。

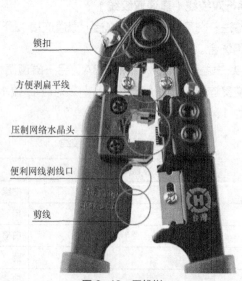

锁扣

方便剥扁平线

压制网络水晶头

便利网线剥线口

剪线

图 3-42　网线钳

② 测线仪。测线仪用于双绞线的测试，如图 3-43 所示。

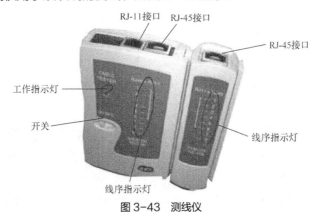

图 3-43　测线仪

③ 水晶头。水晶头是网络连接中重要的端口设备，是一种能沿固定方向插入并自动防止脱落的塑料接头，用于网络通信，因其外观像水晶一样晶莹透亮而得名，如图 3-44 所示。水晶头主要用于连接网卡端口、集线器、交换机、电话等。

4．制作流程

步骤① 用网线钳剥开双绞线的绝缘外皮，自端头处剥去 20 毫米及以上的外皮，露出 4 对线。注意掌握好力度，不要切破内层铜线的外皮或者将铜线切断，如图 3-45 所示。

图 3-44　水晶头

图 3-45　剥线

步骤② 将各色线的排列方式以 EIA/TIA 568B 定义的排列方式进行理线，分别是白橙、橙、白绿、蓝、白蓝、绿、白棕、棕。

步骤③ 将裸露出的线用剪刀或斜口钳剪下，只剩约 14 毫米的长度（注意要让 8 条线齐平），如图 3-46 所示，再将双绞线的每根线依序放入 RJ-45 水晶头的引脚内，第一只引脚内应该放白橙色的线，依次类推，如图 3-47 所示。

图 3-46 彩图

图 3-46　排列整齐的线

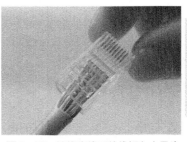

图 3-47 彩图

图 3-47　按线序将双绞线插入水晶头

步骤④ 将插入双绞线的 RJ-45 水晶头插入网线钳压制网络水晶头的插槽中，用力压下网线钳的手柄，使 RJ-45 水晶头的针脚都能接触到双绞线的芯线，如图 3-48 所示。

步骤⑤ 完成双绞线一端的制作工作后，按照相同的方法制作另一端即可。注意双绞线两端的芯线排列顺序要完全一致，如图 3-49 所示。

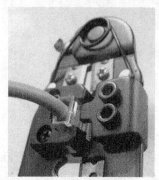

图 3-48　压线

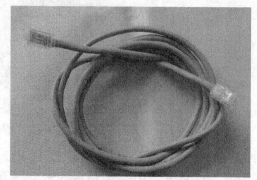

图 3-49　制作完成的双绞线

交叉双绞线的制作方法与平行双绞线的制作方法类似，只不过要调整双绞线的线序而已，这里不做讲解。

步骤⑥ 测试双绞线。

将双绞线两端的水晶头分别插入主测线仪和远程测试端的 RJ-45 端口，将开关拨到"ON"（S 为慢速挡），这时主测线仪和远程测试端的指示头应该逐个闪亮。

① 平行双绞线的测试。测试平行双绞线时，主测线仪的指示灯应该从 1 到 8 逐个闪亮，而远程测试端的指示灯也应该从 1 到 8 逐个闪亮，如图 3-50 所示。如果是这种现象，则说明平行双绞线的连通性没问题，否则就得重做。

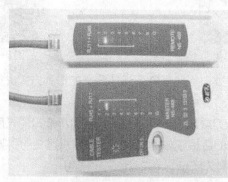

图 3-50　双绞线测试

图 3-50 彩图

② 交叉双绞线的测试。测试交叉双绞线时，主测线仪的指示灯应该从 1 到 8 逐个闪亮，而远程测试端的指示灯应该是按着 3、6、1、4、5、2、7、8 的顺序逐个闪亮。如果是这样，则说明交叉双绞线的连通性没问题，否则就得重做。

5. 故障分析

若双绞线两端的线序不正确，主测线仪的指示灯仍然从 1 到 8 逐个闪亮，只是远程测试端的指示灯将按着与主测试端连通的线号的顺序逐个闪亮。

① 导线断路测试的现象。当有 1 到 6 根导线断路时，主测线仪和远程测试端的对应线号的指示灯都不亮，其他指示灯仍然可以逐个闪亮。

当有 7 根或 8 根导线断路时，主测线仪和远程测试端的指示灯全都不亮。

② 导线短路测试的现象。当有两根导线短路时，主测线仪的指示灯仍然按从 1 到 8 的顺序逐个闪亮，而远程测试端的两根短路线所对应的指示灯将被同时点亮，其他指示灯仍按正常的顺序逐个闪亮。

当有 3 根或 3 根以上的导线短路时，主测线仪的指示灯仍然从 1 到 8 逐个闪亮，而远程测试端的所有短路线对应的指示灯都不亮。

任务 3.3　综合布线

【任务要求】

综合布线施工是落实布线设计的过程，综合布线是实现信息化和智能化的基础。综合布线不仅要提供基本的信息传输通道功能，而且还应该考虑周边环境的整体布局，尽量做到美观。小明在了解了综合布线基础知识和系统结构后，要对企业的办公室进行布线设计，制订办公室布线方案。

【知识准备】

3.3.1　认识综合布线

在信息社会中，综合布线是一项涉及建筑艺术、室内装潢、通信技术等多方面内容的复杂工程，综合布线系统的设计将对整个网络工程产生决定性影响。

综合布线（Generic Cabling，GC）是由线缆和相关连接组成的信息传输通道。它既能使语音、数据、图像设备和交换设备与其他信息管理系统彼此相连，也能使这些设备与外部通信网络连接。它包括建筑物外部网络和电信线路的连接点与应用系统设备之间的所有线缆，以及相关的连接件。

综合布线所用的部件包括：传输介质（如光缆、电缆）、连接件（如配线架、连接器、插座、插头、适配器）和电气保护装置等。这些部件可用来构建综合布线系统的各个子系统，它们都有各自的具体用途，不仅易于实施，而且能随需求的变化而平稳升级。一个设计良好的综合布线系统对其服务的设备应具有一定的独立性，并能互连许多不同应用系统的设备，如模拟式或数字式的公共通信设备，也能支持图像设备（电视会议、监视电视）等。

综合布线系统实现了综合通信网络、信息网络、控制网络等系统间信号的互联互通，它采用模块化的结构，具有开放性、灵活性、可靠性等特点。根据《综合布线系统工程设计规范》（GB50311-2016），综合布线系统可划分为 7 个子系统，分别是工作区子系统、配线（水平）子系统、干线（垂直）子系统、设备间子系统、管理子系统、建筑群子系统、进线间子系统。常见的综合布线系统构成如图 3-51 所示。

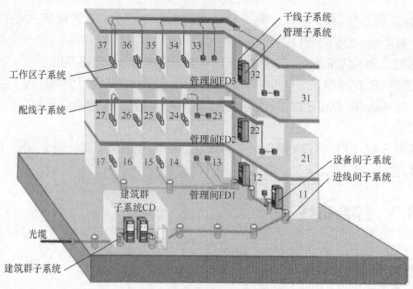

图 3-51　常见的综合布线系统构成

3.3.2　综合布线系统结构

理想的综合布线系统应支持语音应用、数据传输、影像影视，而且最终能支持综合型的应用。只有充分了解了综合布线系统的结构，才能进行合理的设计施工。

1. 工作区子系统

工作区子系统由跳线和信息插座所连接的设备组成，通常为一个独立且需要设置的终端设备的区域，如图 3-52 所示。常见的工作区范围有办公室、作业间、机房等场景，放置的设备有电话机、计算机、网络打印机和摄像机等，信息插座有桌面型、墙面型、地面型等。工作区子系统的线缆长度一般不超过 5 米。

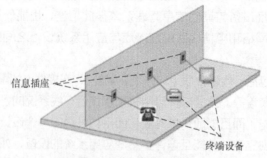

图 3-52　工作区子系统

2. 配线（水平）子系统

配线子系统由工作区的信息模块、信息模块至电信间配线设备（Floor Distributor，FD）的连接线缆、电信间的配线设备及设备缆线和跳线等组成，如图 3-53 所示。配线子系统的线缆长度一般不超过 90 米。

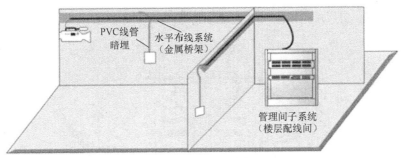

图 3-53　配线子系统

3. 干线（垂直）子系统

干线子系统应由设备间的配线设备与跳线和设备间至各楼层配线间的连接线缆组成，如图 3-54 所示。

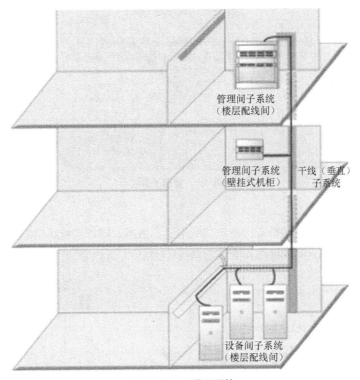

图 3-54　干线子系统

4. 设备间子系统

设备间是在每一幢大楼的适当地点设置进线设备、进行网络管理，以及管理人员值班的场所。设备间子系统由综合布线系统的建筑物进线设备、电话、数据、计算机等各种主机设备及其保安配线设备等组成，如图 3-55 所示。

5. 管理子系统

管理子系统主要对工作区、电信间、设备间和进线间的配线设备、缆线和信息插座模块等设施按一定的模式进行标识和记录，如图 3-56 所示。标识管理是指在综合布线系统中对配线设备线缆、信息插座等设立标识，进行规范管理，以提高工作效率。

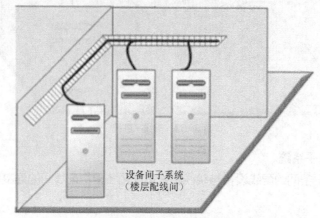

图 3-55　设备间子系统

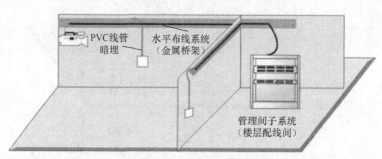

图 3-56　管理子系统

6. 建筑群子系统

　　建筑群子系统是由两个及两个以上建筑物的电话、数据、电视系统组成的一个建筑群综合布线系统，包括连接各建筑物之间的缆线和配线设备（Campus Distributor，CD），如图 3-57 所示。

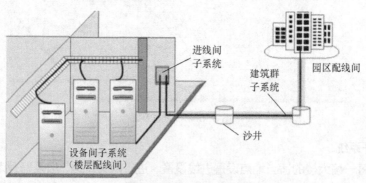

图 3-57　建筑群子系统

7. 进线间子系统

　　进线间是建筑物外部通信和信息管线的入口，并可作为入口设施和建筑群配线设备的安装场地，如图 3-58 所示。在进线间出现的网络线材主要为室内和室外光缆，语音线材主要为三类或五类的大对数线缆。通常一个建筑物宜设置一个进线间，安装位置有两种常见情况：在新建的大型商业建筑中，进线间通常设置在地下层；在老旧的住宅与办公楼中，进线间通常设置在二楼。

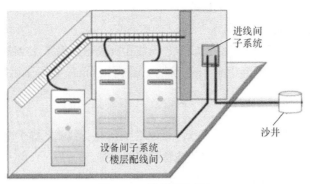

图 3-58　进线间子系统

3.3.3　室内综合布线设计

室内综合布线的主要功能是实现办公室计算机和相关办公设备的互连，并确保布线可以随人员的变动而随时调整和扩展，同时不影响办公室环境的整体美观性。

1. 室内综合布线总体设计

中小型局域网的网络布线主要集中在室内，其终端和网络设备并不多，结构相对于复杂的综合布线系统而言要简单一些，如家庭组网、小型办公网络组建等。如果使用无线方式组建局域网，则完全可以忽略简单的室内布线，但是出于对经济投入、传输速率、设备兼容性和稳定性等因素的考虑，建议采用传统以太网组网。

2. 室内综合布线设计原则

设计室内综合布线时应遵循以下基本原则。

（1）综合布线。在布线设计时，应当综合考虑电话线、有线电视电缆、电力线和双绞线的布设。电话线和电力线不能离双绞线太近，以免对双绞线产生干扰，通常相对距离保持在 20 厘米左右即可。电话线、有线电视电缆和双绞线可以铺设在同一管槽内，但拐弯处尽量不要将线折成直角，以免影响正常使用。

（2）点对点连接。双绞线与电力线和电话线有所不同，其必须是点到点的"封闭"连接，即从集线设备到信息点，中间不可截断和分叉。

（3）注重美观。无论是办公室还是家居环境，美观都非常重要，因此室内综合布线应当与装修同时进行，尽量将线缆管槽埋藏于地板或装饰板之下，信息插座也要选用内嵌式，将底盒埋藏于墙内，尽量不影响整体布局。

（4）简约设计。由于室内综合布线信息点比较分散，如果预留过多信息点，难免会使整个布线系统显得复杂、臃肿，因此应在适当冗余的情况下，减少信息点的数量。另外，室内综合布线时应尽量使用端口数量相当的交换机或宽带路由器，避免使用配线架或理线器。这样既可以节约开支，又可以降低管理难度。

（5）适当冗余。由于室内综合布线的特殊性，应尽量避免短时间内的重复布线，因此应做到适当冗余，通常包括集线设备端口的冗余、信息点的冗余、网络功能的冗余等。

（6）经济实用。中小型局域网主要面向个人用户或小型企业用户，总体应以经济实用为主，应避免为追求某一方面的高性能而投入大量成本。

3. 室内综合布线常用方式

由于家庭或小型办公环境信息点数量较少、布线距离较短、信息点全部位于室内，并且对美观性要求较高，因此布线方式通常选择埋入式。对于办公网络而言，也可采用护壁板式，以节约开支，提高布线的灵活性。

（1）埋入式

埋入式布线是指将线缆穿入 PVC（Poly Vinyl Chloride，聚氯乙烯）管内，然后埋入地板垫层中或墙壁内。埋入式布线应当在室内装修前或者装修时完成。

房间之间的布线管槽既可以从墙壁直接打洞通过，也可以从门口绕行至各信息点。在房间的地面上布设 PVC 材质的管或槽，然后通过弯头沿管道连接至墙壁上的信息插座，该布线方式适用于地面垫层较厚或尚未铺设地板砖的情况，如图 3-59 所示。如果地面垫层较薄或者已经铺设了地板砖，也可以直接在墙上挖浅沟走线。此外，还需要事先在墙壁上挖洞并埋设信息插座底盒。

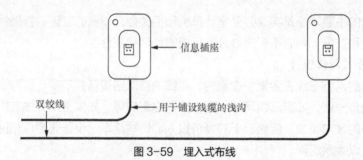

图 3-59　埋入式布线

由于 PVC 管位于墙壁内或地板中，装修完成后再欲向其中穿线将变得非常困难，因此应当一次将线缆布足。另外，为了避免线缆因挤压变形而导致性能变化，线缆所占横截面积不应超过管道横截面积的 2/3。当将线缆埋入地板时，线缆一定要穿入 PVC 管内，否则在热胀冷缩的作用下，线缆将会被损坏。

（2）护壁板式

护壁板式布线是指将 PVC 线槽沿墙壁固定，将双绞线铺设于线槽内，并隐藏在护壁板后的布线方式，如图 3-60 所示。由于该方式无须剔挖墙壁和地面，不会对原有建筑造成破坏，因此可适用于临时租用办公场所的小型家庭办公室（Small Office Home Office，SOHO）的网络布线。

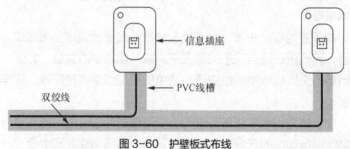

图 3-60　护壁板式布线

【任务实施】办公室布线设计

在企业网络中，办公室布线往往是综合布线系统的一部分，但对中小型企业中的特殊部门或 SOHO 网络而言，办公室布线可能就是整个综合布线系统的全部。

1. 办公室布线的注意事项

为了便于信息交流，办公室环境通常需要视野开阔、装潢简洁、空间利用率高。如果在初装修期间实施网络布线，则多在地面开槽铺设镀锌管或 PVC 管；如果是装修完成后实施网络布线，则多围绕墙壁四周铺设线槽，并在每个信息点位置预留出口，连接垂直线槽至信息插座。图 3-61 所示是典型的办公室布线方式及信息点分布情况。

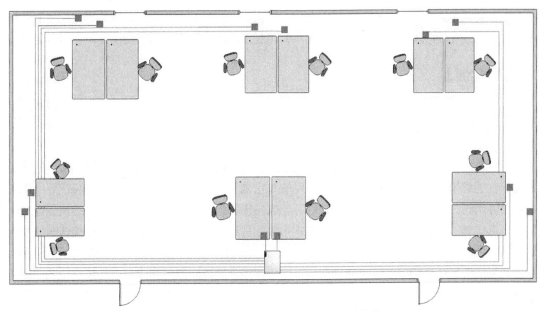

图 3-61 典型的办公室布线方式及信息点分布情况

相对于家居环境而言，办公室环境对网络的可靠性和综合性要求比较高，因此对布线时所用设备的要求也比较高。

2. 办公室布线方案

步骤① 布线材料的选用。尽量使用超五类或六类双绞线，以获得更高的传输带宽。在穿线时尽量使用镀锌管，尤其是在穿墙或穿楼层时必须使用金属材质的管，安装在地面上的信息插座、配线箱等设备也必须是金属材质的。

步骤② 信息插座的位置。办公环境中的信息插座分为地面、墙壁和隔板几种类型。地面型插座只适用于大楼一层办公室，要求安装于地面的金属底盒具备密封、防水、防尘和可升降等功能。此类信息插座造价较高，且灵活性不好，应根据房间功能和用途确定选用该类型信息插座后，再选址预埋。墙壁型信息插座可以按照办公桌的大概位置，在距离地面相同高度的同一水平位置均匀分布，同时注意其与强电系统的距离。隔板型信息插座的安装与墙壁型信息插座基本相同，需要在一块隔板的两面同时安装信息插座或电源插座，应注意隔板两面的安装位置不能选在同一位置，并且注意电源插座和信息插座的距离。

步骤③ 线缆铺设方式。在面积较大的开间办公室，可以预先在地面垫层中预埋金属管线槽或线槽地板。主干线槽从楼梯弱电箱中引出，连接至办公室内铺设的线槽。办公室内的线槽围绕墙壁四周，在需要安装信息插座的位置沿墙壁开槽铺设线缆。需要在办公桌隔板上安装信息插座的，可以将竖直管线槽穿插在隔板中。

步骤④ 网络设备的选用。为便于管理，大开间的办公室需要部署配线管理设备。根据办公室大小，可选择安装中间配线箱和配线柜两种方式。信息点较少的办公室可以选择中间配线箱墙面暗装或明装，并且安装 FT-255 超五类卡接式配线架，该方式可支持各类基本数据的传输。信息点较多的办公室可选择将 6-12U 的配线柜置于墙角，集线设备可以使用网络交换机，必要时可引入带光纤端口的吉比特交换机，以适应今后网络改造、三网融合发展的需求。数据配线架可选择六类或超五类 RJ-45 插座或插座排，光纤配线架必要时可配置。语音方面使用 110 等打线式配线架分配并管理，当然打线式配线架也可用于管理数据，另可配置电话交换机等语音交换设备扩展电话功能。

【拓展实训】

项目实训 1　信息模块制作

在综合布线工程中，双绞线的一端与配线柜的接线架相连，另一端通过穿线管连接到用户端的信息模块。信息模块在企业网络中是普遍应用的，它属于一个中间连接器，可以安装在墙面或桌面上，需要使用时，只需用一条直通双绞线即可与信息模块另一端通过双绞线所连接的设备连接，非常灵活。这样做的目的是根据用户的要求事先布置信息点，方便工作站移动，保持整体布线的整齐美观，同时也是隔离故障的一种方法。信息模块由信息插座和网线模块组成，如图 3-62 所示。信息插座有明线信息插座和暗线信息插座两种，可以固定到墙体或其他物体上。网线模块通过卡位固定到信息插座中。网线模块和双绞线按照接线标准相连，制作时只需将双绞线的导线按信息模块标的颜色一一对应压入线槽即可。制作信息模块的工具是打线钳，如图 3-63 所示。打线钳的作用有两个：一是将线压入线槽，二是将多余的线剪掉（用有刀的一侧）。

图 3-62　信息模块

图 3-63　打线钳

1. 实训目的

（1）理解信息模块的制作方法。

（2）了解制作信息模块的工具的使用方法。

2．实训内容

（1）观看视频制作过程。

（2）制作信息模块。

（3）测试。

3．实训设备

双绞线一段、信息模块一个、打线钳一把。

4．实训步骤

步骤❶ 将双绞线从布线盒中拉出，剪至合适的长度。

步骤❷ 剥掉大约 1.5 厘米的外皮（注意不要损坏导线的绝缘层），露出 4 对导线。

步骤❸ 根据 EIA/TIA 568B，按照网线模块上颜色标注的线序，稍稍用力将导线压入网线模块的线槽中，如图 3-64 所示。

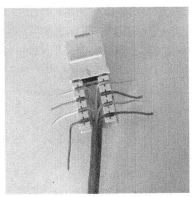

图 3-64 彩图

图 3-64 剥线、压线

步骤❹ 将打线钳的刀口（有刀的一侧朝外）对准网线模块中的线槽和导线，垂直向下用力，听到"喀"的一声，即表明导线被压入线槽内，同时模块外侧的多余导线被剪断，如图 3-65 所示。如此反复，将 8 根导线全部压入线槽中。如果不能将多余的导线剪断，可调节打线钳手柄上的旋钮，调节冲击力。

图 3-65 彩图

图 3-65 打线

步骤❺ 将防尘片安装到网线模块的线槽上，并固定到信息插座上，如图 3-66 所示，信息模块就制作完成了。

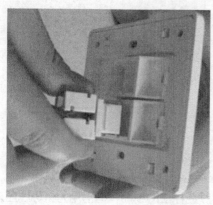 

图 3-66　安装、固定

步骤⑥ 信息模块制作好后可用万用表进行测试。先把万用表置于 X0 的电阻挡，然后把万用表的一个表针与双绞线另一端的相应芯线接触，万用表的另一个表针接触信息模块上卡入相应颜色芯线的卡线槽边缘（注意不是接触芯线），如果阻值很小，则证明信息模块连接良好，否则再用打线钳压一下相应芯线，直到通畅为止。

5. 实训总结

（1）写出 EIA/TIA 568B 规定的线序。

（2）写出主要实训步骤。

（3）完成信息模块的测试。

项目实训 2　网络设备与传输介质的选购

1. 实训目的

通过本次实训，能够自主进行市场调研，熟悉常用网络设备的厂家和市场价格，包括网卡、交换机、路由器、双绞线、光纤及无线传输介质，并能够根据自身需要合理选购产品。

2. 实训内容

根据网络设备及传输介质的外形特征辨别出其名称、类型，并说出它的用途和使用方法。

3. 实训设备

PC 一台。

4. 实训步骤

步骤① 分组进行网络调查，了解目前最新的网络设备与网络传输介质的型号和生产厂家。

步骤② 观察各产品的外形特征，记录其产品类型、型号、生产厂家、市场价格，进一步熟悉它的用途和使用方法。

5. 实训总结

分组交流常用网络设备的特征和选购技巧。

【知识延伸】综合布线设计要领

1. 综合布线设计的总体规则

一般来说，国际通信技术标准是随着科学技术的发展而逐步修订完善的。综合布线也是随着科学技术的发展和新产品的问世逐步完善而趋于成熟的。我们在设计智能化建筑物的综合布线期间，提出并研究近期和长远的需求是非常必要的。目前，国际上各种综合布线产品都只提出多少年质量保证体系，并没有提出多少年投资保证体系。为了保护建筑物投资者的利益，我们可以采取"总体规划，分步实施，水平布线尽量到位"的设计原则。大多数干线都设置在建筑物的弱电间，这使得更换或扩充干线时比较省事。而水平布线是在建筑物的吊顶内、天花板上或管道里，其施工费比初始投入的材料费高。如果更换水平布线，会损坏建筑结构，影响整体美观。因此我们在设计水平布线时，要尽量选用档次较高的线缆及相关连接硬件（如选用 100Mbit/s 的双绞线），并缩短布线周期。

在设计综合布线时，一定要从实际出发，不可脱离实际和盲目追求过高的标准，造成浪费。因为科学技术日新月异，以计算机芯片的摩尔定律为例，它指出每 18 个月计算机芯片上集成的晶体管数就会增加一倍。按照这个发展速度，我们很难预料今后科学技术发展的水平。不过，只要管道、线槽设计合理，更换线缆就比较容易。

2. 综合布线系统设计

综合布线是智能建筑业中的一项新兴产业。它不完全是建筑工程中的"弱电"工程。智能化建筑主要由三大部分构成，即大楼自动化（又称建筑自动化或楼宇自动化）（Building Automation，BA）、通信自动化（Communication Automation，CA）和办公自动化（Office Automation，OA）。这三大部分通常称为"3A"，它们是智能化建筑中最基本，而且必须具备的功能。综合布线设计是否合理，将直接影响到"3A"的功能。

设计一个合理的综合布线系统一般有以下几个步骤。

（1）分析用户需求。

（2）获取建筑物平面图，获得建筑物的成套建筑方案。

（3）系统结构设计。

（4）可行性论证。

（5）绘制综合布线施工图。

3. 综合管理

上述探讨已表明，一个设计合理的综合布线系统能把智能建筑物内、外的所有设备互连起来。为了充分而又合理地利用这些线缆及相关连接硬件，我们可以将综合布线系统的设计、施工、测试及验收资料通过数据库技术进行管理。从一开始就应当全面利用计算机辅助建筑设计（Computer Aided Architecture Design，CAAD）技术来进行建筑物的需求分析、系统结构设计、布线路由设计，以及线缆和相关连接硬件的参数、位置编码等一系列的数据登录入库工作，使配线管理成为建筑集成化总管理数据库系统的一个子系统。同时，让本单位的技术人员去组织并参与综合布线系统的规划、设计及验收，这对今后管理和维护综合布线系统将大有用处。

【扩展阅读】国内外智能综合布线技术的发展

20世纪80年代，世界上第一座智能大厦问世，20世纪90年代，我国也有许多智能大厦问世。综合布线作为实现电子系统集成和建筑艺术结合的载体，是需要紧随建筑的建立而实施的。从20世纪90年代初期10兆以太网（10BASE-T）的出现，到90年代中期转换到100兆以太网（100BASE-T），再到今天成为主流的千兆以太网（1000BASE-T）以及目前已崭露头角的万兆以太网（10GBASE-T），网络的速度在以100倍的幅度增加。配合网络的更新速度，网络布线系统的物理连接技术也在相应地不断发展，从3类系统发展到今天最先进的7类系统。为满足信息传输高速、大容量的需求，宽带高速以太网技术的推广将成为信息网络建设的新趋势。目前，全球应用广泛的国家主要是美国、澳大利亚、俄罗斯、日本、中国、印度等。世界各地的综合布线市场将逐年增长，预计以每年13.7%的速度增长。

对于中国布线市场的增长，所有布线企业都满怀信心，这种信心主要来自于中国的市场空间巨大，特别是沿海城市的发展潜力将是空前的。增长来源于需求，近几年来，在中国信息化发展的大环境下，能源、交通、通信等基础设施建设以及医疗、教育、金融等行业的智能化建设如火如荼，用户对智能化的认识也有很大程度的提高。越来越多的用户认识到网络安全和网络传输能力的重要性，并相信只有基于优秀的网络布线系统，新的信息技术，如会议电视、视频点播、多媒体通信等才有可能得到最充分的应用。

【检查你的理解】

1. 选择题

（1）下面用来连接异种网络的网络设备是（　　　）。

    A. 集线器　　　　B. 交换机　　　　C. 路由器　　　　D. 网桥

（2）综合布线系统中用于连接两座建筑物的子系统是（　　　）。

    A. 管理子系统　　B. 干线子系统　　C. 设备间子系统　D. 建筑群子系统

（3）下列不属于网卡端口类型的是（　　　）。

    A. RJ-45　　　　B. BNC　　　　　C. AUI　　　　　D. PCI

（4）下列不属于传输介质的是（　　　）。

    A. 双绞线　　　　B. 光纤　　　　　C. 声波　　　　　D. 电磁波

（5）下列属于交换机优于集线器的选项是（　　　）。

    A. 端口数量多　　B. 体积大　　　　C. 灵敏度高　　　D. 交换传输

（6）要求设计一个结构合理、技术先进、满足需求的综合布线系统方案，下列不属于综合布线系统设计原则的是（　　　）。

    A. 不必将综合布线系统纳入建筑物整体规划、设计和建设中

    B. 综合考虑用户需求、建筑物功能、经济发展水平等因素

    C. 长远规划思想，保持一定的先进性

    D. 采用可扩展、标准化、灵活的管理方式

（7）要组建一个有 20 台计算机联网的电子阅览室，连接这些计算机的恰当方法是（　　）。

    A. 用双绞线通过交换机连接

    B. 用双绞线直接将这些机器两两相连

    C. 用光纤通过交换机相连

    D. 用光纤直接将这些机器两两相连

（8）要把学校里行政楼和实验楼的局域网互联，可以通过（　　）实现。

    A. 交换机　　　　　B. Modem　　　　C. 中继器　　　　D. 网卡

（9）双绞线的正确制作顺序是（　　）。

    ① 理线　　② 压线　　③ 剥线　　④ 插线　　⑤ 测试

    A. ④ ③ ① ② ⑤　　　　　　B. ③ ④ ① ② ⑤

    C. ② ① ③ ④ ⑤　　　　　　D. ③ ① ④ ② ⑤

2. 简答题

（1）交换机与集线器的区别有哪些？

（2）简述综合布线系统的结构由哪几部分组成。

项目4
组建办公室网络

04

项目背景

随着网络技术的快速发展，交换机已成为办公室网络中普遍使用的设备。根据各部门的需要，在已经划分 IP 地址段的前提下，为了保证各部门之间的相互独立，小明需要在交换机上划分相应的 VLAN。这样的配置可以保证部门之间的数据互不干扰，并提高通信效率，同时又能防止广播风暴。本项目通过配置交换机来学习交换机的基本配置、管理方法和配置方法。本项目知识导图如图 4-1 所示。

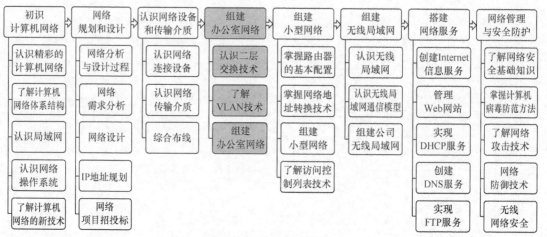

图 4-1 项目 4 知识导图

项目目标

在学习完本项目之后，小明应该能够回答下面的问题。

● 二层交换技术是什么？	● 链路聚合是什么？
● VLAN 在局域网中的作用是什么？	● 生成树协议的作用是什么？
● 交换机上 MAC 地址的作用是什么？	

素养提示

爱国情杯 工匠精神 文化自信 创新意识

关键术语

● VLAN	● VLAN 帧
● MAC 地址	● VID
● 链路聚合	● VLAN 中继
● 生成树协议	● BPDU

任务 4.1　认识二层交换技术

【任务要求】

在办公室网络中，交换机作为以太网的主要连接设备，在局域网中使用得非常普遍。小明作为公司网络搭建及应用方面的管理人员，需要熟练掌握交换机的配置和管理。

【知识准备】

4.1.1　什么是二层交换技术

二层交换技术发展比较成熟，二层交换机属于数据链路层设备，可以识别数据包中的 MAC 地址信息，根据 MAC 地址进行转发操作，并将这些 MAC 地址与对应的端口记录在自己内部的一个地址表中。

4-1

微课

1. 二层交换机的具体工作流程

（1）当交换机的某个端口收到一个数据包时，会读取包头中的源 MAC 地址，这样它就知道源 MAC 地址的机器是连在哪个端口上的。

（2）读取包头中的目的 MAC 地址，并在地址表中查找相应的端口。

（3）如果表中有与这个目的 MAC 地址对应的端口，就把数据包直接复制到该端口上。

（4）如果表中找不到与这个目的 MAC 地址对应的端口，则把数据包广播到所有端口上，当目的机器对源机器回应时，交换机又可以学习目的 MAC 地址的对应端口，在下次传送数据时就不需要对所有端口进行广播了。不断地循环这个过程，交换机就可以学习到全网的 MAC 地址信息，二层交换机就是这样建立和维护自己的地址表的。

2. 二层交换机的工作原理

（1）由于交换机要对多数端口的数据同时进行交换，这就要求其具有很大的总线带宽，如果二层交换机有 N 个端口，每个端口的带宽是 M，当交换机总线带宽超过 $N \times M$ 时，交换机就可以实现线速交换。

（2）学习端口连接着机器的 MAC 地址，并将其写入地址表。

（3）二层交换机一般含有专门用于处理数据包转发的 ASIC（Application Specific Integrated Circuit，专用集成电路）芯片，因此转发速度非常快。

4.1.2 常见的二层交换技术

在了解了二层交换机的工作原理后，我们来了解几个常见的二层交换技术。

1. VLAN

VLAN 是指建立在交换技术基础之上，将局域网内的设备逻辑地划分为若干网段，组成虚拟工作组的一种技术。

将网络上的节点按照工作性质与需要划分成若干逻辑工作组，一个逻辑工作组就是一个虚拟网络。其实，VLAN 即由若干物理网段组成的网络。虚拟的概念在于网络的同一个工作组内的用户节点不一定都连在同一个物理网段上，它们只是因某种性质关系或隶属关系等逻辑地连接在一起，而不是物理地连接在一起，它们的划分和管理是由虚拟网络管理软件来实现的。属于同一虚拟工作组的用户，如因工作需要，可以通过软件划归到另一个网段的工作组上去，而不必改变其网络的物理连接。因此，从某种意义上来说，VLAN 只是给用户提供的一种服务，并不是一种新型局域网。图4-2 所示是一个典型 VLAN 的物理结构和逻辑结构，不同位置的多个站点可以与相同的 VLAN 相关联，而不需要对站点的物理连接重新布线。

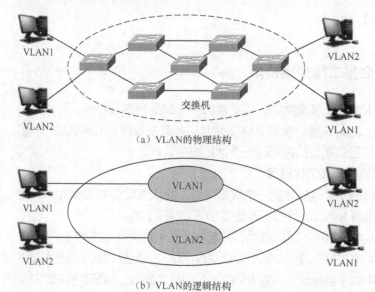

（a）VLAN的物理结构

（b）VLAN的逻辑结构

图 4-2　VLAN 的物理结构和逻辑结构

2. 链路聚合

由于在办公室网络中，核心层负责数据的高速转发，极其容易引发链路阻塞，因此在核心层部署链路聚合可以整体提升网络的数据吞吐量，解决链路阻塞的问题。

（1）链路聚合的原理

链路聚合是指将多个端口聚合在一起，形成一个汇聚组，以实现使各成员端口分担出/入负荷。从外面看起来，一个汇聚组就像是一个端口。使用链路聚合服务的上层实体把同一汇聚组内多条物理链路视为一条逻辑链路。链路聚合既可以在二层端口实现，也可以在三层端口实现，如图 4-3所示。

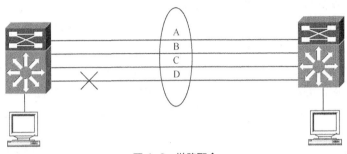

图 4-3　链路聚合

（2）链路聚合的特性

① 增加网络带宽。链路聚合可以将多个连接的端口捆绑成一个逻辑连接，捆绑后的带宽是每个独立端口的带宽总和。当端口上增加的流量成为限制网络性能的瓶颈时，采用支持该特性的交换机可以轻而易举地增加网络的带宽（例如，可以将 2～4 个 100Mbit/s 端口连接在一起组成一个 200Mbit/s～400Mbit/s 的连接）。该特性可适用于 10MB、100MB、1000MB 以太网。

② 提高网络连接的可靠性。当主干网络以很高的速率连接时，一旦出现网络连接故障，后果是不堪设想的。高速服务器和主干网络的连接必须保证绝对可靠。采用链路聚合可以避免这种故障带来的问题，例如，将一根线缆错误地拔下来不会导致链路中断。也就是说，一旦组成链路聚合的一个端口连接失败，网络数据将自动重定向到那些连接成功的网络连接上。这个过程非常快，只需要更改一个访问地址就可以，然后交换机将数据转到其他端口。该特性可以保证网络无间断地持续正常工作。

③ 链路聚合还可以实现流量的负载均衡，把流量平均分到所有成员链路中去，使得每个成员链路最大限度地降低产生流量阻塞链路的风险。

3. 生成树协议

生成树协议（Spanning Tree Protocol，STP）是一种工作在 OSI 参考模型的数据链路层中的通信协议，基本应用是防止交换机冗余链路产生环路。它用于确保以太网中的逻辑拓扑结构无环路，从而避免广播风暴大量占用交换机的资源。

（1）生成树协议的作用

生成树协议的作用是避免网络中存在环路的时候产生广播风暴，确保在网络中有环路时自动切断环路；当环路消失时，自动开启原来切断的网络端口，确保网络的可靠性。

STP 的本质是实现在交换网络中对链路的备份和负载的均衡。

（2）生成树协议的种类

① 基本 STP。基本 STP 的规范为 IEEE 802.1d，STP 的基本思路是阻断一些交换机端口，构建一棵没有环路的转发树。STP 利用 BPDU（Bridge Protocol Data Unit，网桥协议数据单元）和其他交换机进行通信，BPDU 中有根桥 ID、路径代价、端口 ID 等几个关键的字段。交换机中的端口只有根端口或指定端口才能转发数据，其他端口都处于阻塞状态。当网络的拓扑结构发生变化时，网络会从一个状态向另一个状态过渡，重新打开或阻断某些端口。交换机的端口要经过几种状态：禁用（disable）、阻塞（blocking）、监听（listening）、学习（learning）、转发（forwarding）。

② 快速生成树协议（Rapid spanning Tree Protocol，RSTP）。RSTP 的规范为 IEEE

802.1w，它是为了减少 STP 的收敛时间而修订的新协议。在 RSTP 中，端口的角色有 4 种：根端口、指定端口、备份端口、替代端口。端口的状态只有 3 种：丢弃（discarding）、学习（learning）、转发（forwarding）。端口还分为边界端口、点到点端口、共享端口。

③ PVST。当网络上有多个 VLAN 时，PVST（Per VLAN Spanning Tree）会为每个 VLAN 构建一棵 STP 树。这样的好处是可以独立地决定 VLAN 要转发数据的端口，从而实现负载平衡。缺点是如果 VLAN 数量很多，会给交换机带来沉重的负担。Cisco 交换机默认的模式就是 PVST。

④ 多生成树协议（Multiple Spanning Tree Protocol，MSTP）。MSTP 的规范为 IEEE 802.1s，在 PVST 中，交换机需要为每个 VLAN 都构建一棵 STP 树，随着网络规模的增加，VLAN 的数量也在不断增多，这会给交换机带来很大负载，并占用大量带宽。MSTP 是把多个 VLAN 映射到一个 STP 实例上，即为每个实例建立一棵 STP 树，从而减少了 STP 树的数量，它与 STP、PVST 兼容。华为交换机默认的模式就是 MSTP。

4-2

微课

【任务实施】使用 eNSP 配置交换机

下面使用 eNSP 完成简单的交换机配置。

步骤❶ 在 eNSP 中新建一个交换机，并右键单击该交换机以启动交换机，如图 4-4 所示。

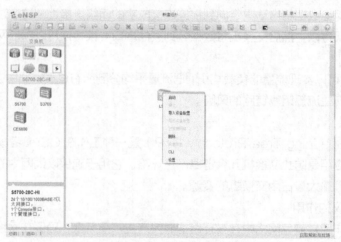

图 4-4　新建交换机

步骤❷ 双击交换机，打开命令行配置界面，此时为用户配置模式，如图 4-5 所示。

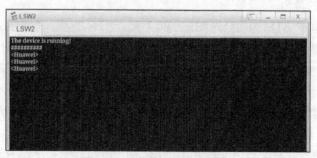

图 4-5　交换机的用户配置模式

步骤 ③ 在用户配置模式下开始配置交换机，如图 4-6 所示。

```
<Huawei>system-view                                    // 进入系统视图的命令
[Huawei]quit                                           // 退出命令
```

图 4-6　开始配置交换机

步骤 ④ 在用户配置模式下输入 system-view 命令，进入系统配置模式后，可以在系统配置模式下输入以下配置命令，如图 4-7 所示。

```
[Huawei]interface GigabitEthernet 0/0/1               //进入端口
[Huawei-GigabitEthernet0/0/1]undo   shutdown          //开启端口
[Huawei-GigabitEthernet0/0/1]shutdown                 //关闭端口
[Huawei-GigabitEthernet0/0/1]quit                     //退出
```

图 4-7　交换机配置命令

任务 4.2　了解 VLAN 技术

【任务要求】

公司的行政部有 3 个接入点，安装了一台 24 口接入交换机。小明的任务是在该交换机上划分 VLAN 并添加行政部的端口，保证行政部门的独立。

【知识准备】

4.2.1　VLAN 技术原理

VLAN 技术可以把一个物理局域网划分成多个逻辑的局域网——VLAN。处于同一 VLAN 的主机能够直接互通，而处于不同 VLAN 的主机则不能直接互通。这样广播报文被限制在同一个 VLAN 内，即每个 VLAN 是一个广播域。

1. 什么是 VLAN

VLAN 是一组逻辑上的设备和用户，这些设备和用户并不受物理位置的限制，可以根据功能、部门及应用等因素将它们组织起来，它们相互之间的通信就好像在同一个网段中进行的通信一样，由此得名虚拟局域网。VLAN 是在一个物理网络上划分出来的逻辑网络，具有以下优点：网络设备的移动、添加和修改的管理开销少；可以控制广播活动；可提高网络的安全性。

2．VLAN 技术与网络管理

由于实现了广播域分隔，VLAN 技术可以将广播风暴控制在一个 VLAN 内部。划分 VLAN 后，随着广播域的缩小，网络中广播包消耗的带宽所占的比例会大大降低，网络性能得到显著提高。不同 VLAN 间的数据传输是通过网络层的路由来实现的，因此使用 VLAN 技术，结合数据链路层和网络层的交换设备可搭建安全可靠的网络。同时，由于 VLAN 是逻辑的而不是物理的，因此在规划网络时可以避免地理位置的限制。

3．VLAN 技术的功能与特点

（1）VLAN 技术的功能

① 控制网络广播，提高网络性能。一个 VLAN 就是一个逻辑广播域，VLAN 技术分隔 3 个广播域，缩小了广播范围，可以控制广播风暴的产生。

② 分隔网段，确保网络安全。VLAN 技术可以控制用户访问权限和逻辑网段的大小，将不同用户群划分在不同 VLAN，从而提高交换式网络的整体性能和安全性。例如，将重要部门与其他部门通过 VLAN 隔离，即使同在一个网络也可以保证它们之间不能相互通信，确保重要部门的数据安全。也可以按照不同的部门、人员、位置划分 VLAN，分别赋予不同的权限来进行管理。

③ 简化网络管理，提高组网灵活性。对于交换式以太网，如果对某些用户重新进行网段分配，需要网络管理员对网络系统的物理结构重新进行调整，甚至需要追加网络设备，从而增加网络管理的工作量。对于采用 VLAN 技术的网络来说，一个 VLAN 可以根据部门职能、对象组或者应用将不同地理位置的网络用户划分为一个逻辑网段。在不改动网络物理连接的情况下，可以任意地将工作站在工作组或子网之间移动，大大减轻了网络管理和维护工作的负担，降低了网络维护费用。

（2）VLAN 技术的特点

① VLAN 的划分不受网络端口的实际物理位置限制。

② VLAN 有着与普通物理网络相同的属性。

③ 数据链路层的单播帧、广播帧和多播帧在一个 VLAN 内转发、扩散，而不会直接进入其他的 VLAN 之中，如图 4-8 所示。

4．VLAN 的划分方法

在可管理交换机上可以根据端口、MAC地址、网络层协议、IP 组播和策略来划分 VLAN。

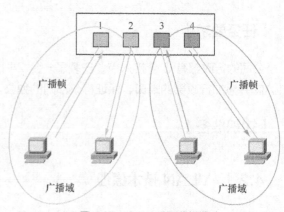

图 4-8　VLAN 分隔广播域

（1）基于端口划分 VLAN。这种方法明确指定各端口属于哪个 VLAN。基于端口的 VLAN 是最实用的 VLAN，它保持了最普通且常用的 VLAN 成员定义方法，配置也相当直观、简单。局域网中的站点具有相同的网络地址，不同的 VLAN 之间进行通信需要通过路由器。但是，缺点是当主机较多时，重复工作量大；主机端口变动的时候，需要同时改变该端口所属的 VLAN。

（2）基于 MAC 地址划分 VLAN。根据主机网卡的 MAC 地址进行 VLAN 的划分（每个网卡都有唯一的 MAC 地址），可以通过检查并记录端口所连接的网卡的 MAC 地址来决定端口所属的 VALN。

基于 MAC 地址划分 VLAN 的优点是当用户主机的 MAC 地址改变时，不需要重新配置 VLAN。但是，初始化的时候需要对所有用户进行配置，当主机数很大时，工作量会比较大。由于交换机每个端口可能需要保存多个主机的 MAC 地址，从而降低了交换机的执行效率。

（3）基于网络层协议划分 VLAN。基于所用的网络层协议划分 VLAN，可以将其划分为 IP、IPX、DECnet、Apple Talk、Banyan 等网络。这种按照网络层协议划分的方式可以使广播域跨越多个交换机，对希望针对应用和服务来组织用户的网络管理员具有很大的吸引力。

用户主机的 MAC 地址改变后，不需要重新配置所属的 VLAN，适用于需要针对不同应用和服务来组织用户的场景。但是，检查每一个数据包的网络层地址需要消耗时间，效率较低。

（4）基于 IP 组播划分 VLAN。基于 IP 组播划分 VLAN 即将属于同一 IP 广播组的主机认为属于同一 VLAN。这样的划分具有良好的灵活性和可扩展性，可以方便地通过路由器扩展网络。缺点是不适合局域网，效率不高。

（5）基于策略划分 VLAN。基于策略划分 VLAN 即根据不同的情况，将多种（上面提到的）划分 VLAN 的方式按照一定的安全策略进行综合运用的划分方式。这种方式具有自动配置的能力，自动化程度高，可以非常方便地扩展网络规模，但是对设备要求较高。

4.2.2 基于端口 VLAN 的配置

根据端口划分 VLAN 是目前定义 VLAN 最广泛的方法，只要将端口定义一次就可以。它的缺点是如果某个 VLAN 中的用户离开原来端口，那么移到一个新的端口时必须重新定义。

4-3
微课

1. 创建 VLAN

可以使用 VLAN 命令创建 VLAN，VLAN 命令的语法格式为：vlan vlan-id。该命令在系统视图中执行，是进入 VLAN 配置模式的导航命令。使用该命令的 no 选项可以删除 VLAN：undovlan vlan-id。

创建 VLAN 10，如图 4-9 所示。

```
[Huawei]vlan 10                              //创建 VLAN
[Huawei-vlan10]                              //进入 VLAN 界面
```

图 4-9   创建 VLAN 10

2. 分配端口给 VLAN

使用 access 命令给 VLAN 分配端口，access 命令的语法格式如下。

```
port link-type access
port default  vlanvlan-id
           undo port default vlan
```

该命令将端口设置为 Access 端口，并将它指派为一个 VLAN 的成员端口。

如果输入的是一个新的 VLAN ID，则交换机会创建一个 VLAN，并将该端口设置为该 VLAN 的成员；如果输入的是已经存在的 VLAN ID，则增加 VLAN 的成员端口。

例如，将交换机 G0/0/1 端口指定到 VLAN 10 的配置，如图 4-10 所示。

```
[Huawei]interface  GigabitEthernet 0/0/1                    //进入端口
[Huawei-GigabitEthernet0/0/1]port link-type access          //将端口设置为 Access 端口
[Huawei-GigabitEthernet0/0/1]port default  vlan 10          //将端口划分在 VLAN 10 中
[Huawei-GigabitEthernet0/0/1]undo port default vlan         //将端口从 VLAN 10 中删除
[Huawei-GigabitEthernet0/0/1]quit                           //退出
```

```
[Huawei]interface  GigabitEthernet 0/0/1
[Huawei-GigabitEthernet0/0/1]port link-type access
[Huawei-GigabitEthernet0/0/1]port default vlan 10
[Huawei-GigabitEthernet0/0/1]undo p
Apr 1 2020 23:34:12-08:00 Huawei DS/4/DATASYNC_CFGCHANGE:OID 1.3.6.1.4.1.2011.5
.25.191.3.1 configurations have been changed. The current change number is 11, t
he change loop count is 0, and the maximum number of records is 4095.o
[Huawei-GigabitEthernet0/0/1]undo port default vlan
[Huawei-GigabitEthernet0/0/1]
Apr 1 2020 23:34:22-08:00 Huawei DS/4/DATASYNC_CFGCHANGE:OID 1.3.6.1.4.1.2011.5
.25.191.3.1 configurations have been changed. The current change number is 12, t
he change loop count is 0, and the maximum number of records is 4095.
[Huawei-GigabitEthernet0/0/1]quit
[Huawei]
```

图 4-10　端口配置

【任务实施】办公室二层交换机的基础配置

我们以行政部办公室为例，实施二层交换机的基本配置。

创建 VLAN 10（部门行政部），在交换机下进行 VLAN 的划分，使连接交换机的 PC 可以在同一个 VLAN 中进行通信，如图 4-11 所示。

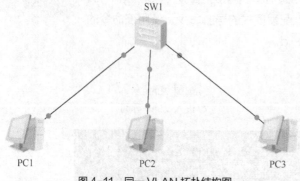

图 4-11 彩图

4-4

微课

图 4-11　同一 VLAN 拓扑结构图

配置 VLAN。在交换机上可以添加、删除、修改 VLAN。VLAN 1 是由交换机自动创建的,并且不能删除。可以使用端口配置模式将端口配置成 Trunk 端口或 Access 端口。如果是 Access 端口,可以将它加入一个 VLAN 或者从一个 VLAN 中移出。

步骤① 创建 VLAN 10。

```
<Huawei>system-view                      //由用户视图进入系统视图
[Huawei]vlan 10                          //创建 VLAN 10
[Huawei]quit                             //退出
```

> **说明** 如果输入的是一个新的 VLAN ID,则交换机会创建该 VLAN;如果输入的是已经存在的 VLAN ID,则修改相应的 VLAN。可以配置的 VLAN ID 的范围是 1～4094,其中 VLAN 1 默认存在且不能被删除,因此创建 VLAN 的范围就是 VLAN 2～VLAN 4094,在这个范围里可自由创建 VLAN。

步骤② 设置交换机上的端口类型为 Access。使用命令[HUAWEI] port link-type access 进行设置。

```
[Huawei]int gigabitethernet 0/0/1                        //进入端口
[Huawei-GigabitEthernet0/0/1]port link-type access       //将端口类型改为 Access
[Huawei-GigabitEthernet0/0/1]quit                        //退出
[Huawei]int gigabitethernet 0/0/2                        //进入端口
[Huawei-GigabitEthernet0/0/2]port link-type access       //将端口类型改为 Access
[Huawei-GigabitEthernet0/0/2]quit                        //退出
[Huawei]int gigabitethernet 0/0/3                        //进入端口
[Huawei-GigabitEthernet0/0/3]port link-type access       //将端口类型改为 Access
[Huawei-GigabitEthernet0/0/3]quit                        //退出
```

> **说明** 只有将交换机连接 PC 的端口类型设置为 Access,才可以将该端口加入 VLAN 中。

步骤③ 将交换机连接 PC 的端口添加到 VLAN 10 中。输入命令[HUAWEI]vlanvlan-id,进入 VLAN 模式,即[HUAWEI-vlan id],再通过命令[HUAWEI-vlan id]port interface-id 将交换机的某个端口加入该 VLAN 中,具体配置如下。

```
[HUAWEI]vlan 10
[HUAWEI-vlan 10]port gigabitethernet 0/0/1to 0/0/3 //将 Gi0/0/1-Gi0/0/3 端口划分到
VLAN 10 中
[HUAWEI-vlan 10]quit
```

>
> **说明** 命令[HUAWEI-vlan id]port interface-idr 中的 interface-id 是交换机的一个物理端口,执行该命令可以把这个交换机的端口添加到对应的 VLAN 中。
> [HUAWEI-vlan 10]port GigabitEthernet 0/0/1 to GigabitEthernet 0/0/3,这条命令可以使交换机连接 PC 的端口 Gi0/0/1-Gi0/0/3 加入 VLAN 10 中。

步骤④ 检查 VLAN 的划分情况。输入命令[HUAWEI] display vlan 可以查看 VLAN 的划分情况，如图 4-12 所示。

```
[Huawei]display vlan                                    //查看 VLAN 的划分情况
```

```
[Huawei]display vlan
The total number of vlans is : 2
-------------------------------------------------------------------------
U: Up;            D: Down;         TG: Tagged;        UT: Untagged;
MP: Vlan-mapping;                  ST: Vlan-stacking;
#: ProtocolTransparent-vlan;       *: Management-vlan;


VID  Type    Ports
-------------------------------------------------------------------------
1    common  UT:Eth0/0/4(D)       Eth0/0/5(D)       Eth0/0/6(D)       Eth0/0/7(D)
                Eth0/0/8(D)       Eth0/0/9(D)       Eth0/0/10(D)      Eth0/0/11(D)
                Eth0/0/12(D)      Eth0/0/13(D)      Eth0/0/14(D)      Eth0/0/15(D)
                Eth0/0/16(D)      Eth0/0/17(D)      Eth0/0/18(D)      Eth0/0/19(D)
                Eth0/0/20(D)      Eth0/0/21(D)      Eth0/0/22(D)      GE0/0/1(D)
                GE0/0/2(D)        GE0/0/3(D)

10   common  UT:GE0/0/1(U)        GE0/0/2(U)        GE0/0/3(U)


VID  Status  Property     MAC-LRN Statistics Description
-------------------------------------------------------------------------
1    enable  default      enable  disable    VLAN 0001
10   enable  default      enable  disable    VLAN 0010
```

图 4-12　查看 VLAN 的划分情况

任务 4.3　组建办公室网络

【任务要求】

公司因业务发展，财务部和行政部需要新增设办公地点，新办公地点有两台计算机需要接入局域网。新办公地点与原来办公地点相距较远，且两个新办公地点的计算机分别连接不同的接入交换机。小明作为公司的网络管理员，需要在交换机上进行适当配置，使新办公地点的两台计算机与原办公地点的计算机在同一网段，并进行工作组互访，但行政部与财政部之间的计算机不可以进行二层互访。

【知识准备】

4.3.1　跨交换机的 VLAN

企业中有多个职能不同的部门，不同部门之间要求互相隔离，可以通过跨交换机的 VLAN 设置将不同端口划分到不同的 VLAN 来实现。下面先来了解一些基本的概念。

1. 隔离的广播域

由于实现了广播域分隔，VLAN 技术可以将广播风暴控制在一个 VLAN 内部。划分 VLAN 后，随着广播域的缩小，网络中广播包消耗的带宽所占的比例大大降低，网络性能得到显著的提高。由于 VLAN 是逻辑的而不是物理的，因此在规划网络时可以避免地理位置的限制，如图 4-13 所示。

2. 什么是 Trunk

Trunk 是端口汇聚的意思，就是通过配置软件，将两个或多个物理端口组合在一起成为一条逻辑的路径，从而增加交换机和网络节点之间的带宽，将属于这几个端口的带宽合并，给端口提供一个几倍于独立端口的独享高带宽。Trunk 是一种封装技术，它是一条点到点的链路，链路的两端可以都是交换机，也可以是交换机和路由器，还可以是主机和交换机或路由器。基于 Trunk 功能，交换机与交换机、交换机与路由器、主机与交换机或路由器之间可以通过两个或多个端口并行连接，以提供更高的带宽、更大的吞吐量，大幅度提高整个网络的性能。

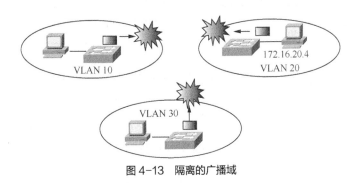

图 4-13　隔离的广播域

Trunk 是一种比较经济的在交换机和网络设备（如服务器、路由器、工作站或其他交换机）之间增加带宽的方法。这种增加带宽的方法在单一交换机和节点之间的连接不能满足负荷时是比较有效的。

Trunk 功能比较适用于以下情况。

（1）Trunk 功能用于交换机与服务器之间的连接，为服务器提供独享的高带宽。

（2）Trunk 功能用于交换机之间的级联，为交换机之间的数据交换提供高带宽的数据传输能力，提高网络速度，进而大幅提高网络性能（主要应用）。

Trunk 功能举例：为增加带宽，提高连接可靠性，某服务器采用了双网卡且做了绑定，与中心交换机的 23、24 端口连接；二层交换机的 1、2 端口与中心交换机的 1、2 端口连接，如图 4-14 所示，那么中心交换机需将 1、2 端口，23、24 端口分别做 Trunk。说明：这里的二层交换机也需支持 Trunk。

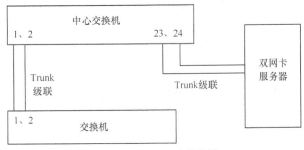

图 4-14　Trunk 功能举例

3．VLAN 的帧格式

在交换机的汇聚链接上，可以通过对帧附加 VLAN 信息，构建跨越多台交换机的 VLAN。使用附加 VLAN 信息方法的代表是 IEEE 802.1q。

IEEE 802.1q 通过添加标记的方法扩展标准以太网的帧结构。扩展后以太网的帧格式如图 4-15 所示。与以太网帧格式相比，其在 VLAN 的帧中增加了一个长度为 4 字节的 VLAN 标记，该标记插入在原始以太网帧的源地址域（SA）和类型/长度（Length/Type）之间，带有 VLAN 标记的帧称为标记帧。VLAN 的这个 4 字节标记分为 TPID（Tag Protocol Identifier，标记协议标识符）和 TCI（Tag Control Information，标记控制信息）两个字段。

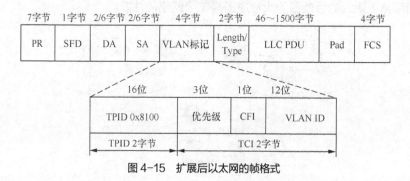

图 4-15　扩展后以太网的帧格式

（1）TPID

IEEE 802.1q 用了 4 字节来扩展以太网帧。第一个字段是 2 字节的 TPID，表示该帧是 IEEE 802.1q 扩展的以太网帧。TPID 取值为 0x8100（10000001 00000000）。

（2）TCI

第二个字段是 2 字节的 TCI，它又分为以下 3 个字段。

① 优先级字段：占用 3 位，该字段提供了 IEEE 802.1q 定义的 0～7 级的 8 个优先级，0 级最高。当有多个帧待发送时，按优先级发送帧。

② CFI 字段：占用 1 位，是标准格式指示符，0 表示以太网，1 表示 FDDI 和令牌环网帧。

③ VLAN ID 字段：占用 12 位，该字段作为 VLAN 的标记（0～4095），与某个 VLAN 关联，其中 VLAN ID 0 用于识别优先级，VLAN ID 4095 保留未用，所以最多可配置 4094 个 VLAN。

当以太网帧从一个逻辑组输出时，支持 VLAN 的交换机就会在帧中插入 VLAN 标记，其中携带了该 VLAN 的编号。当支持 VLAN 的交换机收到一个标记帧时，就根据其中 VLAN 的编号把它映射到相应 VLAN 网段，然后按通常的方法进行交换，标记同时被删除。

4．VLAN 中继

在划分了 VLAN 的交换网络中，交换机端口之间的连接分为以下两种。

（1）接入链路连接

接入链路只能连接具有标准以太网卡的设备，也只能传输属于单个 VLAN 的帧。任何连接到接入链路的设备均属于同一个广播域。

（2）中继链路连接

在 IEEE 802.10 中，连接两个交换机的端口称为中继端口，它属于所有的 VLAN。中继端口之间的链路称为中继链路。中继链路是在一条物理连接上生成的多个逻辑连接，每个逻辑连接属于一个 VLAN。在进入中继端口时，交换机在帧中插入 VLAN 标记。此时在中继链路另一端的交换机不仅要根据目的地址进行转发，还要根据帧属于的 VLAN 进行转发。

在某一交换机上接收到的广播帧将向该 VLAN 的所有端口转发，其中也包括交换机之间的中继端口。当该帧在交换机之间的中继端口上传输时，它会被写上标明 VLAN 的标记。另一个交换机接收到该帧后，将根据标记所标识的 VLAN 向该 VLAN 所连接的端口转发。

4.3.2 办公室网络的规划

随着电子信息技术的不断发展，全球进入了一个崭新的网络信息时代。企业信息化的建设已经成为衡量一个企业实力的重要标准。为了更有效率地工作，在办公室中架设起企业内部的计算机服务系统，将每台工作计算机通过网线（或 Wi-Fi）进行有效连接，通过计算机服务器进行统一化管理，共享文件数据。

1. 办公室网络的需求分析

小型办公室局域网的网络规模通常在 50 个节点以内，是一种结构简单、应用较为单一的小型局域网，它可以实现以下基本功能。

（1）实现硬件资源和软件资源的共享

在企业办公室内，计算机之间注重的是一种协作关系。虽然计算机功能很强大，但相对于打印机等设备，通常还需执行办公室网络的共享方案。用户的各类软件和数据资源也可共享，这些共享资源既节省了企业大量的开支，又便于集中管理和提高效率。

（2）实现对企业用户的管理，保证办公室网络的安全

在办公室网络的内部，需要保证资料的安全性。企业内部的用户都拥有自己的账号，企业通过对账号的管理，可以控制不同用户对资源的访问。

（3）实现办公室网络和外部 Internet 的连接

办公室网络用户需要与外界保持一定的联系。办公室网络连接到 Internet 可以最大限度地方便企业和外界的沟通，不但可以降低企业的生产成本，而且可实现异地办公。

2. 办公室网络的组网方案

（1）网络结构

办公室网络通常是一个没有层次结构的单交换机网络，将每台工作计算机通过网线接入交换机，实现办公室网络的有效连接，将无线网络接入办公室网络，以提高工作效率、保证工作质量。

图 4-16 中，交换机 SW3 与 SW4 各连接两台 PC，SW3 与 SW4 相连的链路做链路聚合，SW2、SW3、SW4 做 STP 避免环路。

（2）网络速率

对于办公室网络，出于成本和实际应用需求考虑，不必刻意追求高新技术，采用当前最普通的双绞线与千兆位核心服务器连接、百兆位到桌面的以太网接入技术即可。由于用户数量偏少、网络结构简单、自制维护能力弱等，网络环境中交换机通常选择普通的 10/100Mbit/s 设备，有特殊需求的可选择带有千兆位的网络交换机。

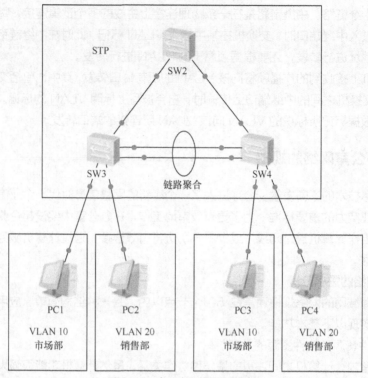

图 4-16　办公室网络拓扑结构图

【任务实施】多个办公室跨交换机的 VLAN 配置与通信

　　为保障信息安全，企业内部除财务部以外的部门的用户之间可以互相通信，财务部的用户之间也可以互相通信，但其他部门的用户不能与财务部的用户进行通信。以行政部与财务部的通信配置为例进行任务实施。

　　跨交换机的 VLAN 配置如图 4-17 所示。

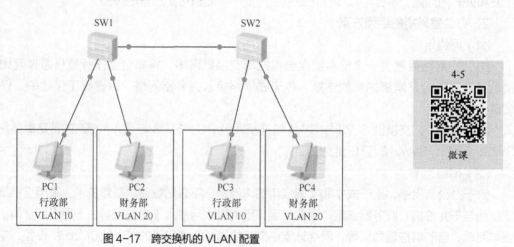

图 4-17　跨交换机的 VLAN 配置

步骤❶ 添加 VLAN，在交换机 SW1 和 SW2 上创建 VLAN 10 和 VLAN 20。

交换机 SW1 的配置如下。

```
<Huawei>system-view                                  //进入系统视图
[Huawei]vlan 10                                      //创建 VLAN 10
[Huawei]quit                                         //退出
[Huawei]vlan 20                                      //创建 VLAN 20
[Huawei]quit
```

交换机 SW2 的配置如下。

```
<Huawei>system-view                                  //进入系统视图
[Huawei]vlan 10                                      //创建 VLAN 10
[Huawei]quit                                         //退出
[Huawei]vlan 20                                      //创建 VLAN 20
[Huawei]quit
```

步骤② 在系统模式下进入端口，将交换机连接 PC 的端口设置为 Access 端口。只有设置成 Access 端口，才能将该端口加入 VLAN 中。将两个交换机相连的端口设置为 Trunk 端口，目的在于使 VLAN 10、VLAN 20 的数据可以通过。

交换机 SW1 的配置如下。

```
[Huawei] interface gigabitethernet 0/0/1             //进入端口
[Huawei-GigabitEthernet0/0/1]port link-type trunk    //将端口设置为 Trunk 端口
[Huawei-GigabitEthernet0/0/1]porttrunkallow-passvlanall  //该端口允许所有 VLAN 数据
                                                         的通过
[Huawei-GigabitEthernet0/0/1]quit                    //退出
[Huawei] interface gigabitethernet 0/0/2             //进入端口
[Huawei-GigabitEthernet0/0/2]port link-type Access   //将端口设置为 Access 端口
[Huawei-GigabitEthernet0/0/2]quit                    //退出
[Huawei] interface gigabitethernet 0/0/3             //进入端口
[Huawei-GigabitEthernet0/0/3]port link-type Access   //将端口设置为 Access 端口
[Huawei-GigabitEthernet0/0/3]quit                    //退出
```

注 交换机 SW2 的配置与交换机 SW1 一样。

步骤③ 将交换机连接 PC 的端口加入 VLAN 中。
交换机 SW1 的配置如下。

```
[HUAWEI-vlan10]port gigabitethernet 0/0/2            //将端口加入 VLAN 10
[HUAWEI-vlan10]quit
[HUAWEI]vlan20                                       //进入 VLAN 20 端口
[HUAWEI-vlan20]port gigabitethernet 0/0/3            //将端口加入 VLAN 20
[HUAWEI-vlan20]quit
```

注 交换机 SW2 的配置与交换机 SW1 相同。

完成以上配置后，所有 VLAN 的数据流量都能够通过 Trunk 端口，并且可以实现在相同 VLAN 之间跨交换机的互通，不同 VLAN 之间则不能互通。

步骤④ 检查 VLAN 的划分情况，如图 4-18 所示。

```
[Huawei]display vlan                                    //检查 VLAN 的划分情况
```

```
[Huawei]display vlan
The total number of vlans is : 3
--------------------------------------------------------------------------------
U: Up;            D: Down;           TG: Tagged;         UT: Untagged;
MP: Vlan-mapping;                    ST: Vlan-stacking;
#: ProtocolTransparent-vlan;         *: Management-vlan;
--------------------------------------------------------------------------------

VID  Type    Ports
--------------------------------------------------------------------------------
1    common  UT:Eth0/0/1(U)     Eth0/0/4(D)       Eth0/0/5(D)       Eth0/0/6(D)
                Eth0/0/7(D)        Eth0/0/8(D)       Eth0/0/9(D)       Eth0/0/10(D)
                Eth0/0/11(D)       Eth0/0/12(D)      Eth0/0/13(D)      Eth0/0/14(D)
                Eth0/0/15(D)       Eth0/0/16(D)      Eth0/0/17(D)      Eth0/0/18(D)
                Eth0/0/19(D)       Eth0/0/20(D)      Eth0/0/21(D)      Eth0/0/22(D)
                GE0/0/1(D)         GE0/0/2(D)        GE0/0/3(D)

10   common  UT:GE0/0/2(U)

                TG:GE0/0/1(U)

20   common  UT:GE0/0/3(U)

                TG:GE0/0/1(U)


VID  Status  Property     MAC-LRN Statistics Description
--------------------------------------------------------------------------------
1    enable  default      enable  disable    VLAN 0001
10   enable  default      enable  disable    VLAN 0010
20   enable  default      enable  disable    VLAN 0020
```

图 4-18　检查 VLAN 的划分情况

【拓展实训】

项目实训　组建办公室网络

1. 实训目的
（1）理解网络 IPv4 地址规划。
（2）掌握办公室网络配置命令。
（3）掌握共享打印机的设置方法。

2. 实训内容
（1）完成办公室网络的配置。
（2）设置共享打印机。
（3）测试。

4-6

微课

3．实训设备

2 台 PC。

4．实训步骤

步骤① IPv4 地址规划。

设备互连规范主要是对各种网络设备的互连进行规范定义。在组建办公室网络的过程中，如无特殊要求，应根据规范要求进行各级网络设备的互连，统一现场设备互连后的界面，结合规范的线缆标签使用，使网络结构清晰明了，方便后续的维护。本任务的网络设备连接表如表 4-1 所示。

表 4-1　网络设备连接表

源设备名称	设备端口	目标设备名称	设备端口
交换机	Gi0/1	TP-Link	wan
交换机	Gi0/2	打印机	Gi0/1
交换机	Gi0/3	PC1	Gi0/1
交换机	Gi0/4	PC2	Gi0/1
交换机	Gi0/5	PC3	Gi0/1
交换机	Gi0/6	PC4	Gi0/1
交换机	Gi0/7	PC5	Gi0/1
交换机	Gi0/8	PC6	Gi0/1

根据办公室人员状况进行合理、有效的子网地址规划并做出合理的冗余规划，如表 4-2 所示。

表 4-2　子网地址规划

源设备名称	设备端口	IPv4 地址
交换机	Gi0/0/1-Gi0/0/24	VLAN1
交换机	VLAN1	192.168.1.1/24
TP-Link	wan	192.168.1.2/24
打印机	Gi0/1	192.168.1.3/24
PC1	Gi0/1	192.168.1.4/24
PC2	Gi0/1	192.168.1.5/24
PC3	Gi0/1	192.168.1.6/24
PC4	Gi0/1	192.168.1.7/24
PC5	Gi0/1	192.168.1.8/24
PC6	Gi0/1	192.168.1.9/24

步骤② 办公室网络配置。

① 根据规划的 IP 地址，配置交换机的 VLAN 的 IP 地址，默认所有端口属于 VLAN 1。interface 后面跟端口，在端口模式下利用 ip address 命令配置 IP 地址，若出现"The line protocol IP on the interface Vlanif1 has entered the UP state."，则说明 IP 地址配置成功，如图 4-19 所示。

```
[Huawei]interface Vlanif 1
[Huawei-Vlanif1]ip add
[Huawei-Vlanif1]ip address 192.168.1.1 24
[Huawei-Vlanif1]
Jan  8 2020 04:29:01-08:00 Huawei %%01IFNET/4/LINK_STATE(1)[59]:The line proto
l IP on the interface Vlanif1 has entered the UP state.
```

图 4-19　交换机 IP 地址配置实例

② 进行各个计算机的 IP 地址设置。根据规划的 IP 地址进行设置，但是要注意每台计算机都只能有一个唯一的 IP 地址，其他的设置则可以选择默认处理。右键单击计算机的本地连接，选择"属性"选项，在打开的对话框中双击"Internet 协议版本 4"选项，在弹出的对话框中即可进行计算机 IP 地址的设置，如图 4-20 所示。

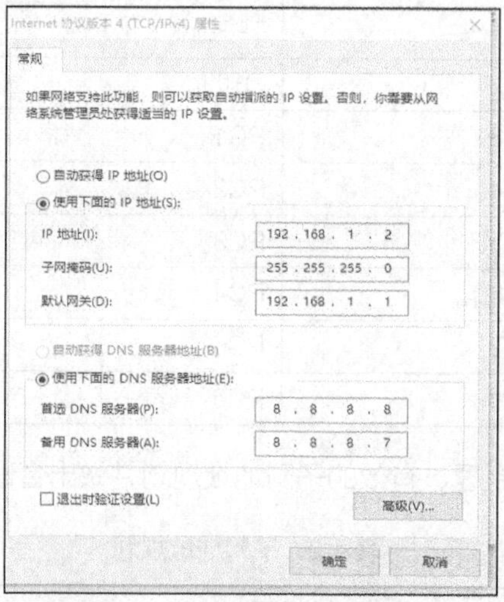

图 4-20　设置计算机 IP 地址

执行上述操作后，简易的办公室网络就组建完成了。

步骤❸ 共享打印机设置。

办公离不开各种资料的打印，通常一个办公室只有一台打印机，为了更高效地利用资源，让所有人都可以用同一台打印机来打印自己所需要的文件，我们可以设置共享打印机。在与打印机直接相连的计算机上设置共享，将打印机变成网络打印机之后，局域网中其他计算机就可以利用该网络打印机实现更加方便的打印操作。

连接共享打印机的准备工作如下。

（1）确认本地打印机正常连接，可以正常打印。

（2）确认网络的连通性（同一个局域网中或同一个工作组中）。

（3）设置共享权限并确认打印服务是否开启。

已经连接好本地打印机的客户端称为客户端 A，要连接打印机的客户端称为客户端 B，下面就以客户端 A 和客户端 B 为代表进行说明。添加共享打印机的步骤如下。

（1）在客户端 A 上进行的操作如下。

① 开启来宾账户。单击"开始"按钮，在"计算机"选项上单击鼠标右键，选择"管理"命令，在弹出的"计算机管理"窗口的"本地用户和组"列表中找到"用户"选项并单击。双击右侧的"Guest"

选项，打开"Guest 属性"对话框，确保"账户已禁用"复选框没有被勾选，如图 4-21 所示。

图 4-21　取消禁用 Guest 用户

② 开启打印共享等权限。在"控制面板"窗口中选择"设备和打印机"选项。在弹出的窗口中找到想共享的打印机，在该打印机上单击鼠标右键，选择"打印机属性"选项，如图 4-22 所示。在打开的对话框中切换到"共享"选项卡，勾选"共享这台打印机"复选框，然后设置一个共享名（请记住该共享名，后面的设置中会用到），如图 4-23 所示。

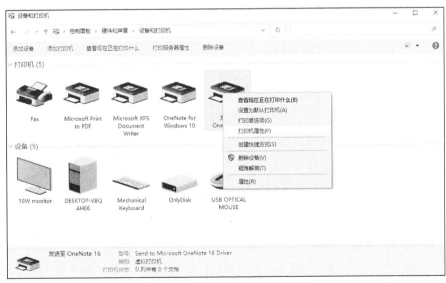

图 4-22　选择"打印机属性"选项

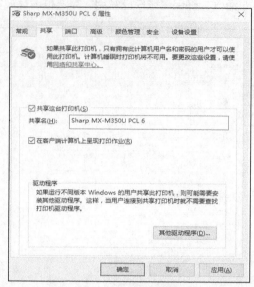

图 4-23　设置共享名

③ 进行高级共享设置。在右下角系统托盘的网络连接图标上单击鼠标右键，选择"打开网络和共享中心"选项，单击"更改高级共享设置"选项，选中"启用文件和打印机共享""无密码保护的共享"单选按钮，如图 4-24 和图 4-25 所示。

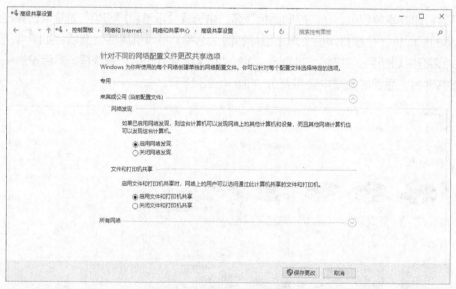

图 4-24　启用文件和打印机共享

④ 设置工作组。在添加目标打印机之前，先要确定局域网内的计算机是否都处于同一个工作组。具体过程如下：单击"开始"按钮，在"计算机"选项上单击鼠标右键，选择"属性"命令。在弹出的窗口中找到工作组，如图 4-26 所示。如果计算机的工作组不一致，则单击"更改设置"按钮，打开"系统属性"对话框，单击"更改"按钮，打开"计算机名/域更改"对话框，对"工作组"进行更改，如图 4-27 所示。

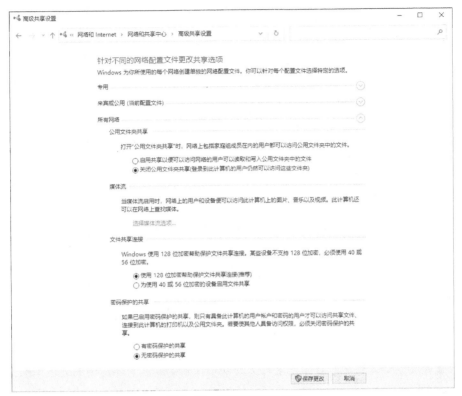

图 4-25　关闭密码保护共享

图 4-26　查看工作组

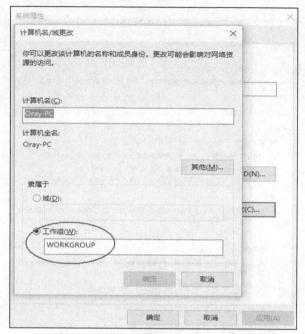

图 4-27　设置工作组

注意　此设置要在计算机重启后才能生效，所以在设置完成后不要忘记重启计算机，使设置生效。

（2）在客户端 B 上进行的操作如下。

① 开启来宾账户和打开共享权限，具体步骤与上述步骤相同。

② 添加共享打印机。进入"控制面板"窗口，打开"设备和打印机"窗口，并单击"添加打印机"按钮，系统会自动搜索可用的打印机，如图 4-28 所示。为了节省时间，也可以选择"我所需的打印机未列出"选项，如图 4-29 所示。

图 4-28　添加打印机

图 4-29　手动设置

③ 在"添加打印机"窗口选中"按名称选择共享打印机"单选按钮，或直接输入"\计算机名\打印机名"，单击"下一步"按钮，如图 4-30 所示。找到连接着打印机的计算机，单击"选择"按钮。此时，系统会自动找到并安装好该打印机的驱动，如图 4-31 所示。打印机驱动安装完成后，可以打印测试页，测试打印机的连接情况。至此，局域网中的共享打印机就添加完成了。

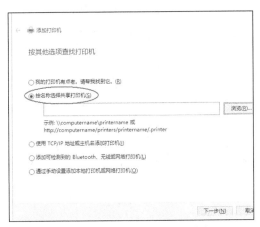

图 4-30　按名称选择共享打印机

图 4-31　打印机驱动安装完成

5．实训总结

（1）写出办公室网络配置 IP 地址的命令。

（2）写出设置共享打印机的主要步骤。

（3）完成共享打印机的测试。

【知识延伸】VLAN 帧的交换过程

VLAN 帧的交换过程如图 4-32 所示。在 VLAN 组网过程中，网络管理员可以将交换机的一个端口设置为中继端口，也可以设置为普通端口。中继端口支持 IEEE 802.1q，普通端口不支持 IEEE 802.1q。

假设交换机 A 的端口 8 与交换机 B 的端口 1 被设置成中继端口，那么交换机 A 通过中继端口

8 与交换机 B 的中继端口 1 连接，它们支持 IEEE 802.1q，形成中继链路。属于 VLAN 1 与 VLAN 2 的节点分别连接在交换机 A 和交换机 B 的普通端口上。

1. 交换机转发 VLAN 帧的过程

交换机转发 VLAN 帧的过程可以归纳为以下几个步骤。

（1）当主机 A 向主机 G 发送帧 1 时，由于节点连接在交换机 A 的普通端口 1 上，因此主机 A 发送的帧 1 是没有经过 IEEE 802.1q 扩展的普通以太网帧。

（2）交换机 A 的普通端口 1 接收到帧 1 后，确定连接在普通端口 1 的主机 A 是 VLAN 1 的成员。交换机 A 将用 IEEE 802.1q 扩展帧 1，将 VLAN ID 设置为 VLAN 1，形成带有 VLAN 1 标记的扩展帧 1，表示为"帧 1（802.1Q）"。

（3）交换机 A 通过"VLAN 成员/端口映射表"与本地"端口/MAC 地址映射表"查找"帧 1（802.1Q）"发送的目的节点是否连接在交换机 A 上。如果该帧是发送给连接在交换机 A 上的 VLAN 1 节点，那么交换机 A 通过对应的端口直接将其转发。本例中该帧是要发送给连接在交换机 B 上的 VLAN 1 主机 G，那么交换机 A 将通过中继链路由中继端口 8 将其转发到交换机 B 的中继端口 1。

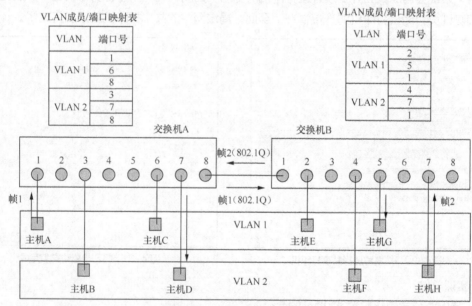

图 4-32 VLAN 帧的交换过程

（4）交换机 B 从中继端口 1 接收到"帧 1（802.1Q）"之后，通过 VLAN ID 判断该帧是否属于 VLAN 1。如果属于 VLAN 1，则交换机 B 通过"VLAN 成员/端口映射表"与本地"端口 MAC 地址映射表"查找目的地址对应的端口。在本例中，主机 G 连接在端口 5 上。交换机 B 删除为"帧 1（802.1Q）"添加的 VLAN ID 之后，通过端口 5 将帧 1 转发给主机 G。

如果 VLAN 2 的主机 H 要给同属于 VLAN 2 的主机 D 发送帧 2，那么其转发过程与帧 1 是相同的。

2. VLAN 帧交换的注意事项

VLAN 帧交换有以下几个问题需要注意。

（1）VLAN 成员之间的寻址不再根据 MAC 地址或 IP 地址，而是根据 VLAN ID。交换机根据

VLAN ID 区别不同 VLAN 的流量。VLAN ID 由交换机添加，对用户透明。只有定义为交换机之间的中继链路，才能携带和传输多个 VLAN 帧。

（2）交换机在接收到帧时，同样需要判断目的地址是广播地址还是单播或组播地址。如果目的地址是广播地址，那么就将帧向 VLAN 中的所有节点发送。如果目的地址是单播或组播地址，则必须在"VLAN 成员/端口映射表"与"端口 MAC 地址映射表"中查找目的地址是否属于 VLAN 的节点。如果不是则丢弃，如果是则查找转发端口。

（3）IEEE 802.1q 是在以太网基础上发展起来的，目的是为以太网的组网提供更多的方便，同时提高安全性。因此，VLAN 是一种新的局域网服务，而不是一种新型的局域网。

【扩展阅读】弘扬精益求精的工匠精神

首届全国职业院校技能大赛强调"大力弘扬劳模精神、劳动精神、工匠精神""培养更多高技能人才和大国工匠"。在长期实践中，我们形成了"执着专注、精益求精、一丝不苟、追求卓越的工匠精神"。迈向新征程，扬帆再出发，社会急需一大批具有工匠精神的劳动者，让工匠精神在全社会更加深入人心。

不论是传统制造业还是新兴制造业，不论是工业经济还是数字经济，工匠始终是中国制造业的重要力量，工匠精神始终是创新创业的重要精神源泉。中国制造、中国创造需要培养更多高技能人才和大国工匠，需要激励更多劳动者，特别是青年，走技能成才、技能报国之路，更需要大力弘扬工匠精神，造就一支有理想、守信念、懂技术、会创新、敢担当、讲奉献的庞大产业工人队伍，为经济社会的发展注入充沛动力。因此，作为一名网络管理的专业技术人员，需要立足岗位，在技术上精益求精，在建网、护网、用网上高标准、严要求。

【检查你的理解】

1. 选择题

（1）一个包含有锐捷等多厂商设备的交换网络，其 VLAN 中 Trunk 端口的标记一般应选（　　）。

A. IEEE 802.1q　　　B. ISL　　　　　　　C. VTP　　　　　D. 以上都可以

（2）IEEE 802.1q 中的帧用（　　）位表示 VLAN ID。

A. 10　　　　　　　B. 11　　　　　　　　C. 12　　　　　　D. 14

（3）下列网络设备中，（　　）能够隔离冲突域（多选）。

A. 集线器　　　　　B. 交换机　　　　　　C. 中继器　　　　D. 路由器

（4）VLAN 的封装类型中属于 IEEE 标准的有（　　）。

A. ISL　　　　　　　B. IEEE 802.1d　　　C. IEEE 802.1q　D. hdlc

（5）IEEE 802.1q 中 VLAN 标记的字节数是（　　）。

A. 2　　　　　　　　B. 4　　　　　　　　C. 64　　　　　　D. 1518

（6）以太网交换机是根据接收到的帧的（　　）来生成地址表的。

A. 源 MAC 地址　　　B. 目的 MAC 地址　　C. 源 IP 地址　　D. 目的 IP 地址

（7）IEEE 802.1q VLAN 能支持的最大个数为（　　）。

A. 256　　　　　　　B. 1024　　　　　　　C. 2048　　　　　D. 4094

（8）交换机端口允许以（　　）的方法划分 VLAN。

　　A．Access 模式　　B．Multi 模式　　　　C．Trunk 模式　　　　D．Port 模式

（9）在第一次配置新出厂的交换机时，只能（　　）。

　　A．通过 Console 口连接进行配置　　　　B．通过 Telnet 连接进行配置

　　C．通过 WEB 口连接进行配置　　　　　D．通过 SNMP 连接进行配置

（10）一个 Access 端口可以属于（　　）。

　　A．仅一个 VLAN　　　　　　　　　　　B．最多 64 个 VLAN

　　C．最多 4094 个 VLAN　　　　　　　　D．依据网络管理员的设置而定

（11）当要使一个 VLAN 跨越两台交换机时，需要（　　）特性的支持。

　　A．用三层端口连接两台交换机　　　　　B．用 Trunk 端口连接两台交换机

　　C．用路由器连接两台交换机　　　　　　D．两台交换机上 VLAN 配置必须相同

2．简答题

（1）什么是 VLAN？在什么情况下使用它？

（2）VLAN 技术主要在哪些方面提高了网络的性能？

（3）将交换机端口划分到 VLAN 中的方式有哪两种？它们之间有何区别？

项目5
组建小型网络

项目背景

公司搭建的小型网络拓扑结构图如图 5-1 所示。小明作为网络管理员需要完成以下任务：配置和管理路由器，使公司内部计算机能够访问外部网络，各部门能够访问公司搭建的服务资源，除财务部外的其他部门之间可以实现互访，其他部门禁止访问财务部，公司内部路由器能够访问远程路由。本项目知识导图如图 5-2 所示。

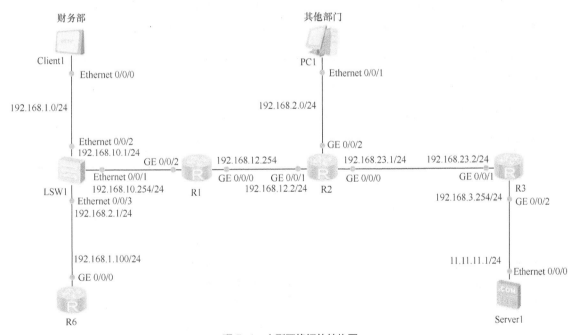

图 5-1　小型网络拓扑结构图

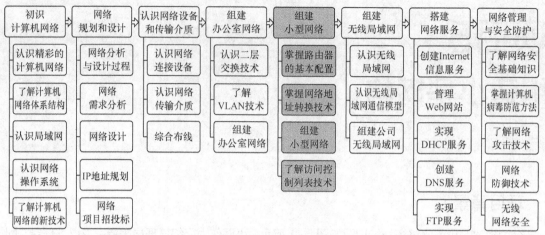

图 5-2　项目 5 知识导图

项目目标

在学习完本项目之后，小明应该能够回答下面的问题。

● CLI 是什么？	● NAT 的作用是什么？
● 怎样通过 Console 口登录路由器？	● 路由和路由表的作用是什么？
● 路由器常用的配置命令有哪些？	● 静态路由与默认路由的区别是什么？
● 怎样通过 Telnet 登录路由器？	● 怎样配置默认路由？
● 什么是 ACL？	

素养提示

敬业的职业态度　精益求精的职业素养　爱国精神　民族自信

关键术语

● CLI	● 路由条目
● Console	● 静态路由
● Telnet	● 动态路由
● ACL	● 静态 NAT
● NAT	● 动态 NAT
● 默认路由	● 基本 ACL
● 通配符掩码	● 高级 ACL
● 路由	● 路由优先级
● 路由表	

任务 5.1　掌握路由器的基本配置

【任务要求】

路由器是互联网的主要节点设备，路由器的性能影响着网络互联的质量。小明在使用路由器搭建小型网络之前，首先要认识路由器，掌握路由器的基本配置，然后才能进行路由器的初始化配置、路由器的登录管理配置和路由器的登录环境搭建等。

【知识准备】

5.1.1　通过 CLI 登录设备

命令行界面（Command Line Interface，CLI）是用户与设备之间的文本类指令交互界面，在该界面中用户输入文本类命令，按"Enter"键将命令提交给设备并执行。用户可以通过 CLI 输入命令对设备进行配置，并且可以通过查看输出的信息确认配置结果，方便配置和管理设备。

通过 CLI 登录设备的方式包括：使用 Console 口、Telnet、SSH 或 Modem 登录。当使用 Console 口、Telnet、SSH 或 Modem 登录设备时，都需要使用 CLI 来与设备进行交互。

默认情况下，用户不需要任何认证即可通过 Console 口登录设备，这给设备带来了许多安全隐患；默认情况下，用户不能通过 Telnet、SSH 及 Modem 登录设备，只能通过 Console 口本地登录，这样不利于用户对设备进行远程管理和维护。

因此，用户需要对这些登录方式进行相应的配置，以增加设备的安全性及可管理性。

5.1.2　路由器的初始化操作

企业新购的网络设备需要进行初始化操作，包括查看路由器相关信息、修改路由器时间、修改路由器名称、设置 Console 登录密码、配置路由器端口 IP 地址、查看当前配置和保存配置、删除配置文件、重启路由器。

1. 查看路由器相关信息

在用户视图下输入 display version 命令，查看路由器版本、硬件信息、系统启动时间等。

```
<Huawei>display version
```

2. 修改路由器时间

在用户视图下修改路由器时间，可以使用时区设置命令 clock timezone、时钟设置命令 clock datetime、查看设置的时间命令 display clock。

```
<Huawei>clock timezone China-Standard-Time minus 08:00:00
<Huawei>clock datetime 09:56:00 2019-11-13
<Huawei>display clock
```

3. 修改路由器名称并设置 Console 登录密码

在系统视图下修改路由器的名称为 R1，并设置 Console 登录密码，命令如下。

```
<Huawei>system-view //进入系统视图
[Huawei]sysname R1 //更改路由器名称
[R1]user-interface console 0 //进入 Console 口
[R1-ui-console0]authentication-mode password //设置加密模式为密码模式
Please configure the login password(maximum length 16):qytang //输入密码
[R1-ui-console0]quit
[R1]quit
```

4．配置路由器端口 IP 地址

在系统视图下，配置路由器端口 IP 地址和描述，并显示当前端口信息，保存路由器配置，命令如下。

```
<Huawei>system-view
[Huawei]interface GigabitEthernet 0/0/0
[Huawei-GigabitEthernet 0/0/0]ip address 11.11.11.1.2  24
[Huawei-GigabitEthernet 0/0/0]description This connet R2-G0/0/0
[Huawei-GigabitEthernet 0/0/0]display this
[Huawei-GigabitEthernet 0/0/0]return
[Huawei]save
```

5．查看当前配置和保存配置

在用户视图下，查看当前配置用 display current-configuration 命令，查看保存配置用 display saved-configuration 命令。

6．删除配置文件、重启路由器

在系统视图下，查看路由器配置文件的存放目录用 dir 命令，删除闪存中的路由器配置文件用 reset saved-configuration 命令，重启路由器用 reboot 命令。

5.1.3　通过 Console 口登录路由器

通过 Console 口进行本地登录是登录设备的最基本方式，也是配置通过其他方式登录路由器的基础。默认情况下，路由器只能通过 Console 口进行本地登录，用户登录到路由器上后，即可对各种登录方式进行配置。

5-1

微课

使用 Console 口登录路由器时，用户的 PC 需要运行超级终端程序。当用户使用 Console 口登录路由器时，PC 的通信参数配置要和路由器 Console 口的默认配置保持一致，这样用户才能通过 Console 口登录路由器。路由器 Console 口的默认配置如表 5-1 所示。

表 5-1　路由器 Console 口的默认配置

属性	默认配置
传输速率	9600bit/s
流控方式	不进行数据流控制
校验方式	不进行奇偶校验
停止位	1
数据位	8

1. 通过 Console 口搭建本地配置环境

按图 5-1 所示的拓扑结构图添加一台路由器和一台 PC，使用配置电缆把 PC 的 RS-232 串行端口与路由器的 Console 口连接起来，如图 5-3 所示。

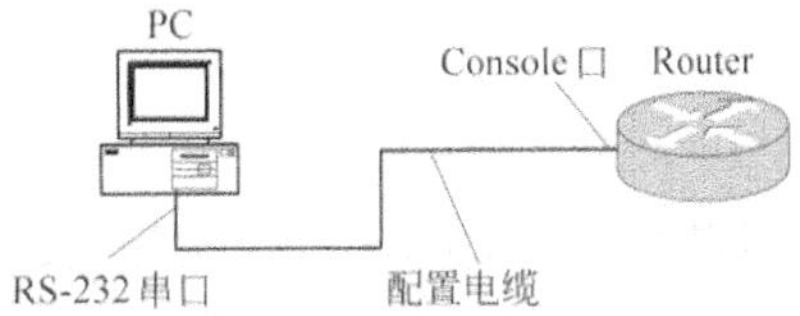

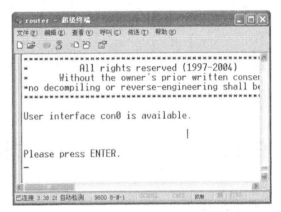

图 5-3　通过 Console 口搭建本地配置环境

2. 运行超级终端软件

在 PC 上安装超级终端仿真程序，运行超级终端软件，选择与路由器相连的串行端口，设置终端通信参数：传输速率为 9600bit/s、8 位数据位、1 位停止位、无奇偶校验和无数据流控制，如图 5-4 所示。

3. 超级终端路由器配置界面

路由器通电，终端上显示路由器自检信息，自检结束后提示用户按"Enter"键，如图 5-5 所示，之后将出现命令行提示符<Huawei>。

图 5-4　COM1 端口的通信参数设置

图 5-5　超级终端路由器配置界面

【任务实施】搭建路由器配置环境

通过 Console 口首次登录路由器后，对路由器进行基本配置并配置通过 Telnet 远程登录路由器，认证方式为 AAA 认证，步骤如下。

步骤❶ 让 PC 端和路由器端分别连接网络。

步骤❷ 对路由器进行基本配置，设置系统的日期、时间和时区。

5-2

微课

```
<Huawei> clock timezone BJ add 08:00:00
<Huawei> clock datetime 20:10:00 2012-07-26
```

步骤❸ 设置路由器名称和管理 IP 地址。

```
<Huawei> system-view
[Huawei] sysname Server
[Server] interface gigabitethernet 0/0/1
[Server-GigabitEthernet0/0/0] undo shutdown
[Server-GigabitEthernet0/0/0] ip address 11.11.11.1  24 255.255.255.0
[Server-GigabitEthernet0/0/0] quit
```

步骤④ 打开 telnet 服务端的 telnet 功能。

```
<Server> system-view
[Server] telnet server enable
```

步骤⑤ 进入 VTY 用户界面视图，配置 VTY 用户界面的相关参数。

```
[server]user-interface maximum-vty 15       //配置最大 VTY 用户界面为 15
[server] user-interface vty 0 4
[server-ui-vty0-4] protocol inbound telnet
[server-ui-vty0-4] authentication-mode aaa
[server-ui-vty0-4] quit
```

步骤⑥ 配置用户的登录验证方式。

```
[server] aaa
[server-aaa] local-user admin1234 password cipher admin@123
[server-aaa] local-user admin1234 service-type telnet
[server-aaa] local-user admin1234 privilege level 15
[server-aaa] quit
```

步骤⑦ 通过 Telnet 登录路由器。打开命令提示符窗口，输入 telnet 11.11.11.1 后按"Enter"键，在登录窗口输入 AAA 验证方式配置的登录用户名和密码，验证通过后，会出现用户视图的命令行提示符，至此用户成功登录路由器。

任务 5.2　掌握网络地址转换技术

【任务要求】

公司内部网络的主机和节点采用私有 IP 地址。公司内部网络使用路由器的串行端口接入互联网，并且向互联网接入服务提供商租用了两个公网 IP 地址，一个 IP 地址用于使路由器的串行端口接入互联网，另一个 IP 地址作为公司 HTTP 服务器的公有注册 IP 地址，向互联网发布信息。考虑到 HTTP 服务器的安全性，先将该服务器部署在局域网内部的 Server1 上。小明需要了解使用什么技术，才能既保证公司内部网络用户可以用私有地址访问 Server1 上的 HTTP 服务器，又能使 Server1 上的公司内部网络 HTTP 服务器向互联网发布信息。

【知识准备】

5.2.1　网络地址转换

为了解决局域网用户访问 Internet 的问题，诞生了网络地址转换（Network Address Translation，NAT）技术，它是一种将一个 IP 地址转换为另一个 IP 地址的技术。

NAT 技术是一个标准，允许一个整体机构以一个公用 IP 地址出现在 Internet 上。它是一种把内部私有网络地址翻译成合法网络 IP 地址的技术。NAT 技术的典型应用是将使用私有 IP 地址

（RFC 1918）的园区网络连接到 Internet。

应用 NAT 技术时存在的问题有以下几个方面。

（1）影响网络速度。NAT 技术的应用可能会使 NAT 设备成为网络瓶颈，但随着网络设备的软硬件发展，该问题已逐步得到解决。

（2）与某些应用不兼容。如果一些应用在有效载荷中协商下次会话的 IP 地址和端口号，NAT 技术将无法对内嵌 IP 地址进行转换，使得这些应用不能正常运行。

（3）NAT 技术不能处理 IP 报头加密的报文。

（4）无法对 IP 实现端到端的路径跟踪，经过 NAT 技术转换后，对数据包的路径跟踪将变得十分困难。

5.2.2 NAT 技术的相关术语

NAT 技术的术语主要有以下 6 个。

（1）内部网络（inside）：给内部网络的每台主机都分配一个内部 IP 地址，但与外部网络通信时，又表现为另外一个地址。每台主机的前一个地址称为内部本地地址，后一个地址称为外部全局地址。

（2）外部网络（outside）：指内部网络需要连接的网络，一般指互联网。

（3）内部本地地址（inside local address）：指分配给内部网络主机的 IP 地址，该地址可能是非法的、未向相关机构注册的 IP 地址，也可能是合法的私有网络地址。

（4）内部全局地址（inside global address）：合法的全局可路由地址。在外部网络看来，它代表着一个或多个内部本地地址。

（5）外部本地地址（outside local address）：外部网络的主机在内部网络中表现的 IP 地址，该地址是内部可路由地址，一般不是注册的全局可路由地址。

（6）外部全局地址（outside global address）：外部网络分配给外部主机的 IP 地址，又称全局可路由地址。

5.2.3 NAT 的类型

NAT 有多种不同的类型，并可用于多种目的。

1. 静态 NAT

按照一一对应的方式将每个内部 IP 地址转换为一个外部 IP 地址，这种方式经常用于需要使企业网的内部设备能够被外部网络访问的场景。

在静态 NAT 中，内部网络中的主机 IP 地址（内部本地地址）一对一地永久映射成外部网络中的某个合法地址。静态 NAT 以一对一的方式将内部私有地址映射到公共 IP 地址，当要求外部网络能够访问内部设备时，特别适合使用静态 NAT。如内部网络有 Web 服务器、E-mail 服务器或 FTP 服务器等可以为外部用户提供服务的设备，这些服务器的 IP 地址必须采用静态 NAT（将一个全球的地址映射到一个内部 IP 地址上，静态映射将一直存在于 NAT 转换表中，直到被网络管理员取消），以便外部用户可以使用这些设备。

2. 动态 NAT

动态 NAT 是指将一个内部 IP 地址转换为一组外部 IP 地址（地址池）中的一个 IP 地址，包含动态地址池转换（Pool NAT）和动态端口转换（Port NAT）。

（1）Pool NAT。Pool NAT 执行本地地址与全局地址的一对一转换，但全局地址与本地地址的对应关系不是一成不变的，一般是从内部全局地址池中动态地选择一个未使用的地址对内部本地地址进行转换。采用动态 NAT 意味着可以在内部网络中定义很多的内部用户，通过动态分配的方法，共享很少的几个外部 IP 地址，而静态 NAT 则只能形成一对一的固定映射关系。

（2）Port NAT。Port NAT 利用不同端口号将多个内部 IP 地址转换为一个外部 IP 地址，也称为 PAT、NAPT 或端口复用 NAT。端口地址转换（Port Address Translation，PAT）把内部本地地址映射到外部网络的一个 IP 地址的不同端口上，由于一个 IP 地址的端口有 65535 个，即一个全局地址最多可以和 65535 个内部地址建立映射，因此从理论上说一个全局地址可供 65535 个内部地址通过 NAT 连接 Internet。但在实际应用过程中，仅使用了大于或等于 1024 的端口。在只申请到少量 IP 地址却经常同时有多于合法地址个数的用户连接外部网络的情况下，这种转换非常适用。

【任务实施】了解 NAT 技术的工作过程

NAT 技术属接入广域网技术，是一种将私有（保留）地址转换为合法 IP 地址的转换技术，被广泛应用于各种类型的 Internet 接入方式和各种类型的网络中。NAT 技术不仅完美地解决了 IP 地址不足的问题，而且还能够有效地避免来自网络外部的攻击，隐藏并保护网络内部的计算机。下面介绍静态 NAT 和动态 NAT 的工作过程，进一步了解 NAT 技术。

1. 静态 NAT 的工作过程

静态 NAT 的工作过程如图 5-6 所示。静态 NAT 的转换条目需要预先手动进行创建，即将一个内部本地地址和一个内部全局地址唯一地进行绑定。静态 NAT 的转换步骤如下。

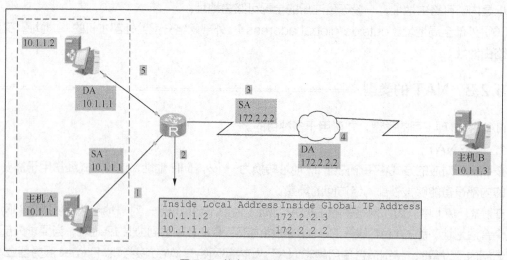

图 5-6 静态 NAT 的工作过程

步骤❶ 主机 A 要与主机 B 进行通信，它使用私有地址 10.1.1.1 作为源地址向主机 B 发送报文。

步骤❷ NAT 路由器从主机 A 处收到报文后检查 NAT 转换表，发现需要将该报文的源地址进行转换。

步骤❸ NAT 路由器根据 NAT 转换表将内部本地地址 10.1.1.1 转换为内部全局地址

172.2.2.2，然后转发报文。

步骤④ 主机 B 收到报文后，使用内部全局地址 172.2.2.2 作为目的地址来应答主机 A。

步骤⑤ NAT 路由器收到主机 B 发回的报文后，再根据 NAT 转换表将该内部全局地址 172.2.2.2 转换回内部本地地址 10.1.1.1，并将报文转发给主机 A，后者收到报文后继续会话。

2. 动态 NAT 的工作过程

动态 NAT 的工作过程如图 5-7 所示。动态 NAT 也是将内部本地地址与内部全局地址进行一对一地转换，但是动态 NAT 是从内部全局地址池中动态地选择一个未被使用的地址与内部本地地址进行转换。动态 NAT 的转换条目是动态创建的，无须预先手动进行创建。动态 NAT 的转换步骤如下。

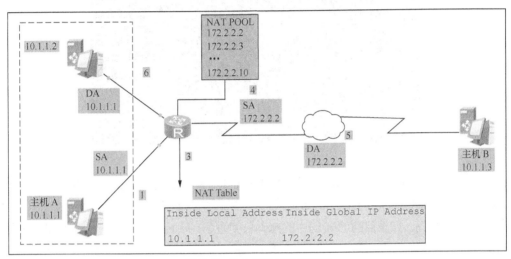

图 5-7　动态 NAT 的工作过程

步骤① 主机 A 要与主机 B 进行通信，它使用私有地址 10.1.1.1 作为源地址向主机 B 发送报文。

步骤② NAT 路由器从主机 A 收到报文后检查 NAT 转换表，发现需要将该报文的源地址进行转换，并从地址池中选择一个未被使用的内部全局地址 172.2.2.2 用于转换。

步骤③ NAT 路由器根据 NAT 转换表将内部本地地址 10.1.1.1 转换为内部全局地址 172.2.2.2，然后转发报文，并创建一条动态的 NAT 转换表项。

步骤④ 主机 B 收到报文后，使用内部全局地址 172.2.2.2 作为目的地址来应答主机 A。

步骤⑤ NAT 路由器收到主机 B 发回的报文后，再根据 NAT 转换表将该内部全局地址 172.2.2.2 转换回内部本地地址 10.1.1.1，并将报文转发给主机 A，后者收到报文后继续会话。

任务 5.3　组建小型网络

【任务要求】

在同一网段，数据包可以直接传输到目的地；在不同网段，就需要路由根据 IP 地址将数据包转发到正确的目的地。路由分为静态路由和动态路由两类。小明需要在路由器上配置静态路由，使公司内部路由器能够访问远程路由。

【知识准备】

5.3.1　路由的概念

路由是一个网络层的术语，它是指从某一网络设备出发去往某个目的地的路径。路由表则是若干条路由信息的一个集合体。在路由表中，一条路由信息被称为一个路由项或一个路由条目，如图 5-8 所示。

```
[R1]dis ip routing-table
Route Flags: R - relay, D - download to fib

Routing Tables: Public
         Destinations : 11        Routes : 11

Destination/Mask    Proto   Pre  Cost       Flags NextHop         Interface

      10.0.12.0/24  Direct  0    0          D     10.0.12.1       Serial1/0/0
      10.0.12.1/32  Direct  0    0          D     127.0.0.1       Serial1/0/0
      10.0.12.2/32  Direct  0    0          D     10.0.12.2       Serial1/0/0
    10.0.12.255/32  Direct  0    0          D     127.0.0.1       Serial1/0/0
      127.0.0.0/8   Direct  0    0          D     127.0.0.1       InLoopBack0
      127.0.0.1/32  Direct  0    0          D     127.0.0.1       InLoopBack0
127.255.255.255/32  Direct  0    0          D     127.0.0.1       InLoopBack0
  192.168.10.0/24   Direct  0    0          D     192.168.10.1    Ethernet2/0/0
  192.168.10.1/32   Direct  0    0          D     127.0.0.1       Ethernet2/0/0
192.168.10.255/32   Direct  0    0          D     127.0.0.1       Ethernet2/0/0
```

图 5-8　路由表

在路由表中，每一行就是一条路由信息。通常情况下，一条路由信息由 3 个要素组成：目的地/掩码（Destination/Mask）、出端口（Interface）、下一跳 IP 地址（NextHop）。

（1）目的地/掩码。如果目的地/掩码中的掩码长度为 32，则目的地将是一个主机端口地址，否则目的地将是一个网络地址。通常情况下，一条路由信息的目的地是一个网络地址，可以把主机端口地址看成目的地的一种特殊情况。

（2）出端口。出端口是指该路由表中所包含的数据内容应该从哪个端口发送出去。

（3）下一跳 IP 地址。如果一个路由表的下一跳 IP 地址与出端口的 IP 地址相同，则表示出端口已经直连到了该路由信息所指的目的网络。

路由器在转发数据时，需要先在路由表中查找相应的路由，有直连路由、静态路由和动态路由 3 种方式。直连路由是路由器自动添加和自己直连的路由；静态路由是由网络管理员手动添加路由；动态路由是由路由协议动态建立路由。

5.3.2　静态路由

路由器要转发数据包，就必须拥有路由信息。路由器可通过直连路由、静态路由和动态路由 3 种方式来获得路由信息。下面仅对静态路由进行介绍。

1. 静态路由的概念

静态路由（static routing）是一种路由的配置方式，路由信息需手动配置，而非动态决定。与动态路由不同，静态路由是固定的，不会改变，即使网络状况已经改变或是重新被组态。一般来说，静态路由由网络管理员逐项加入路由表。静态路由有以下特点。

5-3

微课

（1）静态路由是最为原始的路由配置方式，纯手工，易管理，但是耗时，一般用于中小型企业。

（2）静态路由的缺点是不能动态反映网络拓扑结构，当网络拓扑结构发生变化时，网络管理员必须手动改变路由表。

（3）静态路由不会占用路由器太多的 CPU 和 RAM 资源，也不占用线路的带宽。如果出于安全的考虑想隐藏网络的某些部分或者网络管理员想控制数据转发路径，也会使用静态路由。

（4）在一个小而简单的网络中，也常常使用静态路由，因为配置静态路由会更为简单。

2．静态路由的配置命令

（1）ip route 命令

ip route 命令用于配置或删除静态路由，格式如下。

```
[no]ip route ip-address { mask   mask-length } { interface-name   gateway-address }
[ preference   preference-value ] [ reject   blackhole ]
```

参数说明如下。

① ip-address 和 mask 为目的 IP 地址和掩码，采用点分十进制格式。由于要求 32 位掩码中的 "1" 必须是连续的，因此点分十进制格式的掩码可以用掩码长度 mask-length 来代替，掩码长度为掩码中连续 "1" 的个数。

② interface-name 指定该路由的发送端口名，gateway-address 为该路由的下一跳 IP 地址（点分十进制格式）。

③ preference-value 为该路由的优先级别，范围为 0~255。

④ reject 指明该路由为不可达路由。

⑤ blackhole 指明该路由为黑洞路由。

（2）show ip route 命令

show ip route 命令用于显示路由表摘要信息。执行该命令可以以列表方式显示路由表，每一行代表一条路由信息，内容包括：目的地址/掩码长度、协议、优先级、度量值、下一跳、输出端口。

（3）show ip route detail 命令

show ip route detail 命令用于显示路由表详细信息，执行该命令可以帮助用户进行路由方面的故障诊断。

（4）show ip route static 命令

show ip route static 命令用于显示静态路由表。执行该命令可以帮助用户确认对静态路由的配置是否正确。

3．默认路由

默认路由是指目的地/掩码为 0.0.0.0/0 的路由。如果在路由表中没有找到其他路由，则使用默认路由。例如，如果路由器或主机不能找到目标网络路由或主路由，则使用默认路由。默认路由在某些时候是非常有效的，例如在末梢网络中，默认路由可以大大简化路由器的配置，减轻网络管理员的工作负担。

默认路由的配置命令为 ip route，格式为 ip route 0.0.0.0　0.0.0.0　{网关地址| 端口}。例如：ip route 0.0.0.0　0.0.0.0　s0/0 和 ip route 0.0.0.0　0.0.0.0　12.12.12.12。

5.3.3 路由优先级

路由优先级是一个正整数，范围是 0～255，它用于指定路由协议的优先级。在实际的应用中，路由器选择路由协议的依据就是路由优先级，通常会给不同的路由协议赋予不同的路由优先级，数值小的优先级高。当有到达同一个目的地址的多条路由时，可以根据优先级的大小，选择其中优先级数值最小的路由作为最优路由，并将这条路由写进路由表中。

（1）不同来源的路由规定了不同的优先级，并规定优先级的值越小，路由的优先级就越高。

（2）当存在多条目的地/掩码相同，但来源不同的路由时，具有最高优先级的路由便会成为最优路由，并加入路由表中。其他路由则处于未激活状态，不显示在路由表中。不同来源的路由优先级如图 5-9 所示。

路由来源	优先级的缺省值
直连路由	0
OSPF	10
静态路由	60
RIP	100
BGP	255

图 5-9　不同来源的路由优先级

【任务实施】组建公司小型网络

小明为公司搭建了一个小型网络，网络拓扑结构图如图 5-1 所示。小明通过配置和管理路由器，使公司内部计算机能够访问外部网络，部分部门之间能够互访，公司内部路由器能够访问远程路由。小明在公司计算机和路由器上做的配置如下。

步骤❶ 根据图 5-1 所示的拓扑结构图，在华为模拟器上搭建网络。

步骤❷ 配置公司员工计算机，Client1 的配置如图 5-10 所示，Server1 的配置如图 5-11 所示，PC1 的配置如图 5-12 所示。

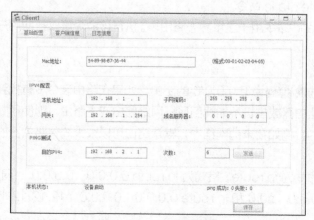

图 5-10　Client1 的配置

图 5-11　Server1 的配置

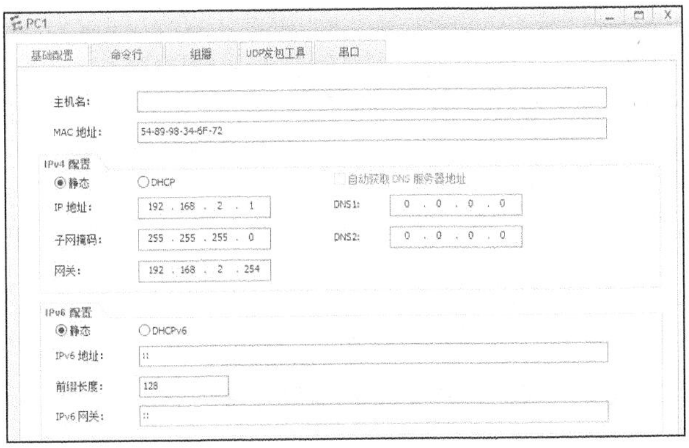

图 5-12　PC1 的配置

步骤③ 路由器端口、默认路由和静态路由配置。

R1 配置命令如下。

```
[R1]interface g0/0/2
[R1-GigabitEthernet0/0/2]ip address 192.168.10.254 24
[R1-GigabitEthernet0/0/2]interface g0/0/0
[R1-GigabitEthernet0/0/0]ip address 192.168.12.254 24
[R1]ip route-static 0.0.0.0  0.0.0.0  192.168.12.2
```

R2 配置命令如下。

```
[R2]interface g0/0/1
[R2-GigabitEthernet0/0/1]ip address 192.168.12.2  24
[R2-GigabitEthernet0/0/1]interface g0/0/2
[R2-GigabitEthernet0/0/2]ip address 192.168.2.254 24
[R2-GigabitEthernet0/0/2]interface g0/0/0
[R2-GigabitEthernet0/0/0]ip address 192.168.23.1  24
[R2]ip route-static 192.168.1.0  255.255.255.0 192.168.12.254
[R2]ip route-static 192.168.3.0  255.255.255.0 192.168.23.2
```

R3 配置命令如下。

```
[R3]interface g0/0/1
[R3-GigabitEthernet0/0/1]ip address 192.168.23.2  24
[R3]interface g0/0/2
[R3-GigabitEthernet0/0/2]ip address 192.168.3.254 24
[R3]ip route-static 0.0.0.0  0.0.0.0  192.168.23.1
```

R4 配置命令如下。

```
[R4]interface g0/0/0
[R4-GigabitEthernet0/0/0]ip address 192.168.1.100 24
[R4]ip route-static 0.0.0.0  0.0.0.0  192.168.1.254
```

步骤 ❹ 在 R1 上配置华为高级 ACL，使 Client1 访问 Server1 的 Web 服务和网络 192.168.2.0/24，并禁止 Client1 访问其他网络。

```
[R1]acl 3000
[R1-acl-adv-3000]rule 10 permit tcp source 192.168.1.1  0 destination 192.168.3.
1  0 destination-port eq 80  //允许 Client1 访问 Server1 的 Web 服务
[R1-acl-adv-3000]rule 20 permit ip source 192.168.1.1  0 destination 192.168.2.0
 0.0.0.255  //允许 Client1 访问网络 192.168.2.0/24
[R1-acl-adv-3000]rule 30 deny ip source 192.168.1.1  0 destination any  //禁止 Client1
访问其他网络
[R1]interface g0/0/2
[R1-GigabitEthernet0/0/2]traffic-filter inbound acl 3000
```

步骤 ❺ 在 R3 上配置基本的 ACL，允许 R4 远程访问。

```
[R3]acl 2000
[R3-acl-basic-2000]rule 10 permit source 192.168.1.100 0  //允许主机 R4 访问 R3
[R3-acl-basic-2000]rule 20 deny source any  //拒绝其他所有访问
[R3]user-interface vty 0 4
[R3-ui-vty0-4]acl 2000 inbound  //在 VTY 中调用 acl2000
[R3-ui-vty0-4]user privilege level 15
[R3-ui-vty0-4]authentication-mode password
Please configure the login password(maximum length 16):123
```

任务 5.4 了解访问控制列表技术

【任务要求】

在企业网中，控制网络中流进、流出的数据，限制网络流量，提高网络性能，允许或拒绝特定用户对内部网络或外部网络的访问，处理电子邮件、Telnet 等类型的通信被转发或阻止等，这些问题都可以通过访问控制列表来解决。小明在公司网络上通过配置访问控制列表来限制远程用户登录到路由器的主机。

【知识准备】

5.4.1 访问控制列表简介

访问控制列表（Access Control List，ACL）技术是一种重要的 IP 数据包安全检查技术，配置在三层设备上，为所连接的网络提供安全保护功能。

1. ACL 简介

ACL 是由一系列规则组成的集合，ACL 通过这些规则对报文进行分类，从而使设备可以对不同类的报文进行不同的处理。

网络中的设备相互通信时，需要保障网络传输的安全可靠和性能稳定。

（1）防止对网络的攻击，例如 IP 报文、TCP 报文、ICMP 报文的攻击。

（2）对网络访问行为进行控制，例如企业网中内、外部网络的通信，用户访问特定网络资源，特定时间段内允许对网络的访问。

（3）限制网络流量和提高网络性能，例如限定网络上行、下行流量的带宽，对用户申请的带宽进行收费，保证高带宽网络资源的充分利用。

ACL 的出现有效地解决了上述问题，切实保障了网络传输的稳定性和可靠性。

2. ACL 的实现方式

目前设备支持的 ACL 有以下两种实现方式。

（1）软件 ACL

针对与本机交互的报文（必须传输给 CPU 处理的报文），由软件来匹配报文的 ACL，如 FTP、TFTP、Telnet、SNMP、HTTP、路由协议、组播协议中引用的 ACL。

（2）硬件 ACL

针对所有报文（一般是针对转发的数据报文），通过下发硬件 ACL 资源来匹配报文的 ACL，如流策略、基于 ACL 的简化流策略、自反 ACL、用户组，以及为端口收到的报文添加外层 Tag 功能中引用的 ACL。

软件 ACL 和硬件 ACL 的主要区别如下。

（1）处理不同类型的报文。

（2）软件 ACL 由软件实现；硬件 ACL 由硬件实现。通过软件 ACL 匹配报文时，会消耗 CPU 资源，通过硬件 ACL 匹配报文时则会占用硬件资源。硬件 ACL 匹配报文的速度更快。

5.4.2 ACL 的类型

根据访问控制标准的不同，ACL 可以分为多种类型，不同类型的 ACL 可以实现不同的网络安全访问控制。

1. ACL 的类型

根据序号，ACL 可以分为基本 ACL、高级 ACL 和二层 ACL 3 种类型。

基本 ACL 只能过滤 IP 数据包头中的源 IP 地址，高级 ACL 可以过滤源 IP 地址、目的 IP 地址、

协议（TCP/IP）、协议信息（端口号、标志代码）等，二层 ACL 根据报文的源 MAC 地址、目的
MAC 地址、IEEE 802.1p 优先级、二层协议类型等二层信息制定匹配规则。

（1）基本 ACL（2000-2999）：只能匹配源 IP 地址。

（2）高级 ACL（3000-3999）：可以匹配源 IP 地址、目标 IP 地址、源端口、目标端口等 3
层和 4 层的字段。

（3）二层 ACL（4000-4999）：可以匹配源 MAC 地址、目的 MAC 地址、IEEE802.1p 优先
级、二层协议类型。

2. ACL 命名

用户在创建 ACL 时，可以为 ACL 指定一个名称，每个 ACL 最多只能有一个名称。用户可以
通过 ACL 的名称唯一地确定一个 ACL，并对其进行相应的操作。

在创建 ACL 时，用户可以选择是否为其配置名称。创建 ACL 后，不允许用户修改或者删除
ACL 名称，也不允许为未命名的 ACL 添加名称。

5.4.3　通配符掩码

地址过滤是根据 ACL 地址通配符进行的，通配符掩码是一个 32 位的数字字符串，它被点号分
成 4 组，每组包含 8 位。在通配符掩码中，0 表示"检查相应的位"，而 1 表示"不检查（忽略）
相应的位"，通配符掩码的匹配如图 5-13 所示。

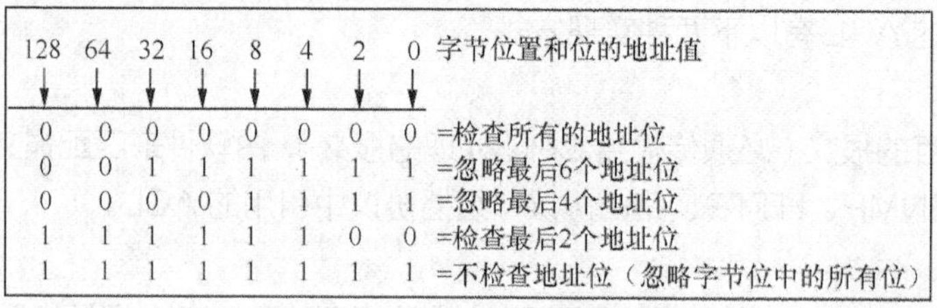

图 5-13　通配符掩码的匹配

ACL 使用通配符掩码来标志一个或几个地址是被允许，还是被拒绝。通配符掩码是"访问控制
列表掩码位配置过程"的简称，和 IP 子网掩码不同，它是一个颠倒的子网掩码（例如 0.255.255.255
和 255.255.255.0）。通配符掩码示例如表 5-2 所示。

表 5-2　通配符掩码示例

通配符掩码	掩码的二进制形式	描述
0.0.0.0	00000000.00000000.00000000.00000000	全部匹配，与关键字 host 等价
0.0.0.255	00000000.00000000.00000000.11111111	只有前 24 位匹配
0.0.255.255	00000000.00000000.11111111.11111111	只有前 16 位匹配
0.255.255.255	00000000.11111111.11111111.11111111	只有前 8 位匹配
255.255.255.255	11111111.11111111.11111111.11111111	全部不匹配，与关键字 any 等价
0.0.15.255	00000000.00000000.00001111.11111111	只有前 20 位匹配
0.0.3.255	00000000.00000000.00000011.11111111	只有前 22 位匹配

【任务实施】创建 ACL

为了满足公司网络的需求，需要创建 ACL 来进行控制。小明作为网络管理员需要在公司的路由器上实施如下的操作。

1. 基本 ACL 的配置过程

步骤❶ 定义。

```
[Huawei]acl 2000      //指定一个序号 2000-2999
[Huawei-acl-basic-2000]rule deny 192.168.1.1  0.0.0.0       //拒绝源地址访问
[Huawei-acl-basic-2000]rule deny 192.168.1.1  0.0.0.255     //拒绝整个网段访问
[Huawei-acl-basic-2000]rule perrmit 192.168.1.1  0.0.0.0    //允许源地址访问
[Huawei-acl-basic-2000]quit
```

步骤❷ 应用到端口。

traffic-filter 命令可以把某个现存的 ACL 与某个端口联系起来。在每个端口、每个协议、每个方向上只能有一个 ACL。可在路由器出口方向和入口方向应用规则，配置如下。

```
[Huawei]interface GigabitEthernet 0/0/1
[Huawei-GigabitEthernet 0/0/1]traffic-filter outbound acl 2000 //在出口方向应用规则
[Huawei-GigabitEthernet 0/0/1]traffic-filter inbound acl 2000  //在入口方向应用规则
```

其中，inbound 用来指示该 ACL 被应用到流入端口，outbound 则用来指示该 ACL 被应用到流出端口。

2. 高级 ACL 的配置

步骤❶ 配置禁止 ICMP。

禁止 192.168.1.1 访问 192.168.2.1 的 ICMP，配置命令如下。

```
[Huawei]acl 3000
[Huawei-acl-adv-3000]rule deny icmp source 192.168.1.1  0 destination 192.168.2.1  0
[Huawei-acl-adv-3000]quit
[Huawei]interface GigabitEthernet 0/0/1
[Huawei-GigabitEthernet 0/0/1]traffic-filter outbound acl 3000
[Huawei-GigabitEthernet 0/0/1]quit
[Huawei]display acl all
```

步骤❷ 配置指定端口。

```
[Huawei]acl 3000
[Huawei-acl-adv-3000]rule deny tcp source 192.168.1.1  0 destination 192.168.2.1  0
destination-port eq 80
[Huawei-acl-adv-3000]quit
[Huawei]interface GigabitEthernet 0/0/1
[Huawei-GigabitEthernet 0/0/1]traffic-filter outbound acl 3000
[Huawei-GigabitEthernet 0/0/1]quit
[Huawei]display acl all    //查看正确性
```

【拓展实训】

项目实训 通过三层交换机实现不同 VLAN 间的路由

1. 实训目的

（1）能在三层交换机上配置 VLANif 端口。

（2）会验证设备之间的连通性。

2. 实训内容

三层交换机连接两个 VLAN 对应的网段如图 5-14 所示。实训内容如下。

（1）在三层交换机上创建 VLAN，并为端口设置相应的属性。

（2）配置 VLANif 端口，为 PC 配置对应的网关。

（3）使 PC1 与 PC2 能够互访。

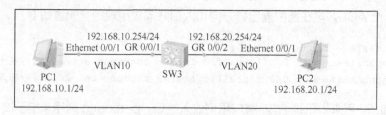

图 5-14　通过三层交换机实现 VLAN 间的路由

3. 实训设备

一台三层交换机、两台计算机、一台安装有超级终端的笔记本电脑。

4. 实训步骤

步骤❶ 创建 VLAN 并配置端口链路属性。

```
[SW] vlan batch 10 20
[SW] interface gigabitEthernet 0/0/1
[SW-GigabitEthernet0/0/1] port link-type access
[SW-GigabitEthernet0/0/1] port default vlan 10
[SW] interface gigabitEthernet 0/0/2
[SW-GigabitEthernet0/0/2] port link-type access
[SW-GigabitEthernet0/0/2] port default vlan 20
```

步骤❷ 配置 VLANif 10 和 VLANif 20 端口作为 VLAN 10 和 VLAN 20 用户的网关。

```
[SW] interface Vlanif 10
[SW-vlanif10] ip address 192.168.10.254 24
[SW ]interfaceVlanif 20
[SW-vlanif20] ip address 192.168.20.254 24
```

步骤❸ 测试与验证。

完成配置后，使用命令 dis ip interface brief 查看三层交换机的端口信息，如图 5-15 所示。
PC1 ping PC2 的结果如图 5-16 所示。

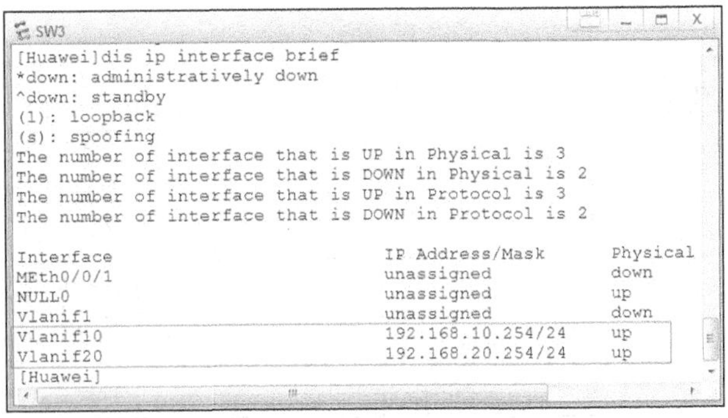

图 5-15　查看三层交换机的端口信息

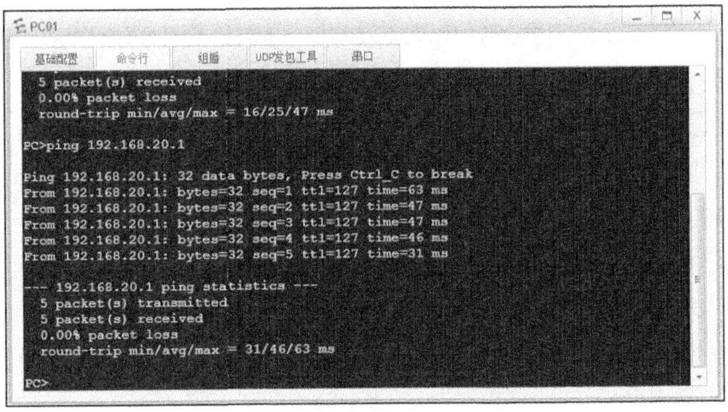

图 5-16　PC1 ping PC2 的结果

5. 实训总结

（1）写出配置 VLANif 端口的命令。

（2）写出实现不同 VLAN 间路由的主要实训步骤。

（3）完成计算机连通性的测试。

【知识延伸】动态路由简介

1. 动态路由概述

动态路由是指路由器能够自动地建立自己的路由表，并且能够根据实际情况的变化适时地进行调整。

动态路由是与静态路由相对的一个概念，指路由器能够根据路由器之间交换的特定路由信息自动地建立自己的路由表，并且能够根据链路和节点的变化适时地进行自动调整。当网络中节点或节点间的链路发生故障，或存在其他可用路由时，动态路由可以自行选择最佳的可用路由并继续转发报文。静态路由与动态路由的特征对比如表 5-3 所示。

表 5-3　静态路由与动态路由的特征对比

特征项	静态路由	动态路由
配置的复杂性	网络规模越大越复杂	通常不受网络规模的限制
网络管理员所需知识	不需要额外的专业知识	需要掌握高级的知识和技能

续表

特征项	静态路由	动态路由
拓扑结构变化	需要网络管理员参与	自动根据拓扑结构的变化进行调整
可扩展性	适合简单的网络拓扑结构	简单网络拓扑结构和复杂网络拓扑结构都适合
安全性	更安全	没有静态路由安全
资源使用情况	不需要额外的资源	占用 CPU、内存和链路带宽
可预测性	总是通过同一路径到达目的网络	根据当前网络拓扑结构确定路径

2. 原理

动态路由机制的运作依赖路由器的两个基本功能，分别是路由器之间适时的路由信息交换和对路由表的维护。

（1）路由器之间适时地交换路由信息。动态路由之所以能根据网络的情况自动计算路由、选择转发路径，是因为当网络发生变化时，路由器之间彼此交换的路由信息会告知对方网络的这种变化，并扩散信息使所有路由器都能得知网络变化。

（2）路由器根据某种路由算法（动态路由不同，协议算法不同）把收集到的路由信息加工成路由表，供路由器在转发 IP 报文时查阅。

当网络发生变化时，路由器收集到最新的路由信息后，由路由算法重新计算，从而得到最新的路由表。

需要说明的是，路由器之间的路由信息交换在不同路由协议中的过程和原则是不同的。交换路由信息的最终目的在于通过路由表找到一条转发 IP 报文的"最佳"路径。每一种路由算法都有其衡量"最佳"路径的一套原则，大多是在综合多个特性的基础上进行计算，这些特性包括路径所包含的路由器节点数（hop count）、网络传输费用（cost）、带宽（bandwidth）、延迟（delay）、负载（load）、可靠性（reliability）和最大传输单元（Maximum Transmission Unit，MTU）。

常见的动态路由协议有 RIP、OSPF、IS-IS、BGP、IGRP/EIGRP，每种动态路由协议的工作方式、选路原则等都有所不同。

3. 常见动态路由协议

常见的动态路由协议介绍如下。

（1）路由信息协议

路由信息协议（Routing Information Protocol，RIP）是内部网关协议（Interior Gateway Protocol，IGP）中最先得到广泛使用的协议。RIP 是一种分布式的、基于距离向量的路由选择协议，是 Internet 的标准协议，其最大优点就是实现简单，开销较小。

（2）开放式最短路径优先

开放式最短路径优先（Open Shortest Path First，OSPF）是一个 IGP，用于在单一 AS 内决策路由。

（3）中间系统到中间系统

中间系统到中间系统（Intermediate System-to-Intermediate System，IS-IS）路由协议最初是 ISO 为无连接网络协议（Connection Less Network Protocol，CLNP）设计的一种动态路

由协议。

（4）边界网关协议

边界网关协议（Border Gateway Protocol，BGP）是运行于 TCP 上的一种 AS 的动态路由协议。BGP 是唯一一个用来处理像 Internet 大小的网络的协议，也是唯一能够妥善处理好不相关路由域间的多路连接的协议。

4. 特点

动态路由的特点如下。

（1）无须网络管理员手动维护，减轻了网络管理员的工作负担。

（2）占用了网络带宽。

（3）在路由器上运行路由协议，使路由器可以自动根据网络拓扑结构的变化调整路由信息。

（4）适用于网络规模大、拓扑结构复杂的网络。

【扩展阅读】华为公司在网络领域的突出贡献

华为公司是全球领先的信息通信技术（Information and Communications Technology，ICT）基础设施和智能终端的提供商，致力于把数字世界带入每个家庭、每个组织，构建万物互联的智能世界。华为公司成立于 1987 年，总部位于广东省深圳市龙岗区。华为公司对网络的贡献主要有以下 3 个方面。

（1）专利研发。华为公司在 5G 网络方面投入较大，专利研发数量占比全球排名第一。华为公司共计研发 5G 网络专利 1970 项。

（2）网络基站。华为公司不仅在 5G 网络专利方面较突出，同时还具备 5G 网络基站的制造能力。华为公司的 5G 网络基站设备性能更强、价格更加便宜，优势较大。

（3）端到端设备。华为公司甚至具备 5G 网络整个产业链设备的制造能力，包括用户端室内、室外型 CPE 设备和用户端的手机。用户端室内、室外型 CPE 设备，可用于与 5G 基站通信，实现室内 Wi-Fi 覆盖；关于用户端的手机，第一款搭载华为鸿蒙系统的 5G 手机已经面世。

从各大通信商的官方数据来看，2019 年华为公司在全球范围内斩获 91 份 5G 商用合同，5G 基站发货量超过 60 万，稳居行业第一。同时，华为公司在网络操作系统上提出了"备胎"计划、鸿蒙网络操作系统等，可见华为公司真正领先全球的不仅仅是 5G 网络。

【检查你的理解】

1. 选择题

（1）交换机和路由器相比，主要的区别有（　　　）。

    A．交换机工作在 OSI 参考模型的第二层

    B．路由器工作在 OSI 参考模型的第三层

    C．交换机的一个端口划分一个广播域的边界

    D．路由器的一个端口划分一个冲突域的边界

（2）以下不会在路由表里出现的是（　　　）。

    A．下一跳地址   B．网络地址   C．度量值   D．MAC 地址

（3）路由器是一种用于网络互联的计算机设备，但路由器并不具备（　　　）。

    A．支持多种路由协议功能   B．多层交换功能

    C．支持多种可路由协议功能   D．存储、转发、寻址功能

（4）路由器在转发数据包到非直连网段的过程中，依靠数据包中的（　　　）来寻找下一跳 IP 地址。

    A．帧头   B．IP 报文头部   C．SSAP 字段   D．DSAP 字段

（5）在访问控制列表中地址和屏蔽码分别为 168.18.0.0 和 0.0.0.255，其所表示的 IP 地址的范围是（　　　）。

    A．168.18.67.1 ~ 168.18.70.255

    B．168.18.0.1 ~ 168.18.0.255

    C．168.18.63.1 ~ 168.18.64.255

    D．168.18.64.255 ~ 168.18.67.255

（6）下列对访问控制列表的描述不正确的是（　　　）。

    A．访问控制列表能决定数据是否可以到达某处

    B．访问控制列表可以用来定义某些过滤器

    C．一旦定义了访问控制列表，则其所规范的某些数据包就会严格被允许或拒绝

    D．访问控制列表可以应用于路由更新的过程中

（7）以下关于使用访问控制列表的描述准确的是（　　　）。

    A．禁止有 CIH 病毒的文件到我的主机

    B．只允许网络管理员可以访问我的主机

    C．禁止所有使用 Telnet 的用户访问我的主机

    D．禁止使用 UNIX 系统的用户访问我的主机

（8）路由器中时刻维持着一张路由表，这张路由表可以是静态配置的，也可以是（　　　）产生的。

    A．生成树协议   B．链路控制协议   C．动态路由协议   D．被承载网络层协议

（9）当路由器接收的 IP 报文中的目标网络不在路由表中时（没有默认路由时），采取的策略是（　　　）。

    A．丢掉该报文

    B．将该报文以广播的形式发送到所有直连端口

    C．直接向支持广播的直连端口转发该报文

    D．向源路由器发出请求，减小其报文大小

（10）某台路由器上配置了如下一条访问列表，这表示（　　　）。

```
access-list 4 permit 202.38.160.1 0.0.0.255
access-list 4 deny 202.38.0.0  0.0.255.255
```

    A．只禁止源地址为 202.38.0.0 网段的所有访问

    B．只允许目的地址为 202.38.0.0 网段的所有访问

    C．检查源 IP 地址，禁止 202.38.0.0 大网段的主机访问，但允许其中的 202.38.160.0

　小网段的主机访问

　　D. 检查目的 IP 地址，禁止 202.38.0.0 大网段的主机访问，但允许其中的 202.38.160.0
　　　 小网段的主机访问

（11）以下关于默认路由的描述正确的是（　　　）。

　　A. 默认路由是优先被使用的路由

　　B. 默认路由是最后一条被使用的路由

　　C. 默认路由是一种特殊的静态路由

　　D. 默认路由是一种特殊的动态路由

2．填空题

（1）路由器根据路由表生成方式可以分为＿＿＿＿＿＿＿＿，＿＿＿＿＿＿＿＿＿，＿＿＿＿＿＿＿＿＿。

（2）通配符掩码是一个＿＿＿＿＿＿＿＿位的数字字符串，它被点号分成＿＿＿＿＿＿＿组，每组包含 8 位。在通配符掩码中，＿＿＿＿＿＿＿表示"检查相应的位"，而＿＿＿＿＿＿＿表示"不检查（忽略）相应的位"。

3．简答题

（1）什么是路由？

（2）简述静态路由和动态路由。

（3）什么是默认路由？在什么情况下使用它？

（4）路由表的作用是什么？

（5）请简要说明 NAT 技术可以解决的问题和 NAT 技术受到的限制。

项目6
组建无线局域网

06

项目背景

公司想利用无线网络技术扩展公司网络的覆盖范围，使在办公大楼的职工能够随时随地、方便高效地使用公司网络。项目部要基于以下需求完成无线部署：侧重实际应用，为工作提供切实可用的无线网络环境；采取通行的网络协议标准，公司无线局域网将主要支持 IEEE 802.11g（54Mbit/s）标准以提供可供实际应用的、相对稳定的网络通信服务；具备全面的无线网络支撑系统（包括无线网管、无线安全、无线计费等），以避免出现无线设备及软件之间的不兼容或网络管理的混乱而导致的问题；保证网络访问的安全性，支持 IEEE 802.1x 安全认证方式。本项目主要学习无线设备的选择，以及通过无线路由器配置无线局域网，并完成公司无线局域网的搭建。本项目知识导图如图 6-1所示。

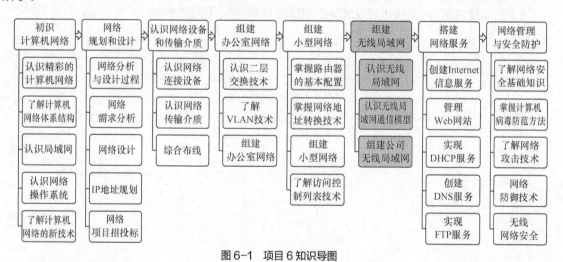

图 6-1　项目 6 知识导图

项目目标

在学习完本项目之后，小明应该能够回答下面的问题。

- 无线局域网是什么？
- 无线局域网具有什么样的特点？
- Ad-Hoc 模式具有什么特点？

- Infrastructure 模式的常见组网方式有哪些？
- 无线局域网常用协议有哪些？

素养提示

个人担当　科技报国　团结协作　制度自信

关键术语

● 无线局域网	● Infrastructure 模式
● AP	● IEEE 802.11
● 无线路由器	● Channel
● 蓝牙	● WEP/WPA
● Ad-Hoc 模式	

任务 6.1　认识无线局域网

【任务要求】

为了给工作提供切实可用的无线网络环境，小明需要合理选择无线设备。公司无线局域网包含多种设备，为了更好地理解无线局域网的设备组成与功能，小明需要完成无线路由器、无线 AP 等常用无线设备的选购。

【知识准备】

6.1.1　无线局域网概述

无线局域网（Wireless Local Area Network，WLAN）是计算机网络和无线通信技术相结合的产物。与传统有线局域网相比，无线局域网在各工作站和设备之间不再使用同轴电缆、双绞线、光纤作为传输介质，而采用红外线、微波等作为传输介质，因此可以不受某些场所的布线限制。

1. 无线局域网的优点

（1）可移动。实现移动办公是开发无线局域网的最基本目的。无线局域网可实现室内移动办公和室外远距离主干互联，有效解决了有线局域网中各信息点不可移动的问题。

（2）灵活性高。对于有线局域网，室外布线时的挖沟走线和架空走线，受地势、环境、政府规定影响，不能任意布线，而且线缆数量固定，通信容量有限，不能随时架设、随时增加链路进行扩容；而无线局域网采用 2.4GHz 民用通信频率，无须布线，且通信覆盖范围大，几乎不受地理环境限制，网络连接灵活，可随时扩容。

（3）安全性高。有线局域网的线缆不但容易遭到破坏，而且容易遭搭线窃听；无线局域网采用的无线扩频通信技术本身就起源于军事上的防窃听技术，因此安全性高。

（4）可靠性高。有线局域网的线缆线路存在信号衰减的问题，即随着线路的扩展，信号质量急剧下降，且误码率高；而无线局域网通过数据放大器和天线系统，可有效解决信号的此类问题。

（5）易维护。有线局域网的维护需沿线路进行测试检查，出现故障时，一般很难及时找出故障点；而无线局域网只需对天线、无线接入器和无线网卡进行维护，出现故障时则能快速找出原因，恢复线路正常运行。

2. 无线局域网的缺点

无线局域网在给网络用户带来便利的同时，也存在着一些缺陷。无线局域网的不足之处体现在以下几个方面。

（1）性能。无线局域网依靠电磁波进行传输，这些电磁波通过无线发射装置进行发射，而建筑物、车辆、树木和其他障碍物都可能阻碍电磁波的传输，因此会影响网络的性能。

（2）传输速率。无线信道的传输速率与有线信道相比要低得多。无线局域网的最大传输速率为1Gbit/s，只适用于个人终端和小规模网络。

（3）安全性。从本质上讲，无线局域网不要求建立物理的连接通道，无线信号是发散的。从理论上讲，无线电波广播范围内的任何信号都很容易被监听到，造成通信信息的泄露。

3. 无线局域网的组成

无线局域网的组成较为简单，仅通过一个或多个接入设备就可以把无线设备互连，甚至还可以把无线局域网接入有线局域网，扩大了网络覆盖范围。无线局域网的网络施工周期较短，使用无线局域网可以缩短检查线缆是否损耗的时间，降低费用，提高效率。但是无线局域网不能取代有线局域网，只能弥补有线局域网的信号覆盖范围，是对有线局域网的一种补充和延伸。

IEEE 802.11 中无线局域网的设备主要包括无线网卡、无线 AP（Access Point，访问接入点）、无线天线等。无线网卡和无线 AP 是组建无线局域网最常用的设备。

（1）无线网卡。无线网卡的作用和以太网中网卡的作用基本相同，它作为无线局域网的端口，能够实现无线局域网各客户端间的连接与通信。

（2）无线 AP。无线 AP 就是无线接入点，它的作用类似于有线局域网中的集线器。

（3）无线天线。当无线局域网中各网络设备相距较远时，随着信号的减弱，传输速率会明显下降，以致无法实现无线局域网的正常通信，此时就要借助无线天线对所接收或发送的信号进行增强。

6.1.2 无线设备

无线局域网可独立存在，也可与有线局域网共同存在并进行互联。常见的无线设备主要包括无线客户端、无线网卡、无线 AP、无线路由器和无线天线。

一般情况下只需几个无线网卡，就可以组建一个小型的对等式无线局域网。当需要扩大网络规模，或者需要将无线局域网与传统的局域网连接在一起时，才需要使用无线 AP。只有当实现 Internet 接入时，才需要无线路由器。无线天线主要用于放大信号，以接收更远距离的无线信号，从而增大无线局域网的覆盖范围。

6-1

微课

1. 无线客户端

无线客户端是指可以无线连接的计算机或终端。通常将无线客户端定义为包含无线网卡和无线客户端软件的任何设备。无线客户端软件允许硬件参与到无线局域网中。属于无线客户端的设备包括掌上电脑、笔记本电脑、台式计算机、打印机、投影仪和 Wi-Fi 电话等。

2. 无线网卡

无线网卡又称 WLAN 网卡，是一种集微波收发、信号调制与网络控制于一体的网络适配器，其除了具有有线网卡的功能外，还具有连接无线端口、信号的收发及处理、扩频调制等功能。目前，无线网卡采用 IEE 802.11 无线网络协议，一般工作在 2.4GHz 频段和 5GHz 频段。

无线网卡是无线局域网中最基本的硬件设备，与有线网卡一样，是用户计算机进行网络连接必不可少的设备。可以从不同角度对无线网卡进行分类，从无线网卡的端口分类来看，主要有 PCI 无线网卡、USB 无线网卡和 PCMCIA 无线网卡。

（1）PCI 无线网卡。PCI 无线网卡采用 PCI 端口，主要用于台式计算机，价格低廉，但是安装较为复杂，且容易造成驱动程序冲突，如图 6-2 所示。

（2）USB 无线网卡。USB 无线网卡采用通用串行总线标准，是目前最流行的短距离数字互联设备，适合于台式计算机和笔记本电脑，但是需要用户在台式计算机或笔记本电脑上安装对应的驱动程序。在选择 USB 无线网卡时需要注意的是，只有采用 USB 2.0 端口的无线网卡才能满足 IEEE 802.11g 的需求。USB 无线网卡如图 6-3 所示。

图 6-2　PCI 无线网卡　　　　　　　　　　　图 6-3　USB 无线网卡

（3）PCMCIA 无线网卡。PCMCIA（Personal Computer Memory Card International Association，个人计算机存储卡国际协会）无线网卡是专门用在笔记本电脑、PDA（Personal Digital Assistant，掌上电脑）、数码相机等便携设备上的一种端口设备，如图 6-4 所示。PCMCIA 无线网卡除了轻巧、方便携带外，还有个和 USB 外部设备相同的特色，就是支持"热插拔"功能。所以，PCMCIA 规格的设备可于计算机开机状态时安装插入，并能自动通知网络操作系统做设备的更新，省去不少安装的麻烦。

按照无线网络协议，无线网卡又可分为 IEEE 802.11a、IEEE 802.11b、IEEE 802.11g 标准无线网卡等几种。其中，IEEE 802.11b 标准无线网卡的传输速率为 11Mbit/s；IEEE 802.11a 标准无线网卡的传输速率为 54 Mbit/s；IEEE 802.11g 标准无线网卡的传输速率为 54 Mbit/s。

3. 无线 AP

无线 AP 主要是实现无线工作站对有线局域网和有线局域网对无线工作站的访问，在无线 AP 覆盖范围内的无线工作站可以通过它进行相互通信。通俗地讲，无线 AP 类似于有线局域网中的集线器，如图 6-5 所示。无线 AP 是移动计算机用户进入有线局域网的接入点，主要用于宽带家庭、大楼内部和园区内部，传输距离为几十米至上百米，目前主要技术为 IEEE 802.11 系列技术。大多数无线 AP 还带有接入点客户端模式（AP client），可以和其他 AP 进行无线连接，扩大网络的覆盖范围。

图 6-4　PCMCIA 无线网卡　　　　　　　　　图 6-5　无线 AP

无线 AP 中也有一个无线网卡，因此它可以接收和发送无线数据。其功能经过扩展后，无线 AP 可以像集线器那样把各种无线数据收集起来进行中转，并能够为信号覆盖范围内的无线设备提供接入服务，所以有人也将其称为无线集线器。

无线 AP 有一个以太网端口，用于实现无线网络与有线网络的连接。任何一台装有无线网卡的 PC 均可通过无线 AP 去访问有线局域网甚至广域网的资源。无线 AP 还具有网管功能，可对接有无线网卡的 PC 进行控制。

无线 AP 主要有如下作用。

（1）将无线网络接入有线网络（如以太网、令牌环网等）。

（2）将各无线网络客户端（工作站端点）连接在一起，具有传统以太网中集线器或交换机的作用。

（3）在 IEEE 802.11 中定义了"入口"（Portal）概念，它是 IEEE 802.11 与 IEEE 802 网络互联的设备，这是一个抽象的概念，它是部分"桥"功能的描述。现在无线 AP 都集成了 Portal。也就是说无线 AP 也具备了部分"桥"功能。

无线 AP 可以接入有线局域网，也可以不接入有线局域网，但无线 AP 经常与有线局域网相连，以便为无线用户提供对有线局域网的访问。无线 AP 通常由一个无线输出口和一个以太网端口（IEEE 802.3 端口）构成，桥接软件符合 IEEE 802.11 桥接协议。当网络中增加一个无线 AP 之后，即可成倍地扩展网络覆盖范围，还可使网络容纳更多的网络设备。通常情况下，一个无线 AP 最多可以支持多达 80 台计算机的接入，推荐的计算机接入数量为 30 台。携带数据包的射频（Radio Frequency，RF）信号是通过天线传播到空间中的，能实现一定范围的覆盖。在无线局域网中的各无线设备都要配置天线，该天线有内置天线和外置天线两种类型。外置天线可实现远距离的 RF 信号传播，一般覆盖半径达 30～50 千米；内置天线一般用于移动接收设备中，可实现 50～100 米距离的信号接收和发送。

4. 无线路由器

无线路由器是单纯性无线 AP 和宽带路由器的一种结合体，如图 6-6 所示。它不仅具备单纯性无线 AP 的所有功能，如支持 DHCP 客户端、支持 VPN、防火墙、支持有线等效保密（Wired Equivalent Privacy，WEP）等，而且还包括 NAT 功能，可支持局域网用户的网络连接共享。无线路由器借助于路由器的功能，实现家庭无线局域网中

图 6-6　无线路由器

的 Internet 连接共享，实现非对称数字用户线（Asymmetric Digital Subscriber Line，ADSL）和小区宽带的无线共享接入。

无线路由器可以与所有以太网连接的 ADSL modem 或 Cable Modem 直接相连，也可以在使用时通过交换机/集线器、宽带路由器等局域网方式再接入。无线路由器把通过它相连的无线和有线的终端都分配到一个子网，这样在子网内的各种设备之间进行交换数据就变得非常方便。

5. 无线天线

当计算机与无线 AP 或其他计算机相距较远时，随着信号的减弱、传输速率的明显下降，可能根本无法实现与无线 AP 或其他计算机之间的通信，此时就必须借助无线天线对所接收或发送

的信号进行增益，如图 6-7 所示。无线天线有许多种类型，常见的有两种：室内无线天线和室外无线天线。

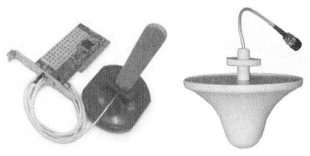

图 6-7　无线天线

【任务实施】无线设备的选择

6-2

微课

在无线网络技术应用大潮的不断冲击之下，无线路由器、无线网卡等小型无线设备的价格不断走低，而且销售量持续攀升。面对无线设备一片大好的销售形势，用户选购时更要保持冷静，因为并非所有无线设备的质量都是可以让人放心的。

步骤① 选择无线路由器。

无线路由器是小型无线局域网中应用最多的无线设备之一，由于它本身已经集成了无线 AP 的功能，因此在无线终端比较集中且数量不多的无线局域网中，通常只需选购一台无线路由器。另外，无线路由器提供了若干个以太网端口，可以同时支持有线和无线两种连接方式，但价格却与传统宽带路由器相差无几，这也是无线路由器受到众多用户欢迎的重要原因。

选购无线路由器时，应当注意考虑以下几个方面的参数。

（1）官方认证

为了保证无线设备之间的兼容性，设备上应当贴有 Wi-Fi 或 Wi-Max 认证商标。Wi-Fi（Wireless Fidelity）是无线保真的缩写。Wi-Fi 认证的意义在于，只要是经过 Wi-Fi 认证的设备，就能够在家庭、办公室、公司、校园、机场、旅馆、咖啡店和其他场所中上网。Wi-Fi 认证商标作为唯一的保障，说明该产品符合严谨互操作性的测试，并保证它能和不同厂家的产品互相操作。也就是说，只要我们购买的无线设备有 Wi-Fi 认证商标，就可以保证我们购买的无线设备能够融入其他无线局域网，也可以保证其他无线设备能够融入我们的无线局域网，实现彼此之间的互联互通。

（2）产品标准

目前，市场上的无线设备以 IEEE 802.11n 为主，尽管其可以向下兼容 IEEE 802.11g、IEEE 802.11b 和 IEEE 802.11a 设备，但是兼容后将以最低标准模式运行。例如，IEEE 802.11n 无线路由器与 IEEE 802.11b 设备通信时，网络带宽将自动降低为 11Mbit/s。因此，应当选择采用同一标准的设备，以免影响整个网络的通信效率。

（3）传输速率

IEEE 802.11b 产品的标准带宽只有 11Mbit/s，某些产品可以达到 22Mbit/s 甚至 44Mbit/s，IEEE 802.11g 产品的标准带宽可以达到 54Mbit/s，部分产品可以达到 108Mbit/s。目前，最为流行的 IEEE 802.11n 产品的标准带宽高达 300Mbit/s，甚至可以达到 600Mbit/s。显然，带宽的增加会使数据传输变得更快捷，更适用于多媒体数据的传输和各种类型的网络应用。因此，在价格大致相同的情况下，建议选择传输速率更高的产品。

（4）传输距离

无线局域网的有效覆盖直径在室内为 20～30 米，室外为 200～300 米。毫无疑问，覆盖范围越大，用户就可以离无线路由器越远，移动空间也就越大，也就更能随心所欲地选择接入位置。采用新技术后，室内无线设备的信号有效传输距离为 120 米，室外为 350 米。

（5）通信安全

如果不采取有效的安全措施，那么只要处于无线路由器覆盖范围之内，任何无线客户端都可以加入无线局域网，因此对传输的数据进行加密就显得尤其重要。常用的安全加密方式有 WEP 和 WPA，尽管 WEP 可以支持高达 256 位的加密，足以防止恶意的窃听和"蹭网"，但过高的加密级别会导致网络传输速率下降。WPA 不仅安全性高，而且不会影响网络传输，是目前应用最多的无线传输加密方式，因此选购无线路由器时应注意其支持的加密方式。另外，使用 MAC 地址过滤功能，同样可以拒绝未授权用户的接入。

（6）网络端口

无线路由器的网络端口主要包括 RJ-45 端口和 USB 端口。RJ-45 端口的作用和分布与传统宽带路由器相似，用于连接有线网络，通常包括 1 个 WAN 口和 4 个 LAN 口。其中 WAN 口是无线路由器连接到外部网络的端口，而 LAN 口用于连接普通局域网接入设备。USB 端口常接入支持3G 功能的无线路由器，用于安装 3G 的无线上网设备。

步骤❷ 选择无线 AP。

在只有几台计算机的小型无线局域网中，单纯型无线 AP 用处并不大，完全可以用无线路由器代替。但是在拥有几十台计算机的无线局域网中，就必须部署单纯型无线 AP，以提高网络传输速率。

（1）信号强度

由于无线 AP 通常用于距离较远的无线终端之间的互连，所以对无线 AP 的覆盖范围要求较高。无线 AP 的有效传输距离是由其发射功率决定的，发射功率越大，传输距离就越远，但是发射功率过大会对人体健康产生影响。国际标准综合考虑了在对人体无害的基础上，信号最强的功率为 100毫瓦，即 20 DBm，AP 的功率在不超过这个数值的情况下，越接近这个数值则越好。

（2）工作模式

许多无线 AP 都拥有多种工作模式，通常包括接入点、接入点客户端、点对点桥接、点对多点桥接和无线中继等。在小型无线局域网中，无线 AP 最主要的功能就是作为无线接入点或者接入点客户端，因此选购时无须过分注重工作模式的多样性，只要够用、好用、实用就好。

（3）工作环境

普通小型无线局域网中的无线 AP 通常安装在室内，选购时选择适用于室内环境的产品即可。通常室内型无线 AP 的外观造型都非常漂亮，提供网络功能的同时又可以起到装饰的作用。室外型无线 AP 一般采用工业化设计，更加注重防雷、防潮、抗震等功能，价格比室内型无线 AP 要贵得多。

任务 6.2　认识无线局域网通信模型

【任务要求】

无线网络标准在硬件电气参数上规范了设备应该遵循的标准，只有采用了同一标准，设备之间才能实现网络互联。无线路由器为办公室中的智能终端设备，需要完成无线部署，小明可以采用无线路由器，组建办公室无线局域网。

【知识准备】

6.2.1　无线局域网传输协议

无线网络技术需要遵循一定的标准，这样才能确保所部署网络的兼容性和互操作性。作为全球公认的局域网权威，IEEE 802 委员会建立的标准在局域网领域得到了广泛应用。针对无线局域网物理层和 MAC 协议的标准，1997 年 IEEE 802 委员会审定通过了 IEEE 802.11 无线局域网协议，之后陆续推出了 IEEE 802.11a、IEEE 802.11b、IEEE 802.11g 等一系列协议，进一步完善了无线局域网规范。

1. IEEE 802.11

IEEE 802.11 无线局域网标准是无线局域网目前最常用的传输协议，是无线网络技术发展中的一个里程碑。该传输协议使各种不同厂商的无线产品得以互联，并且降低了无线局域网的造价。目前，各个企业都有基于该标准的无线网卡产品。

IEEE 802.11 定义了两种类型的设备：一种是无线站，即带有无线网卡的计算机、打印机或其他设备；另一种被称为无线 AP，用来提供无线网络与有线网络之间，以及无线设备相互之间的桥接。一个无线 AP 通常由一个无线输出口和一个有线网络端口构成。

IEEE 802.11 包括一组标准系列，现阶段主要使用的有 IEEE 801.11b、IEEE 802.11a 和 IEEE 802.11g。

表 6-1 所示为常见的 IEEE 802.11 传输协议。

表 6-1　常见的 IEEE 802.11 传输协议

属性	IEEE 802.11	IEEE 802.11b	IEEE 802.11a	IEEE 802.11g	IEEE 802.11n
频段	2.4GHz	2.4GHz	5GHz	2.4GHz	2.4GHz 和 5GHz
最高传输速率	2 Mbit/s	11 Mbit/s	54 Mbit/s	54 Mbit/s	108 Mbit/s 以上
传输距离	100 米	100～300 米	80 千米	150 米以上	100 米以上
业务	数据	数据、图像	语音、数据、图像	语音、数据、图像	数据、语音、高清图像

2. 蓝牙

蓝牙（IEEE 802.15）是一项新标准，该标准的出现是对 IEEE 802.11 的补充。蓝牙是一种先进的、大容量的、近距离无线数字通信的技术标准，最高数据传输速率为 1Mbit/s，传输距离为

10 厘米～10 米。

蓝牙比 IEEE 802.11 移动性更强。例如，IEEE 802.11 将无线网络限制在办公室或校园等小范围内，而蓝牙却能把一个设备连接到局域网或广域网中，还支持全球漫游。

蓝牙具有成本低、体积小的优点，可以用于更多类型的设备。

3. HomeRF

HomeRF 主要应用于家庭网络，是 IEEE 802.11 与数字增强无绳通信（Digital Enhanced Cordless Telecommunications，DECT）的结合，目的在于降低语音数据成本。目前 HomeRF 的传输速率较低，只有 1Mbit/s～2 Mbit/s。

6.2.2　无线局域网传输信道

在无线局域网中合理地规划信道，对于减少无线通信之间的干扰、冲突，提升网络质量和传输效率有重要作用。

1. 无线局域网传输频段

WLAN 信道列表是法律所规定的 IEEE 802.11 无线局域网应该使用的无线信道。IEEE 802.11 工作组划分了 4 个独立的频段，分别是 2.4GHz、3.6GHz、4.9GHz 和 5.8GHz，每个频段又划分为若干信道。每个国家自己制定了政策规定如何使用这些频段，例如使用最大的发射功率和调制方式等。

6-3

微课

（1）2.4 GHz（IEEE 802.11b/g）频段

2.4GHz 频段为各国共同的 ISM 频段，这里的 ISM 频段是工业、科学和医用频段。一般来说，世界各国均保留了一些无线频段，以用于工业、科学研究和微波医疗方面。ISM 频段在各国的规定并不统一，但 2.4GHz 频段为各国共同的 ISM 频段。因此无线局域网（IEEE 802.11b/IEEE 802.11g）、蓝牙、ZigBee 等无线网络，均可工作在 2.4GHz 频段上。所谓的 2.4G 无线技术，其频段处于 2.405GHz～2.485GHz，总共有 83.5MHz 带宽，2.4GHz 频段信道的中心频率间隔不低于 20MHz；为了传输更多的信息，人们通常按照一定的带宽，划分出 13 条相互交叠的信道，如图 6-8 所示。

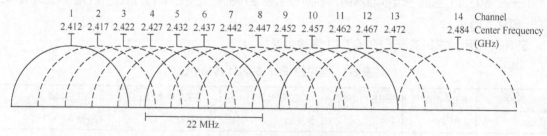

图 6-8　2.4GHz 频段信道

（2）5GHz（IEEE 802.11a/IEEE 802.11h/IEEE 802.11j）频段

基于 IEEE 802.11 的无线局域网，允许在局域网络环境中使用不必授权的 ISM 频段中的 2.4GHz 频段进行无线连接，无线设备厂商尝试避开繁忙的 2.4GHz 免费频段，采用无明确开放、承受着风险的 5GHz 射频波段。由于该频段的管理在政策上无明确规定，如果无线局域网部署设备时避开拥挤的 2.4GHz 频段，使用的 5GHz 频段就会获得更高的频率和频宽，可以提供更高的速率，信道的干扰会更小。相较于 2.4GHz 频段，5GHz 频段传输的频率、速率更大，距离更远，抗干扰能力更强。

IEEE 802.11 的第二个分支协议标准 IEEE 802.11a 承担着风险，将 IEEE 802.11 带入了不同的频段——5GHz 频段，并把 IEEE 802.11 的传输速率提高到 54Mbit/s。IEEE 802.11a 工作在更加宽松的 5GHz 频段，拥有 12 条非重叠信道，而 IEEE 802.11b/ IEEE 802.11g 只有 11 条信道，并且仅有 3 条是非重叠信道（Channel 1、Channel 6、Channel 11 或 Channel 13）。所以 IEEE 802.11g 在协调邻近接入点的特性上不如 IEEE 802.11a。

5GHz 的无线局域网频段可以划分 24 条、20MHz 带宽的信道，IEEE 802.11n 在 5GHz 频段上能将相邻两条 20MHz 的信道捆绑成一条 40MHz 的通道，使传输速率成倍提高。图 6-9 所示为 5GHz 频段的 24 条信道划分情况，其中小的半圆表示独立信道，大的半圆表示标准协议推荐的绑定信道。

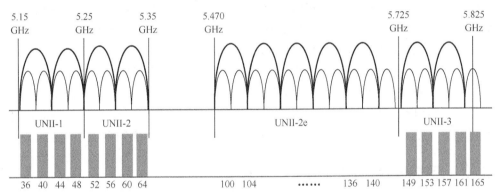

图 6-9　5GHz 频段的 24 条信道划分情况

2. 无线局域网传输信道

（1）什么是信道

Channel 即"信道"或"频道"，它是以无线信号作为传输媒体的数据信号传送通道。IEEE 802.11g 可兼容 IEEE 802.11b，二者都使用了 2.4GHz 微波频段，最多可以使用 14 个信道。各国规定的 2.4GHz 频段的频率范围略有不同，在中国，IEEE 802.11b/IEEE 802.11 可以使用 1~11 信道，在同一区域可以有 3 个互不干扰的信道。IEEE 802.11a 使用了 5GHz 无线频段，在同一区域可以有 12 个互不干扰的信道。

在进行无线局域网安装时，一般使用驱动程序设置连接参数，无论怎样安装和配置无线局域网，一般最主要的设置项目包括网络模式（集中式还是对等式无线网络）、服务集标识符（Service Set Identifier，SSID）、信道、传输速率 4 项，可见信道是无线设备正常工作的必选内容之一。

（2）信道的数量及影响

IEEE 802.11b/IEEE 802.11g 工作在 2.4GHz 频段，频率范围为 2.4GHz~2.4835GHz，带宽共 83.5Mbit/s，每条子信道宽度为 22MHz。一般在此频段上划分出 11~13 条可供选择的信道，以防止传输的无线信号在传输过程中受到干扰。

信道的功能如同有线网络中 RJ-45 端口的网线功能，无线传输信道一共有 11 条或 13 条可用信道。考虑到相邻的两台无线 AP 之间有信号重叠区域，必须保证这部分区域所使用的信道中的信号不能互相覆盖。具体地说，信号互相覆盖的无线 AP 必须使用不同的信道，否则很容易造成各台无线 AP 之间的信号相互产生干扰，从而导致无线局域网的整体性能下降。

不过，每条信道都会干扰相邻的信道，计算下来，只有 3 条无干扰、有效使用的信道。整个频段内只有 3 条互不干扰信道（Channel1、Channel6、Channel11），因此在使用无线设备时，一定要注意频段分割。

（3）传输速率

不同标准的无线设备的传输速率各不相同。

① IEEE 802.11 采用 2.4GHz 频段，调制方法采用补偿码键控（Complementary Code Keying，CCK）方法，传输速率能够从 11Mbit/s 自动降到 5.5Mbit/s，或者根据直接序列扩频技术调整到 2Mbit/s 和 1Mbit/s，以保证设备的正常运行并维持设备的稳定性。除此之外，还有个非正式 IEEE 802.11b+标准，其将 IEEE 802.11b 的传输速率提高到了 22Mbit/s 和 44Mbit/s。

② IEEE 802.11a 扩充了标准的物理层，规定该层使用 5GHz 的频段。该标准采用正交频分复用（Orthogonal Frequency-Division Multiplexing，OFDM）调制技术，传输速率范围为 6Mbit/s ~ 54Mbit/s（54Mbit/s、20Mbit/s、6Mbit/s）。不过此标准与 IEEE 802.11b 并不兼容。

③ IEEE 802.11g 同样运行于 2.4GHz 频段，向下兼容 IEEE 802.11b，而由于其使用了与 IEEE 802.11a 相同的调制技术——OFDM，因此能使无线局域网达到 54Mbit/s 的数据传输率（54Mbit/s、48Mbit/s、36Mbit/s、24Mbit/s、18Mbit/s、12Mbit/s、9Mbit/s、6Mbit/s）。除此之外，新的非正式 IEEE 802.11g+将 IEEE 802.11g 的传输速率提高到了 108Mbit/s，乃至更高。

6.2.3　无线局域网拓扑结构

无线局域网无论采用哪一种传输技术，其拓扑结构都有两种基本类型：有中心拓扑结构和无中心拓扑结构。一般来讲，无中心拓扑结构也称为没有基础设施的无线局域网，有中心拓扑结构也称为有基础设施的无线局域网。

1. 点对点模式

采用无中心拓扑结构的无线局域网的典型组网方式为点对点模式（Ad-Hoc 模式），也称为对等结构模式或者自组织网络/移动自组网方式。采用 Ad-Hoc 模式拓扑结构的网络无法接入有线网络中，只能独立使用，无需 AP，安全等方面的功能由各个客户端自行维护，如图 6-10 所示。

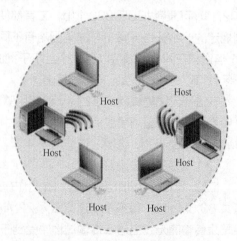

（1）Ad-Hoc 模式的优点

Ad-Hoc 模式的优势在于组网灵活、快捷，可以广泛运用于临时通信的环境。

（2）Ad-Hoc 模式的缺点

① 当网络中用户数量过多时，信道竞争会严重影响网络性能。

图 6-10　Ad-Hoc 模式拓扑结构

② 路由信息随着用户数量的增加而快速上升，过多的路由信息会严重阻碍数据通信的进行。

③ 一个节点必须能同时"看"到网络中任意的其他节点，否则会被认为网络中断。

④ 只适用于少数用户的组网。

2. 基础结构模式

基础结构模式（Infrastructure 模式）由 AP、无线工作站和分布式系统（Distribution System Services，DSS）构成，覆盖的区域称为基本服务集（Basic Service Set，BSS），如图 6-11 所示。

无线工作站与 AP 关联，采用 AP 的基本服务集标识符（Basic Service Set Identifier，BSSID）。在 IEEE 802.11 中，BSSID 是 AP 的 MAC 地址。

从应用角度出发，绝大多数无线局域网属于有中心拓扑结构。Infrastructure 模式无线局域网也使用非集中式 MAC 协议。但有中心拓扑结构的抗毁性差，AP 的故障容易导致整个网络瘫痪。

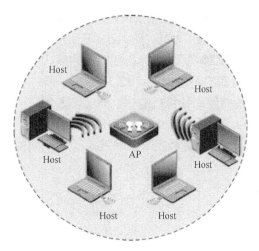

图 6-11　Infrastructure 模式拓扑结构

3. 多 AP 模式

多 AP 模式指由多个 AP 和连接它们的 DSS 组成的基础结构模式。

每个 AP 是一个独立的 BSS，多个 BSS 组成一个扩展服务集（Extended Service Set，ESS）。ESS 内所有 AP 共享同一个扩展服务集标识符（Extended Service Set Identifier，ESSID）。DSS 在 IEEE 802.11 中并没有定义，目前多指以太网。相同 ESSID 之间可以漫游，采用不同 ESSID 的无线局域网可以形成不同的逻辑子网。

多 AP 模式也称为"多蜂窝结构"。各个蜂窝之间建议有 15% 的信号重叠区域，以便无线工作站进行漫游。漫游时必须进行不同 AP 之间的切换。切换可以通过交换机以集中的方式控制，也可以通过移动节点、监测节点的信号强度来控制（非集中控制方式）。在有线网络不能到达的环境中，可以采用多蜂窝无线中继结构。但这种结构要求蜂窝之间要有 50% 的信号重叠区域，同时客户端的使用效率会下降 50%。

4. 无线网桥模式

利用一对无线网桥连接两个有线局域网或者无线局域网网段，使用放大器和定向天线可以将覆盖距离增大到 50 千米。

5. AP 客户端（client）模式

将部分 AP 设置为 AP client 模式，远端 AP 作为终端访问中心 AP。

AP client 模式应用在室外，相当于点对多点的连接方式，区别在于中心接入点把远端局域网看成一个接入的无线终端，不限制接入远端 AP client 模式的无线 AP 连接的局域网络数量和网络连接方式。

【任务实施】无线路由器的安装与登录

本任务要完成的是配置办公室无线路由器，组建办公室无线局域网。办公室无线局域网场景的设备连接拓扑结构图如图 6-12 所示。

步骤❶ 先将配置无线路由器的计算机通过双绞线与无线路由器的 LAN 口相连，然后将其地址设置为无线路由器所在网段的地址，如图 6-13 所示。

步骤❷ 因为华为无线路由的默认 LAN 口的 IP 地址为 192.168.0.1，所以需将管理计算机的 IP 地址设置为 192.168.0.xx（xx 的取值为 2～254），

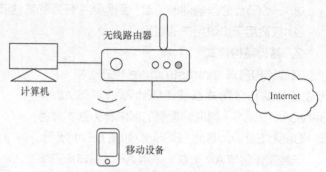

图 6-12 办公室无线局域网场景的设备连接拓扑结构图

子网掩码设置为 255.255.255.0，默认网关设置为路由器地址，即 192.168.0.1，如图 6-14 所示。

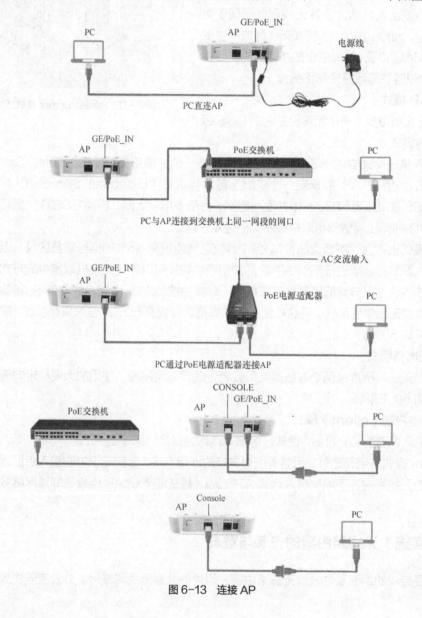

图 6-13 连接 AP

步骤❸ 在终端上使用浏览器访问 http: //IP（192.168.0.1）地址或 https://IP 地址，进入登录界面。选择系统的语言，并输入默认用户名、密码，单击"登录"按钮即可进入 Web 网管主页面，如图 6-15 所示。

首次进入 Web 网管主页面时，为确保 Web 网管安全性，会提示用户修改密码，修改后需重新登录。

图 6-14　配置计算机 IP 地址

图 6-15　登录界面

任务 6.3　组建公司无线局域网

【任务要求】

项目部希望在几个单独的办公室做无线覆盖，每个办公室都要保证多个终端能够同时上网。无线局域网有两种组网模式：Ad-Hoc 模式和 Infrastructure 模式。小明根据需要，采用配置"胖" AP 接入交换机的方式部署无线环境，将这几个办公室的网络接入公司的办公网络，实现访问互联网的需求。

【知识准备】

6.3.1　搭建 Ad-Hoc 模式无线局域网

搭建 Ad-Hoc 模式无线局域网比较特殊，需要在计算机上安装无线天线，然后配置网卡的 ESSID 值，组建无线对等局域网，实现设备互连，类似于有线网络中的双绞线直连网。

6-4

微课

1. 认识 Ad-Hoc 模式无线局域网

Ad-Hoc 结构是一种省去了无线中间设备 AP 而搭建起来的对等网络结构，在这种结构中，只要安装了无线网卡，计算机之间即可实现无线互联。其原理是将网络中的一台计算机的主机建立点到点连接，该点到点连接相当于虚拟 AP，而其他计算机就可以直接通过这个点到点连接进行网络互联与共享，Ad-Hoc 模式无线局域网拓扑结构如图 6-16 所示。

Ad-Hoc 模式无线局域网没有严格的控制中心，其所有节点的地位平等，是一个对等式网络。其节点可以随时加入和离开网络，任何节点的故障不会影响整个网络的运行，该网络具有很强的抗毁性。

图 6-16　Ad-Hoc 模式无线局域网拓扑结构

Ad-Hoc 模式无线局域网的布设或展开无须依赖任何预设的网络设施。其节点通过分层协议和分布式算法协调各自的行为，节点开机后就可以快速、自动地组成一个独立的网络。

当其节点要与其覆盖范围之外的节点进行通信时，需要中间节点的多跳路由。与固定网络的多跳路由不同，Ad-Hoc 模式无线局域网中的多跳路由是由普通的网络节点完成的，而不是由专用的路由设备（如路由器）完成的。

Ad-Hoc 模式无线局域网是一个动态的网络。网络节点可以随处移动，也可以随时开机和关机，这些都会使网络的拓扑结构随时发生变化。这些特点使得 Ad-Hoc 模式无线局域网在体系结构、网络组织、协议设计等方面都与普通的蜂窝移动通信网络和固定通信网络有着显著的区别。

2. 配置 Windows 10 的 Ad-Hoc 模式无线局域网

（1）在 Windows 10 的桌面模式下，按组合键"Win+X"，再按"A"键，打开"管理员：Windows Power Shell（管理员）"窗口。

（2）需要检测一下计算机是否支持无线 AP 功能。在窗口中输入 netsh wlan show drivers，并按"Enter"键，其中有"支持的承载网络"一项。如果该项是"是"，那么计算机可以使用无线 AP 功能；如果该项是"否"，则需要更新网卡驱动程序。如果更新后该项还是"否"，那么说明此网卡不适合搭建无线对等局域网。

（3）在窗口中输入 netsh wlan set hostednetwork mode=allow ssid=[network name] key=[passkey]，[network name]和[passkey]分别为无线局域网名称和密码，按"Enter"键，接着输入 netsh wlan start hostednetwork 命令，并按"Enter"键以开启该无线局域网，如图 6-17 所示。

图 6-17　Power Shell 命令

（4）选择"网络和共享中心"选项，就可以看到刚刚添加的无线局域网了，但访问类型却是"无法连接到网络"。这是因为没有为该网络设置要共享的连接。

（5）打开已经连接到 Internet 的以太网，单击"属性"按钮，选择"共享"选项卡，允许其他网络用户通过此计算机的 Internet 连接来连接网络，并在"家庭和网络连接"中选中刚刚添加的无线局域网。

（6）单击"确定"按钮后，添加的无线局域网已经连接到 Internet 了，然后可以在任何无线设备中找到这个网络并且建立起连接。

（7）如果不想使用此无线局域网了，可以在"管理员：Windows Power Shell（管理员）"窗口中输入 netsh wlan stop hostednetwork 命令并按"Enter"键。

6.3.2 搭建 Infrastructure 模式无线局域网

6-5

微课

Infrastructure 模式是一种整合有线局域网和无线局域网架构的应用模式。搭建 Infrastructure 模式无线局域网需要有一台无线 AP 或无线路由器，所有配备无线网卡的计算机通信都通过无线 AP 或无线路由器来连接，由无线 AP 或无线路由器接收客户设备的信号，并将其转发给其他计算机。

1. 认识 Infrastructure 模式无线局域网

Infrastructure 模式类似于传统有线星形拓扑结构方案，此模式需要有一台符合 IEEE 802.11b/IEEE 802.11g 模式的无线 AP 或无线路由器存在，所有通信通过无线 AP 或无线路由器做连接，就如同有线局域网下利用集线器来做连接。该模式下的无线局域网可以通过无线 AP 或无线路由器的以太网口与有线局域网相连。实际上 Infrastructure 模式无线局域网还可以分为两种模式：一种是无线路由器+无线网卡模式；另一种是无线 AP+无线网卡模式。

（1）无线路由器+无线网卡模式

该模式是目前很多小型网络使用的模式，如家庭、办公室。在这种模式下，无线路由器相当于一个集合了路由功能的无线 AP，用来实现无线局域网和有线局域网的连接，如图 6-18 所示。

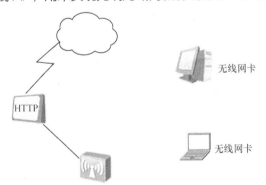

无线网卡

无线网卡

HTTP

图 6-18　无线路由器+无线网卡模式

该模式下的无线局域网可以通过无线路由器的以太网端口和有线局域网连接，从而构成无线局域网和有线局域网之间的一体通信。无线路由器是无线局域网和有线局域网之间连接的桥梁。

（2）无线 AP+无线网卡模式

无线 AP 是无线局域网的核心，是移动计算机用户进入有线局域网的接入点。该模式主要用于宽带家庭、大楼内部和园区内部，覆盖距离为几十米至上百米。该模式如图 6-19 所示。

大多数无线 AP 都带有接入点客户端模式，可以和其他 AP 进行无线连接，从而扩大网络的覆盖范围。在由无线 AP 组建的 Infrastructure 模式无线局域网中，计算机之间的通信通过无线 AP 来完成，由无线 AP 接收客户设备的信号，并将其转发给其他计算机，从而实现无线局域网资源的共享。把无线 AP 和有线局域网连接，就可以实现无线局域网与有线局域网的通信，如图 6-20 所示。

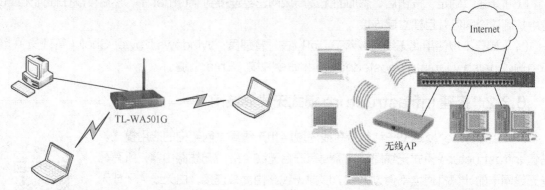

图 6-19　无线 AP+无线网卡模式　　　　　图 6-20　无线局域网和有线局域网共存的连接模式

2. 以无线 AP 为核心的无线局域网组网

无线 AP 可以连接到有线局域网，实现无线局域网和有线局域网的互联。也就是说，无线 AP 是无线局域网和有线局域网之间沟通的桥梁。无线 AP 是组建无线局域网的核心设备，在无线 AP 信号覆盖范围内的无线工作站，可以通过无线 AP 进行相互通信。没有无线 AP 基本上就无法组建真正意义上可访问 Internet 的无线局域网。无线 AP 在无线局域网中就相当于发射基站在移动通信网络中的角色。由于无线 AP 信号的覆盖范围是一个向外扩散的圆形区域，因此应尽量把无线 AP 放置在无线局域网的中心位置，而且各无线客户端与无线 AP 的直线距离要合适，符合硬件的要求，以避免因通信信号衰减过多而导致通信失败。

（1）组网原理

以无线 AP 为核心的组网模式，由无线 AP、无线工作站及分布式系统构成，局域网覆盖的区域称为基本服务区（Basic Service Area，BSA）。其中，无线 AP 用于在无线工作站和有线局域网之间接收、缓存和转发数据，所有的无线通信都由无线 AP 来处理和完成，实现从有线局域网向无线终端的连接。无线 AP 的覆盖半径通常能达到几百米，能同时支撑几十至几百个用户。此种模式下，无线 AP 构成了一个统一的无线工作组，所以该工作组中无线 AP 的 SSID 必须相同，其他的认证、加密模式的设置也都要相同。由于相同或相邻的信道存在相互干扰，有必要让相邻的无线 AP 使用不同的信道。无线 AP 不仅能扩展覆盖范围，还能在信号重叠区域提供冗余性保障，设置相对简单，因此被广泛采用。

（2）无线 AP 工作类型

无线 AP 主要有两种工作类型，分别是"瘦"AP（又称为 FIT AP）和"胖"AP（又称为 FAT AP）。

①　"瘦"AP 是不可以单独进行配置或者使用的一种无线 AP 工作类型，它需要配合其他组件工作，例如无线控制器（Access Controller，AC）。

②　"胖"AP 除了具有之前提到的无线接入功能外，一般还同时具备 WAN 口、LAN 口，支持 DHCP 服务器、DNS 和 MAC 地址克隆、防火墙等功能。"胖"AP 通常有自带的完整网络操作系统，是可以独立工作的网络设备，可以实现拨号、路由等功能，我们常见的无线路由器采用的就是这种工作类型。

"胖" AP 一般应用于小型的无线局域网建设，可独立工作，不需要 AC 的配合，一般应用于仅需要较少数量即可完整覆盖的家庭、小型商户或小型办公类场景。"瘦" AP 一般应用于中大型的无线局域网建设，以一定数量的无线 AP 配合 AC 来组建较大型的无线局域网，使用场景一般为商场、超市、景点、酒店、餐饮娱乐、企业办公等。

在 AC+"胖" AP 的组网过程中，当很多用户连接在同一个"胖" AP 上时，"胖" AP 无法自动进行负载均衡，将用户分配到其他负载较轻的"胖" AP 上，因此"胖" AP 会因为负荷较大而频繁出现网络故障。

而在 AC+"瘦" AP 的组网过程中，当很多用户连接在同一个"瘦" AP 上时，AC 会根据负载均衡算法，自动将用户分配到负载较轻的其他 AP 上，由此降低了 AP 的故障率，提高了网络的可用性。

"胖" AP 不可集中管理，需要一个个地单独进行配置，配置工作烦琐。"瘦" AP 可配合 AC 进行集中管理，无须单独配置，尤其是在无线 AP 数量较多的情况下，集中管理的优势更为明显。

【任务实施】使用"胖" AP 搭建公司办公室的无线局域网

根据任务要求，以一个办公室拓扑结构图为例，如图 6-21 所示，要求配置一台"胖" AP 用于搭建办公室无线局域网。

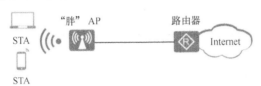

图 6-21 办公室拓扑结构图

步骤① 配置路由器作为 DHCP 服务器，为 STA 设备分配 IP 地址。

```
[Router] dhcp enable//开启 DHCP 功能
[Router] interface gigabitethernet 1/0/0//进入端口模式
[Router-GigabitEthernet1/0/0] ip address 10.23.101.1 24    //为端口配置 IP 地址
[Router-GigabitEthernet1/0/0] dhcp select interface        //设置 DHCP 基于端口配置
[Router-GigabitEthernet1/0/0] dhcp server excluded-ip-address 10.23.101.2//DCHP
排除地址
[Router-GigabitEthernet1/0/0] quit//退出
```

步骤② 配置"WLAN 业务"，选择"向导→配置向导"选项，进入"Wi-Fi 信号设置"页面，配置 Wi-Fi 信号。单击"新建"按钮，进入"基本信息配置"页面，配置 SSID 基本信息，如图 6-22 所示。单击"下一步"按钮，进入"地址及速率配置"页面，如图 6-23 所示，配置地址参数，单击"完成"按钮。

步骤③ 配置上网连接参数。单击"下一步"按钮，进入"上网连接设置"页面，如图 6-24 所示，将端口以 Tagged 方式加入 VLAN 101，单击"完成"按钮。

步骤④ 配置无线 AP 的信道和功率。关闭无线 AP 射频的信道和功率自动调优功能，并手动配置无线 AP 的信道和功率。

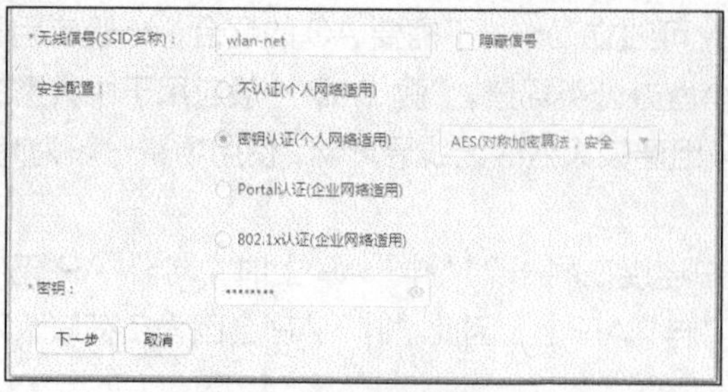

图 6-22 "基本信息配置"页面

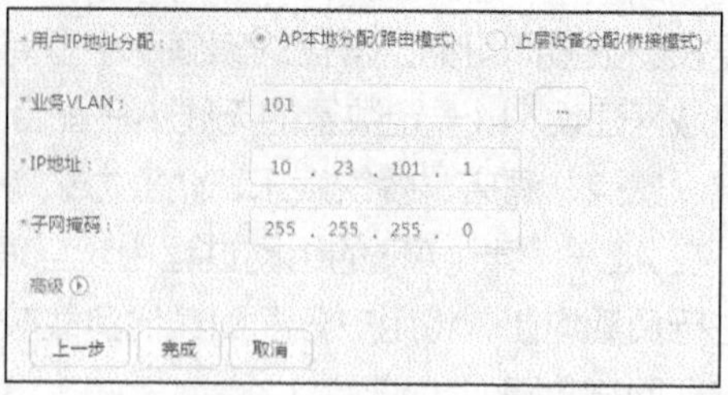

图 6-23 "地址及速率配置"页面

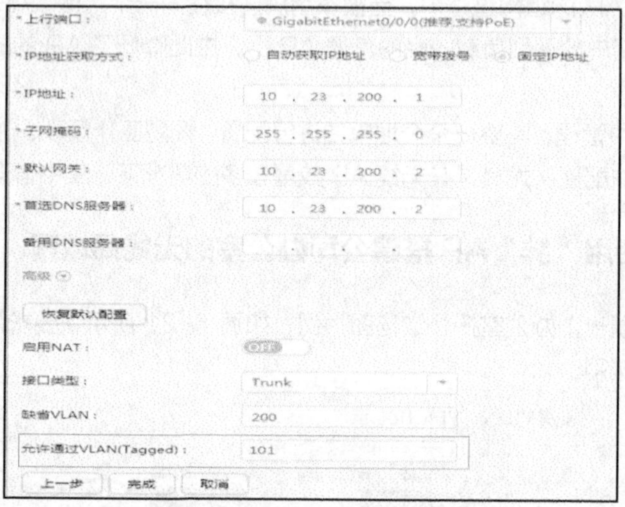

图 6-24 "上网连接设置"页面

无线 AP 的信道和功率自动调优功能默认开启，如果不关闭此功能则会导致手动配置不生效。

依次单击"配置→WLAN 业务→无线业务配置→射频 0"选项，进入"射频 0"页面，单击"射频管理"按钮，进入"射频 0 配置（2.4G）"页面。在"射频 0 配置（2.4G）"页面上关闭信道自动调优和功率自动调优功能，并设置信道为信道 6（带宽为 20MHz），发送功率为 127dBm，如图 6-25 所示。在"射频 1 配置（2.4G）"页面上关闭信道自动调优和功率自动调优功能，并设置信道为信道 149（带宽为 20MHz），发送功率为 127dBm。单击"应用"按钮，在弹出的提示对话框中单击"确定"按钮，完成配置（配置方式同"射频 0"）。

图 6-25 "射频 0 配置（2.4G）"页面

【拓展实训】

6-6

微课

项目实训 "胖"AP 密码恢复

1. 实训目的

设备的基本输入输出系统（Basic Input Output System，BIOS）提供了配置跳过 Console 登录密码启动的功能，可以在用户使用 Console 口登录的时候跳过密码检查。这样系统启动后除了不需要输入 Console 登录密码外，与正常启动相同，也会完成所有配置加载。设备启动后修改 Console 登录密码，然后保存配置。

注意，跳过密码检查存在安全风险，请务必保存好 BootROM 密码。进入 BIOS 菜单需要重启设备，这样会导致业务中断，请视具体情况做好设备数据备份，并尽量选择业务量较少的时间段操作。在清空 Console 登录密码并登录后要马上配置新的密码，否则登录超时或重启设备后，仍需要清空密码来登录，在此操作过程中不要对设备进行下电（断电）。

2. 实训内容

（1）修改 Console 登录密码。

（2）配置新的密码。

3. 实训设备

PC 一台、"胖"AP 一台、Console 线一条。

4. 实训步骤

步骤❶ 用串口线连接并重启设备，出现"Press CTRL+B to enter BIOS menu"打印信息时，按组合键"Ctrl+B"并输入密码（默认为"admin@huawei.com"），进入 BIOS 菜单，不同版本的 BootROM 密码可能不同，具体可参见设备默认用户名和密码清单。

步骤❷ 配置跳过 Console 登录密码登录。输入 BIOS 菜单中"Clear password for console user"对应的序号，清除 Console 登录密码。输入 BIOS 菜单中"Boot with default mode"对应的序号，以默认模式启动设备。完成系统启动后，通过 Console 口登录时不需要认证，登录后修改 Console 登录密码。此处以登录认证模式为 password 模式、密码为"huawei@123"为例。

步骤❸ 进入 Console 界面视图并进行新密码的配置。为了防止重启后配置丢失，需要执行 save 命令保存配置。

```
<Huawei> system-view
[Huawei] user-interface console 0//进入 Console 界面视图
[Huawei-ui-console0] authentication-mode password//设置用户密码
[Huawei-ui-console0] set authentication password cipher//修改用户界面密码
Enter Password(<6-16>):
Confirm Password:
[Huawei-ui-console0] return//直接退出到用户视图
```

5. 实训总结

（1）配置新密码的命令。

（2）写出主要实训步骤。

（3）完成新密码的测试。

【知识延伸】无线桥接技术

无线桥接技术是一种局域网无线连接的技术，是无线射频技术和传统有线桥接技术相结合的产物。它可以无缝地将相隔数十千米的局域网连接在一起，创建统一的企业或城域网系统。在最简单的网络架构中，网桥的以太网端口连接到局域网中的某个集线器或交换机上，信号发射端口则通过线缆和天线相连接，从而实现了网络系统的扩展。

（1）无线网络桥接的实现

无线网络桥接需要通过无线网桥连接两个独立的局域网段，可以简单地将有线网络或者无线网络孤岛连接到一个现有的网络中，或者将几个有线网络或者无线网络连接到同一个局域网中。

无线网络桥接通过无线网桥连接两个独立的局域网段，并且在它们之间进行数据传输，具有低成本、高性能、易扩展等优点。

（2）无线网络桥接架设方案

在此推荐几种可采用的无线网络桥接架设方案。

① 点对点模式，即"直接传输"。无线网桥设备可用来连接分别位于不同建筑物中的两个固定网络。它们一般由一对桥接器和一对天线组成。两个天线必须相对定向放置，室外的天线与室内的桥接器之间用线缆相连，而桥接器与网络之间则进行物理连接。

② 中继模式，即"间接传输"。两端网络设备之间不可视，但两者之间可以通过。

【扩展阅读】关注无线网络的安全

一些黑客利用无线网络进入 PC 或手机后，窃取个人的账户信息，悄悄将账户内的资金转走。山东聊城有几位大学生遭遇了此类问题。

一名同学回忆说，他用不安全的无线网络处理了一封电子邮件，然后就回学校了。回学校时，手机收到了银行发来的信息：网银账号已经成功转账 300 元。后来陆续又有几名同学遭遇此类问题。

这个事件非常值得我们重视，这说明就在我们享受无线网络所提供的便利的同时，黑客已经潜伏在我们身边，利用无线网络窃取我们的个人信息。

近年来随着无线局域网技术的发展和普及，无线网络日渐成为人们休闲娱乐，甚至工作和学习的常规渠道之一，人们已渐渐习惯随时随地通过无线网络分享照片、发布微博、网上支付、收发邮件和即时通信。不知不觉中我们已经有越来越多的个人隐私甚至商业机密信息在通过这种渠道传送和交互着，而无线信号的特性又使得我们难以洞悉无线网络中究竟发生了什么，信息的重要性与监控的复杂性带来了不容忽视的安全风险。

作为新兴技术，人们关注更多的是无线网络应用的便捷性，而对其安全性往往不够重视，我们已渐渐在不知不觉中处于无线网络安全威胁的风口浪尖，网络攻击可能就发生在我们身边，网络攻击代码甚至可以从我们眼前飘过。发生在山东聊城的"被"转账事件就为人们敲响了一个警钟。关注无线网络安全并非杞人忧天，而是切实保障个人和企业信息安全的务实之举。

【检查你的理解】

1. 选择题

（1）无线局域网的传输介质是（　　　）。

    A. 电磁波　　　　B. 红外线　　　　C. 载波电流　　　D. 卫星通信

（2）以下不属于无线局域网面临的问题的是（　　　）。

    A. 无线信号传输易受干扰　　　　B. 无线设备标准不统一

    C. 受地势、环境、政府规定影响　D. 无线信号的安全性问题

（3）以下不是无线局域网特点的是（　　　）。

    A. 可移动　　　　B. 安全性高　　　C. 可靠性低　　　D. 易维护

（4）在设计 Ad-Hoc 模式的小型无线局域网时，应选用的无线局域网设备是（　　　）。

    A. 无线网卡　　　B. 无线 AP　　　　C. 无线网桥　　　D. 无线路由器

（5）以下关于 Ad-Hoc 模式无线局域网描述正确的是（　　　）。

    A. 不需要使用无线 AP，但要使用无线路由器

    B. 不需要使用无线 AP，也不需要使用无线路由器

    C. 需要使用无线 AP，但不需要使用无线路由器

    B. 需要使用无线 AP，也需要使用无线路由器

（6）WEP 是为了保证（　　　）数据传输的安全性而推出的安全协议。

    A. IEEE 802.11a　　　　　　　B. IEEE 802.11g

    C. IEEE 802.11n　　　　　　　D. IEEE 802.11b

（7）两个互不干扰的信道是（　　　）。

    A. Channel 1、Channel 5　　　B. Channel 3、Channel 7

    C. Channel 3、Channel 8　　　D. Channel 6、Channel 10

（8）以下不使用 5GHz 频段的是（　　　）。

    A. IEEE 802.11a　　　　　　　B. IEEE 802.11h

    C. IEEE 802.11j　　　　　　　D. IEEE 802.11g

（9）"胖" AP 具有（　　　）的特点。

    A. 可以独立工作　　　　　　　B. 支持无线漫游

    C. 支持大型组网　　　　　　　D. 方便管理

（10）2.4GHz 频段的信道的中心频率间隔不低于（　　　）。

    A. 5MHz　　　　B. 20MHz　　　C. 25MHz　　　D. 83.5MHz

2. 简答题

（1）简述无线局域网的特点。

（2）无线局域网中的信道是什么？列举出 3 对互不干扰的信道。

（3）简述无线局域网中常用的拓扑结构。

项目7

搭建网络服务

07

项目背景

公司服务器的网络操作系统安装配置好了之后，需要利用服务器给网络中的客户机提供网络服务，包括 Internet 信息服务、DHCP 服务、DNS 服务和 FTP 服务。小明作为该项目的网络管理员，需要完成以下任务。

（1）安装 Internet 信息服务，发布公司的 Web 站点。

（2）安装 DHCP 服务，为公司主机自动分配 IP 地址。

（3）安装 DNS 服务，实现 Internet 和公司内部的域名解析。

（4）安装 FTP 服务，使企业网内的用户能够通过 FTP 服务器使用共享资源。

本项目知识导图如图 7-1 所示。

图 7-1　项目 7 知识导图

项目目标

在学习完本项目之后，小明应该能够回答下面的问题。

- DHCP 的工作原理是什么？
- 域名的结构和 DNS 服务的原理是什么？
- 怎样为 Web 站点设置主目录？
- FTP 的工作流程是怎样的？
- 怎样搭建 IIS、DHCP、DNS、FTP 等网

络服务？

- 怎样保证 Web 网站的安全？
- 怎样在同一台 Web 服务器上架设多个 Web 网站？

素养提示

爱国情杯　自主产权意识　信息安全意识　民族自信　社会责任

关键术语

● IIS	● 默认文档
● Web	● 虚拟目录
● DHCP	● DHCP 服务器
● DNS	● DHCP 客户机
● FTP	● DNS 域名空间
● 网站主目录	● DNS 资源记录

任务 7.1　创建 Internet 信息服务

【任务要求】

对企业来说，创建 Internet 信息服务并为用户提供信息和资源共享是必不可少的工作。Internet 信息服务在默认情况下并不存在，在本任务中，小明要先安装 Internet 信息服务，并使用 Internet 信息服务架设 Web 服务器进行网站的发布。

【知识准备】

7.1.1　Internet 信息服务概述

Internet 信息服务（Internet Information Services，IIS）是与 Windows 系统配套使用的 Internet 信息服务。IIS 功能强大，使用简便，在局域网中得到了广泛应用。它对系统资源的消耗很少，安装、配置都非常简单。IIS 能够直接使用 Windows 系统的安全管理工具，提高了安全性，简化了操作，是中小型网站理想的服务器工具。

在 Windows Server 2019 中，IIS 的版本是 IIS 10，作为一个组件包含在服务器管理器中。Windows 服务器管理器提供对当前网络操作系统中所有系统服务进行统一管理的功能，该工具不仅能够查找、编辑和删除计算机中的所有服务，还提供创建新服务、查看系统核心层服务，以及查看其他计算机服务等功能。IIS 10 的功能特性如下。

1. 容错式进程架构

IIS 10 的容错式进程架构将 Web 站点和应用程序隔离到一个自包含的单元（又称应用程序池）之中。应用程序池为网络管理员管理一组 Web 站点和应用程序提供了便利，同时提高了系统的可靠性，因为一个应用程序池中的错误不会引起另外一个应用程序池或者服务器本身发生故障。

2．健康状况监视

IIS 10 会定期检查应用程序池的状态，并自动重新启动应用程序池中发生故障的 Web 站点或应用程序，从而提高应用程序的可用性。IIS 10 会自动禁用在短时间内频繁发生故障的 Web 站点和应用程序，从而保护服务器和其他应用程序的安全。

3．自动进程回收

IIS 10 可以根据一组灵活的标准和条件，例如 CPU 利用率和内存占用情况，自动停止和重新启动发生故障的 Web 站点和应用程序，同时将请求放入队列。IIS 10 还可以在回收一个工作进程时对客户机的 TCP/IP 连接加以维护，将 Web 服务的客户端应用程序与后端不稳定的 Web 应用程序隔离开。

4．快速故障保护

如果某个应用程序在短时间内频繁发生故障，IIS 10 将自动禁用该应用程序，并向所有新发出和排入队列的针对该应用程序的请求返回一个"503 服务不可用"的错误信息。此外，IIS 10 还可以触发某些定制操作，例如触发一个调试操作或者向网络管理员发出通知。快速故障保护可以保护 Web 服务器免遭拒绝服务攻击。

7.1.2 主目录和默认文档

主目录是访问 Web 网站时首先出现的页面。每个 Web 网站都应该有一个对应的主目录，Web 网站的入口网页就存放在主目录下。创建一个 Web 网站时，对应的主目录也已经被创建了，但也可以根据需要重新进行设置。网站的物理路径可以设置为本地目录，也可以设置为其他计算机上的共享目录，还可以重定向到一个已有网站的 URL（Uniform Resource Locator，统一资源定位符）处。实际应用中，一般都是使用本机的一个实际物理位置。

7-1

微课

要使用户在访问网站时只输入域名和目录名就可打开主页，而不必输入具体的网页文件名，可通过设置默认文档来实现。利用 IIS 搭建 Web 网站时，默认文档的文件名有 5 种，分别为 Default.htm、Default.asp、index.htm、index.html 和 iisstar.htm。当用户访问 Web 服务器时，IIS 根据默认文档的顺序依次在网站目录中查找这些默认文档，如果找到就将其返回给客户端。如果没有找到任何默认文档，则返回给客户端一个"Directory Listing Denied"（目录列表被拒绝）的错误提示。

通常情况下，Web 网站至少需要一个默认文档，当在 IE 浏览器中使用 IP 地址或域名访问网站时，Web 服务器会将默认文档返回给 IE 浏览器，网络管理员也可以根据需要调整各个默认文档的优先级。

7.1.3 虚拟目录

Web 中的目录有物理目录和虚拟目录两种类型：物理目录是计算机物理文件系统中的目录；虚拟目录是在网站主目录下建立的一个名称，它是在 IIS 中指定并映射到本地或远程服务器上的物理目录的名称。虚拟目录是一个与实际的物理目录相对应的概念，该虚拟目录的真实物理目录可以在本地计算机中，也可以在远程计算机上。虚拟目录可以在不改变别名的情况下改变其对应的物理目录。虚拟目录并不一定位于网站的物理目录内，访问 Web 站点的用户是无法区分虚拟目录和物理目录的。虚拟目录具有以下特点。

1．便于扩展

网站内容的不断增加，可能造成的结果是硬盘的空间耗尽。为此，网络管理员需要为服务器添加硬盘并移动网站文件，而使用虚拟目录功能可以轻松实现网站容量的扩展且不更新服务器硬件。虚拟目录允许网站文件存放于多个分区或不同的磁盘中，甚至可以不在同一台计算机中。

2．增删灵活

虚拟目录可以随时从 Web 网站中添加或删除，因此它具有非常大的灵活性。在添加或删除虚拟目录时，不会对 Web 网站的运行造成任何影响。

3．易于配置

虚拟目录使用与宿主网站相同的 IP 地址、端口号和主机头名，因此不会与宿主网站标识产生冲突。新建的虚拟目录将自动继承宿主网站的配置。当对宿主网站进行配置时，这些配置也将直接传递至虚拟目录，这使得配置 Web 网站（包括虚拟目录）更加简单。

【任务实施】安装和配置 IIS

如果想增强 IIS 的安全性，则可安装和配置需要的 IIS。

1．安装 IIS

步骤❶ 按下键盘上的"Windows"键，单击"服务器管理器"图标，打开"服务器管理器"窗口，如图 7-2 所示。

7-2

微课

图 7-2　"服务器管理器"窗口

步骤❷ 在"仪表板"界面中单击"添加角色和功能向导"选项，出现添加角色和功能的向导，单击左边的"安装类型"选项，然后选中"基于角色或基于功能的安装"单选按钮，再单击"下一步"按钮，如图 7-3 所示。

步骤❸ 在"选择目标服务器"页面中选择一个目标服务器。先选中"从服务器池中选择服务器"单选按钮，再选择"服务器池"列表框中的计算机，单击"下一步"按钮，如图 7-4 所示。

步骤❹ 在"选择服务器角色"界面的"角色"列表框内选择"Web 服务器（IIS）"复选框，如图 7-5 所示。单击"下一步"按钮，打开"添加角色和功能向导"对话框，如图 7-6 所示。单击"添加功能"按钮回到向导页面，可见此时"Web 服务器（IIS）"复选框已经被勾选，如图 7-7 所示。

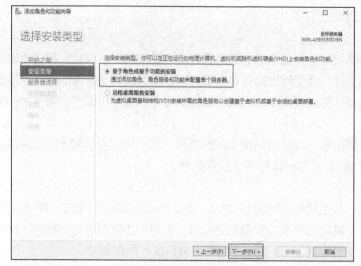

图 7-3 "选择安装类型"页面

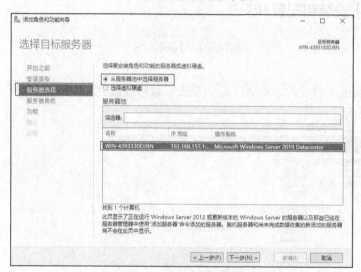

图 7-4 "选择目标服务器"页面

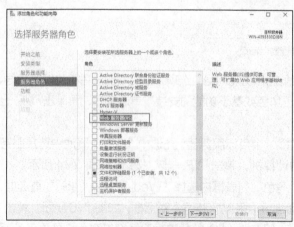

图 7-5 "选择服务器角色"页面

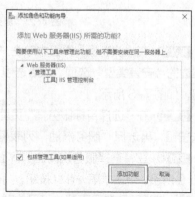

图 7-6 "添加角色和功能向导"对话框

图 7-7 "Web 服务器（IIS）"复选框被勾选

步骤❺ 单击"下一步"按钮，会出现不同的说明当前选项和安装情况的页面。"选择角色服务"
页面显示了 Web 服务器中的各项功能和服务。勾选"IP 和域限制"复选框，以便在网站安全性方
面可以进行访问地址限制，单击"下一步"按钮，如图 7-8 所示。

步骤❻ 进入"确认安装所选内容"页面，页面将显示当前选定的服务器功能，单击"安装"按
钮，如图 7-9 所示。

图 7-8 勾选"IP 和域限制"复选框

图 7-9 "确认安装所选内容"页面

步骤❼ 安装完毕会出现安装说明页面，如图 7-10 所示。

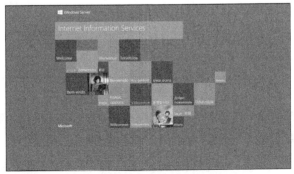

图 7-10 安装说明页面

2. 设置网站主目录和定义默认文档

为系统自动创建的默认网站"Default Web Site"设置网站主目录，并定义默认文档，操作步骤如下。

步骤① 在"服务器管理器"窗口中单击右上方菜单栏区的"工具"菜单，在下拉菜单中选择"Internet Information Services（IIS）管理器"命令，打开"Internet Information Services（IIS）管理器"窗口，如图 7-11 所示。

图 7-11 "Internet Information Services（IIS）管理器"窗口

步骤② 选择"Default Web Site"网站，此时窗口中会显示该网站的各种设置项，如图 7-12 所示。

步骤③ 在右侧"操作"窗格中单击"编辑网站"中的"基本设置"选项，打开"编辑网站"对话框，单击 按钮，为网站选择一个适当的目录，这样就修改了网站的主目录。

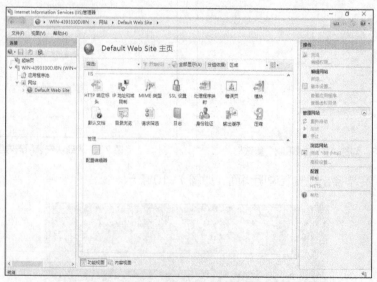

图 7-12 网站的各种设置项

步骤④ 单击"确定"按钮，返回"Internet Information Services(IIS)管理器"窗口，双击"默认文档"选项，打开"默认文档"页面，如图 7-13 所示。

步骤⑤ 选择文档名称，然后利用窗口右侧"操作"窗格中的编辑命令，对默认文档进行修改。修改网站默认文档为"index.html"。在左侧"连接"窗格中重新单击网站的名称"Default Web Site"，如图 7-14 所示，回到网站配置主页面。

图 7-13 "默认文档"页面

图 7-14 "连接"窗格

3. 创建新的 Web 网站

万维网是一种信息服务方式，而 Web 网站是信息存放的载体。要实现 Web 网站的万维网服务，就需要在 IIS 中对网站进行适当的配置。

步骤❶ 在"服务器管理器"窗口左侧的"网站"选项上单击鼠标右键，在弹出的快捷菜单中选择"添加网站"命令，打开"添加网站"对话框，如图 7-15 所示。

图 7-15 "添加网站"对话框

步骤❷ 在"网站名称"文本框中设置 Web 网站的名称为"NewWEB"，在"物理路径"处设置网站的文件位置，在"绑定"区域设置该 Web 网站所使用的网络协议类型、IP 地址、TCP 端口和该网站的主机名。

4. 创建虚拟目录

虚拟目录必须挂靠在某一个创建好的网站下。

步骤❶ 打开"服务器管理器"窗口，在需要创建虚拟目录的网站上单击鼠标右键，在弹出的快捷菜单中选择"添加虚拟目录"命令，如图 7-16 所示。

图 7-16 "添加虚拟目录"命令

步骤② 在打开的"添加虚拟目录"对话框中，为虚拟目录设置合适的别名，再选择其实际的物理路径。最后单击"确定"按钮，即可完成虚拟目录的创建。

任务 7.2 管理 Web 网站

【任务要求】

当 IIS 安装完成后，系统会自动生成一个名为"Default Web Site"的网站。通常，使用默认的配置提供服务对服务器的管理来说是不合适的，往往一台服务器上还需要运行多个不同的网站。在此任务中，小明需要解决网站安全的问题，对 IIS 使用正确的安全措施，最大限度地抵御恶意攻击或避免无意识造成的网站配置疏漏。

【知识准备】

7.2.1 HTTP 概述

HTTP（Hyper Text Transfer Protocol）即超文本传输协议，它用于发送万维网方式的数据。HTTP 采用了请求/响应模型，客户机向服务器发送一个请求，包含请求的方法、URL、协议版本，以及包含请求的修饰符、客户信息和类似于多用途互联网邮件扩展（Multipurpose Internet Mail Extensions，MIME）类型的消息结构。服务器以一个状态行作为响应，相应的内容包括消息协议的版本、成功或错误编码加上包含服务器的信息、实体元信息和可能的实体内容。

当我们想浏览一个网站的时候，需要在浏览器的地址栏里输入网站的地址，例如 www.ptpress.com.cn，当访问该地址后浏览器的地址栏里面显示的却是 http://www.ptpress.com.cn，这是一个标准的 URL。前面的"http:"表示该网站使用了 HTTP，而"www.ptpress.com.cn"则表明是 ptpress.com.cn 域中的一台名为 www 的主机。当浏览器通过 DNS 解析并获得 http://www.ptpress.com.cn 的 IP 地址后就可以通过 HTTP 访问服务器的服务了。

7.2.2　Web 简介

Web 即全球广域网，也称为万维网，它是一种基于超文本和 HTTP 的、全球性的、动态交互的、跨平台的分布式图形信息系统。Web 是建立在 Internet 上的一种网络服务，为浏览者在 Internet 上查找和浏览信息提供了图形化的、易于访问的直观界面。Web 主要有以下 5 个特点。

1. Web 是图形化的和易于导航的

Web 被广泛应用的一个重要原因就在于它可以在一个页面上同时显示色彩丰富的图形和文本。在 Web 出现之前，Internet 上的信息只有文本形式。Web 具有将图形、音频、视频信息集于一体的特性。同时，Web 是非常易于导航的，只需要从一个链接跳转到另一个链接，就可以在各页面、各站点之间进行浏览了。

2. Web 与平台无关

无论平台是什么，都可以通过 Internet 访问 Web。访问 Web 对平台没有要求，无论是从 Windows、UNIX、Macintosh 还是其他平台，都可以访问 Web。对 Web 的访问是通过一种叫作浏览器（browser）的软件实现的，如 Netscape 公司的 Navigator、NCSA 公司的 Mosaic、Microsoft 公司的 Explorer 等。

3. Web 是分布式的

大量的图形、音频和视频信息会占用相当大的磁盘空间，我们甚至无法预知信息有多少。Web 没有必要把所有信息都放在一起，信息可以放在不同的站点上，只需要在浏览器中指明这个站点就可以了。这样，物理上并不一定在一个站点中的信息可以在逻辑上一体化，从用户角度来看，这些信息是一体的。

4. Web 是动态的

由于各 Web 站点的信息包含站点本身的信息，信息的提供者可以经常对站点上的信息进行更新，如某个协议的发展状况、公司的广告等。一般各信息站点都会尽量保证信息的时效性，所以 Web 站点上的信息是动态更新的，这一点是由信息的提供者保证的。

5. Web 是交互的

Web 的交互性首先表现在它的超链接上，用户的浏览顺序和所到站点完全由用户自己决定。另外，利用 FORM 的形式可以从服务器方获得动态的信息。用户通过填写 FORM 可以向服务器提交请求，服务器可以根据用户的请求返回相应信息。

7.2.3　工作原理

当你想进入 Web 中的上一个网页，或者访问其他网络资源的时候，通常要先在浏览器中输入想要访问的网页的 URL，或者通过超链接的方式链接到那个网页或网络资源。然后 URL 的服务器名部分被名为域名系统的分布于全球的 Internet 数据库解析，并根据解析结果决定进入哪一个 IP 地址。

接下来的步骤是浏览器为所要访问的网页，向在那个 IP 地址工作的服务器发送一个 HTTP 请求。通常情况下，HTML 文本、图片和构成该网页的其他一切文件很快会被逐一请求并返回给用户。

浏览器接下来的工作是把 HTML、CSS 和其他接收到的文件所描述的内容，加上图像、链接和其他必需的资源显示给用户。

【任务实施】管理 Web 网站的安全和架设多个 Web 网站

1. 管理 Web 网站的安全

（1）禁止使用匿名账户访问 Web 网站

步骤❶ 在 "Internet Information Services（IIS）管理器" 窗口中单击 "NewWeb" 选项，则右侧窗格中会显示该网站的各种设置项。

步骤❷ 在右侧窗格中单击 "IIS" 中的 "身份验证" 选项，如图 7-17 所示。

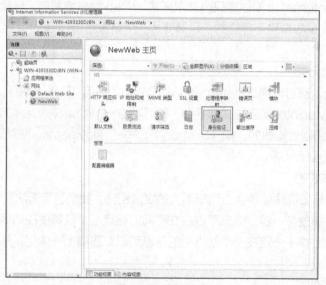

图 7-17　身份验证

步骤❸ 在右侧窗格中出现的 "身份验证" 设置项中，把 "匿名身份验证" 的状态改为 "禁用"，如图 7-18 所示。将 "Windows 身份验证" 的状态改为 "启用"，如图 7-19 所示。

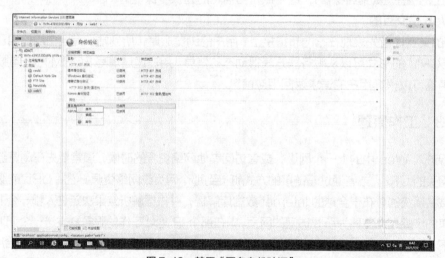

图 7-18　禁用 "匿名身份验证"

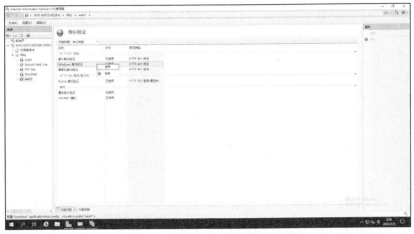

图 7-19　启用"Windows 身份验证"

步骤④ 在 IE 浏览器中输入网站地址，发现需要输入用户名和密码才能访问网站。输入在 Web 服务器上创建的账号和密码，顺利进入网站，从而实现用户访问控制，如图 7-20 所示。

图 7-20　输入用户名和密码访问网站

（2）限制访问 Web 网站的客户机数量

步骤① 打开"Internet Information Services（IIS）管理器"窗口，单击"Default Web Site"选项，在右侧"操作"窗格中单击"配置"区域的"限制"选项，如图 7-21 所示。

图 7-21　单击"限制"选项

步骤❷ 勾选"限制连接数"复选框，设置"限制连接数"为 1，单击"确定"按钮，如图 7-22 所示。

（3）限制客户机使用带宽

步骤❶ 打开"Internet Information Services（IIS）管理器"窗口，单击"Default Web Site"选项，在右侧"操作"窗格中单击"配置"区域的"限制"选项。

步骤❷ 勾选"限制带宽使用（字节）"复选框，设置"限制带宽使用（字节）"为 1024，单击"确定"按钮，如图 7-23 所示。

这里限制带宽使用的单位是字节（B），1KB=1024B，1MB=1024KB，1GB=1024MB。

（4）限制 IPv4 地址访问 Web 网站

步骤❶ 打开"Internet Information Services（IIS）管理器"窗口，单击"Default Web Site"选项，双击"IP 地址和域限制"选项，如图 7-24 所示。

步骤❷ 在右侧"操作"窗格中单击"添加拒绝条目"选项，如图 7-25 所示。

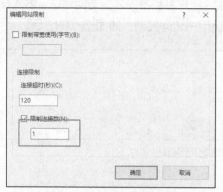

图 7-22　设置网站限制连接数

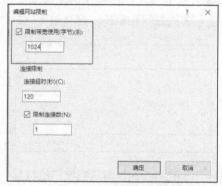

图 7-23　设置网站限制带宽

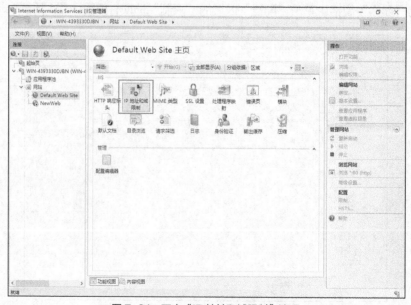

图 7-24　双击"IP 地址和域限制"选项

图 7-25 单击"添加拒绝条目"选项

步骤❸ 在"添加拒绝限制规则"对话框的"特定 IP 地址"文本框中输入特定 IP 地址,如图 7-26 所示,单击"确定"按钮。

图 7-26 "添加拒绝限制规则"对话框

2. 架设多个 Web 网站

(1)使用不同端口号架设多个 Web 网站

步骤❶ 在 Web 服务器上新建网站 web2,将端口设置为 8080,具体设置如图 7-27 所示。

7-4

微课

图 7-27 "添加网站"对话框

步骤② 在客户机上打开浏览器，输入 http://192.168.157.128/，即可访问 NewWeb，如图 7-28 所示。

步骤③ 输入 http://192.168.157.128:8080/，即可访问 web2 网站，如图 7-29 所示。

图 7-28　访问 NewWeb

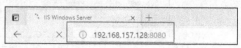

图 7-29　访问 web2 网站

（2）使用不同的主机名架设多个 Web 网站

步骤① 在 Web 服务器的 DNS 管理器中，新建主机记录 http://www.ptpress.com.cn（IP 地址：192.168.157.128），然后单击"添加主机"按钮，如图 7-30 所示。

步骤② 在"新建资源记录"对话框中，新建别名记录 www.ptpress.com.cn，如图 7-31 所示。

图 7-30　新建主机记录

图 7-31　新建别名记录

步骤③ 在 Web 服务器的"Internet Information Services（IIS）管理器"窗口中选择 web1，在右侧"操作"窗格中单击"绑定"选项，如图 7-32 所示。

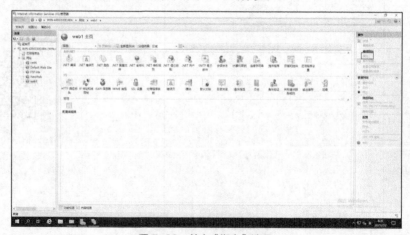

图 7-32　单击"绑定"选项

步骤④ 打开"网站绑定"对话框,单击"编辑"按钮,如图 7-33 所示。

图 7-33 "网站绑定"对话框

步骤⑤ 在打开的"编辑网站绑定"对话框中设置主机名,将端口改为 80,IP 地址改为 192.168.157.128,单击"确定"按钮,如图 7-34 所示,网站绑定完成,如图 7-35 所示。

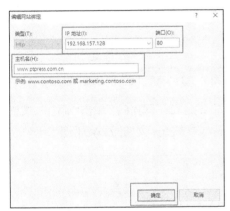

图 7-34 "编辑网站绑定"对话框

图 7-35 网站绑定完成

步骤⑥ 选择 web2 网站,用同样的方法架设 web2 网站,如图 7-36 所示。

图 7-36 "编辑网站绑定"对话框中 web2 网站的设置

(3)使用不同的 IP 地址架设多个 Web 网站

步骤① 在 Web 服务器上添加两个 IP 地址,在"Internet 协议版本 4(TCP/IPv4)属性"对话框中单击"高级"按钮,如图 7-37 所示。

步骤② 在"高级 TCP/IP 设置"对话框中,单击"添加"按钮,如图 7-38 所示。

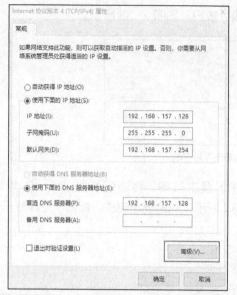

图 7-37 "Internet 协议版本 4（TCP/IPv4）属性"对话框

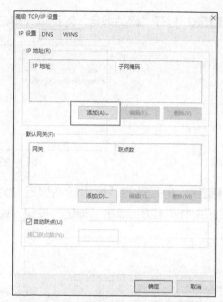

图 7-38 "高级 TCP/IP 设置"对话框

步骤❸ 在打开的"TCP/IP 地址"对话框中输入第二个 IP 地址和子网掩码，单击"添加"按钮，如图 7-39 所示。在"高级 TCP/IP 设置"对话框中单击"确定"按钮，如图 7-40 所示。

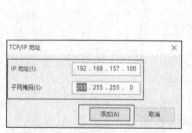

图 7-39 "TCP/IP 地址"对话框　　图 7-40 添加 IP 地址后的"高级 TCP/IP 设置"对话框

步骤❹ 用上述方法，在 Web 服务器上打开 web2 网站的"编辑网站绑定"对话框，设置 IP 地址为 192.168.157.100，端口为 80，最后单击"确定"按钮，如图 7-41 所示。

图 7-41　web2 网站的"编辑网站绑定"对话框

步骤❺ 用同样的方法，在 Web 服务器上打开 NewWeb 的"编辑网站绑定"对话框，删除主机名，单击"确定"按钮。

任务 7.3　实现 DHCP 服务

【任务要求】

在企业网络中，每台计算机在连接网络后，都必须进行基本的网络配置，如配置 IP 地址、子网掩码、默认网关、DNS 等。如果网络规模较大，那么手动为每台计算机配置这些参数不仅费工费力，而且容易出错。在本任务中，小明要使用动态主机配置协议（Dynamic Host Configuration Protocol，DHCP）服务器技术来进行网络的 TCP/IP 动态配置管理，以避免这些麻烦。

【知识准备】

7.3.1　DHCP 的基本概念

以前，在一个 TCP/IP 网络中分配部署 IP 地址并不是一件容易的事情。首先，如果网络规模较大，网络管理员为每一台计算机配置 IP 地址的工作量就很大。其次，在正常运行的网络中，也常常会因为用户修改 IP 地址或忘记 IP 地址而出现 IP 地址冲突、不能联网的故障，且通常无法快速有效地追查到故障计算机，这给网络管理造成了致命的隐患。另外，在大中型网络中，由于需要划分多个网段，而移动办公设备经常更换网段，因此需要网络管理员为其分配与各网段相对应的 IP 地址，这样既浪费了 IP 地址，又不利于管理。DHCP 就是针对此类问题应运而生的，采用 DHCP 配置计算机 IP 地址的方案称为动态 IP 地址方案。在动态 IP 地址方案中，每台计算机并不需要用户手动设置 IP 地址，而是在计算机开机时自动申请并获得一个 IP 地址，这个 IP 地址会在一定的时间内或当计算机从 DHCP 服务器注销时被收回并再次分发，这样就解决了上述的网络管理问题。

DHCP 作为一种 IP 标准，主要目的是通过 DHCP 服务器来动态分配和管理网络中主机的 IP 地址及其相关配置，以提高 IP 地址的利用率和减少管理人员手动分配 IP 地址的工作量。网络管理员可以利用 DHCP 服务器，从预先设置的一个或多个 IP 地址池中，动态地给不同网络内的主机分配 IP 地址。这样既能保证 IP 地址分配不重复，又能及时回收 IP 地址，从而提高了 IP 地址的利用率。在特殊要求下，也可以根据计算机网卡的 MAC 地址固定分配 IP 地址。

在 DHCP 中有 3 类对象：DHCP 客户端、DHCP 服务器和 DHCP 数据库。DHCP 采用 C/S 通信模式，有明确的客户端和服务器的角色划分，获取 IP 地址的计算机被称为 DHCP 客户端，负责给 DHCP 客户端分配 IP 地址的计算机称为 DHCP 服务器，DHCP 数据库是 DHCP 服务器上的数据库，其存储了 DHCP 服务配置的各种信息，如图 7-42 所示。

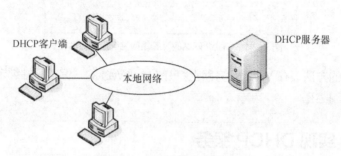

图 7-42　DHCP 后 C/S 模式

作为优秀的 IP 地址管理工具，DHCP 具有以下优点。

（1）效率高

DHCP 可以使计算机自动获取 IP 地址及相关信息并完成配置，其中包括网关、子网掩码、Windows 网络名称服务（Windows Internet Name Service，WINS）、DNS 等设置参数，减少了由于手动设置而可能出现的错误，并极大地提高了工作效率，降低了劳动强度。

说明：WINS 用来登记 NetBIOS 计算机名，并在需要时将它解析为 IP 地址。

（2）便于管理

当网络中所用的 IP 地址段改变时，只需在新网段进行一次 IP 地址重新获取操作即可，无须人工修改客户端地址。

（3）节约 IP 地址资源

只有客户端请求分配地址时才能获取服务器分配的 IP 地址。如果超时或者客户端注销，服务器会回收已分配的 IP 地址，并准备将其分配给其他客户端。一般情况下，网络中所有的计算机并不会同时开机，因此较少的 IP 地址也能满足网络内较多计算机的需求。

DHCP 的部署也会带来相应的风险，在部署 DHCP 时应尽量避免以下常见的风险。DHCP 服务器配置错误或出现故障无法启动，将影响全网络客户端的正常工作。如果网段中存在多个子网，就需要配置多个域，并在网络节点上配置 DCHP 中继代理或在每个子网中配置 DHCP 服务器。

7.3.2　DHCP 的工作原理

DHCP 使用 C/S 模式。网络管理员建立一个或多个维护 TCP/IP 配置信息，并将其提供给客户端的 DHCP 服务器，服务器数据库包含以下信息。

（1）网络上所有客户端的有效配置参数。

（2）在指派到客户端的地址池中维护的有效 IP 地址，以及用于手动指派的保留地址。

（3）服务器提供的租约持续时间，即所分配 IP 地址的有效时间。

通过在网络上安装和配置 DHCP 服务器，启用的 DHCP 客户端可在每次启动并接入网络时动态地获得其 IP 地址和相关配置参数。DHCP 服务器以地址租约的形式将该配置提供给发出请求的 DHCP 客户端。

通常将手动输入的 IP 地址称为静态 IP 地址，将向 DHCP 服务器租用的 IP 地址称为动态 IP 地址。

【任务实施】安装和配置 DHCP 服务器

要利用 DHCP 为网络中的计算机提供动态地址分配服务，必须先在网络中安装和配置一台 DHCP 服务器，而用户也需要采用自动获取 IP 地址的方式。

1. 安装 DHCP 服务器

安装 DHCP 服务器的步骤如下。

步骤① 打开"服务器管理器"窗口，添加"DHCP 服务器"功能，如图 7-43 所示。

图 7-43　添加"DHCP 服务器"功能

步骤② 弹出"添加角色和功能向导"对话框，连续单击"下一步"按钮，直到出现确认安装选项页面时，单击"安装"按钮，完成安装。

2. 配置 DHCP 服务器

DHCP 服务器安装完成后，就可以在"服务器管理器"窗口中通过"工具"菜单中的"DHCP"命令来管理服务器。

步骤① 在"服务器管理器"窗口中选择"工具"菜单中的"DHCP"命令，打开"DHCP"窗口。

步骤② 在"IPv4"上单击鼠标右键，会弹出一个快捷菜单，如图 7-44 所示，其中有进行各种

7-5

微课

配置操作的命令。

步骤③ 选择"新建作用域"命令，弹出"新建作用域向导"窗口，在该窗口中完成作用域的设置。

步骤④ 单击"下一步"按钮，进入"域名称和 DNS 服务器"页面，为作用域设置一个名称并添加适当描述，如图 7-45 所示。

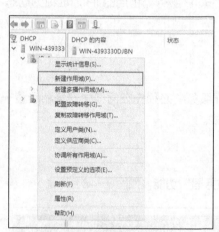

图 7-44　配置操作快捷菜单

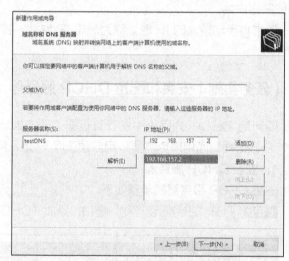

图 7-45　设置作用域的名称并添加描述

步骤⑤ 单击"下一步"按钮，进入"IP 地址范围"页面，设置该作用域要分配的 IP 地址范围和子网掩码，如图 7-46 所示。

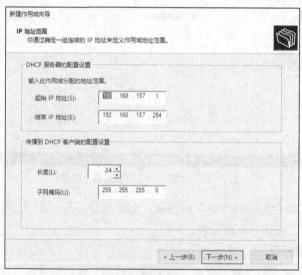

图 7-46　设置作用域要分配的 IP 地址范围和子网掩码

步骤⑥ 单击"下一步"按钮，进入"添加排除和延迟"页面，设置该作用域要排除的 IP 地址范围。某些 IP 地址可能已经通过静态方式分配给非 DHCP 客户端或服务器，因此需要从作用域中将其排除。设置起始 IP 地址和结束 IP 地址后，单击"添加"按钮，将其添加到要排除的地址范围列表中，完成作用域的创建，如图 7-47 所示。

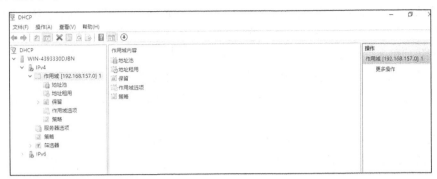

图 7-47 完成作用域的创建

为了使某台计算机能够动态获取 IP 地址及相关的网络配置，必须将该计算机配置成 DHCP 客户端。也就是说，在为其设置 IP 地址时，需要勾选"自动获得 IP 地址"和"自动获得 DNS 服务器地址"复选框。

任务 7.4 创建 DNS 服务

【任务要求】

DNS 服务负责互联网和局域网的域名解析任务。一台 DNS 服务器可以管理一个或多个区域，而一个区域也可以由多台 DNS 服务器来管理。小明接下来要在 DNS 服务器中先建立区域，然后再根据需要在区域中建立子域，并在区域或子域中添加资源记录，完成解析工作。

【知识准备】

7.4.1 DNS 概述

互联网中唯一能够用来标识计算机身份和定位计算机位置的是 IP 地址，但网络中往往存在太多服务器，如提供 E-mail、Web、FTP 等服务的服务器，记忆这些服务器的 IP 地址不仅枯燥无味，而且容易出错。DNS 服务可以使用更形象易记的域名代替复杂的 IP 地址，将这些 IP 地址与域名一一对应。这不但使网络服务的访问更加简单，而且完美地实现了与 Internet 的融合。另外，许多重要的网络服务（如 E-mail 服务）也需要借助 DNS 服务来实现。因此，DNS 服务可视为网络服务的基础。

1. DNS 简介

域名系统（Domain Name System，DNS）用于实现域名与 IP 地址的转换，广泛用于局域网、广域网和 Internet 等运行 TCP/IP 的网络中。DNS 由名称分布数据库组成，基于被称为域名空间的逻辑树结构，是负责分配、改写和查询域名的综合性服务系统。域名空间中的每个节点或域都有一个唯一的名称。

2. DNS 的组成

DNS 的核心是 DNS 服务器，它的作用是应答域名查询行为，为局域网和互联网中的客户提供域名查询服务。DNS 服务器保存了包含主机名和相应 IP 地址的数据库。DNS 包括 DNS 域命名空间、DNS 资源记录、DNS 服务器、DNS 客户端 4 个部分。

（1）DNS 域命名空间：指定用于组织名称的域的层次结构。

（2）DNS 资源记录：将 DNS 域名映射到特定类型的资源信息上，以供在命名空间中注册或解析名称时使用。

（3）DNS 服务器：用于存储和应答资源记录的名称查询。

（4）DNS 客户端：又称作解析程序，用于查询服务器，搜索并将名称解析为查询中指定的资源记录类型。

3. DNS 的结构

DNS 是一种树形结构的命名方案，域名通过标记"."来分隔，每个分支表示一个域在逻辑 DNS 层次中相对于其父域的位置。当定位一个主机名时，从最终位置到父域再到根域，显示了顶级域的名称空间与下一级子域之间的树形结构关系，每一个节点及其下的所有节点叫作一个域。域可以有主机（计算机）和其他域（子域），例如 www.ptpress.com.cn 是 ptpress.com.cn 域中的一台主机，而 www.dzvc***.edu.cn 则是 dzvc***.edu.cn 域中的一台主机，dzvc***.edu.cn 域是 edu 域的一个子域。一般情况下，在某个域中可能会有多台主机，域的组成结构如图 7-48 所示。

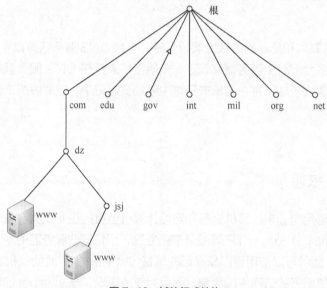

图 7-48　域的组成结构

　说明　在实际操作中，书中网址的"***"号无需输入。

域名和主机名只能包含字母 a~z（Windows 系统不区分字母大小写，而 UNIX 和 Linux 类的网络操作系统则区分字母大小写）、数字 0~9 和符号"-"，其他字符均不能用于表示域名和主机名。

各级结构说明如下。

（1）根域：代表域名命名空间的根，这里为空。

（2）顶级域：处于根域下面的域，代表一种类型的组织或一些国家，在 Internet 中，由 InterNIC（Internet Network Information Center，国际互联网络信息中心）进行管理和维护。

（3）二级域：在顶级域下面，用来标明顶级域以内的一个特定的组织，在 Internet 中，由 InterNIC 负责对二级域名进行管理和维护，以保证二级域名的唯一性。

（4）子域：在二级域的下面所创建的域，一般由各个组织根据自己的要求自行创建和维护。

（5）主机：位于域名命名空间的最下面，主机名被称为完全限定域名（Fully Qualified Domain Name，FQDN）。

7.4.2　DNS 域名空间

DNS 的核心是 DNS 服务器，它的作用是回答 DNS 服务查询，它为私有 TCP/IP 网络或 Internet 服务器保存了包含主机名和相应 IP 地址的数据库。例如，查询域名 www.ptpress.com.cn，DNS 服务器将返回网站的 IP 地址 220.223.169.18 给 DHCP 客户机。这样 DHCP 客户机才可以正确地通过 TCP/IP 访问人民邮电出版社服务器。

1. DNS 的域名空间申请

在局域网中可以任意规划设置域名空间，但是要在 Internet 上使用自己的 DNS 解析域名并将企业网络与 Internet 很好地整合在一起，用户必须先向 DNS 域名注册颁发机构申请合法的域名，并至少获得一个可在 Internet 上使用的 IP 地址。如果准备在网络中使用 Active Directory，则应先从 Active Directory 设计着手，并配置相应的 DNS 域名空间支持它。

2. DNS 服务器的规划

确定网络中需要的 DNS 服务器数量及其各自的作用，根据通信负载、复制和容错情况，确定在网络上放置 DNS 服务器的位置。为了实现容错，至少应该在每个区域配置两台 DNS 服务器，一台作为主服务器，另一台作为备份或辅助服务器。

3. 区域

区域是一个用于存储单个 DNS 域名的数据库，它是域名空间树形结构的一部分。DNS 服务器是以区域为单位来管理域名空间的，区域中的数据保存在管理它的 DNS 服务器中。在现有的区域中添加子域时，该子域既可以包含在现有的区域中，也可以为它创建一个新区域。一个 DNS 服务器可以管理一个或多个区域，一个区域也可以由多个 DNS 服务器来管理。用户可以将一个域划分成多个区域分别进行管理，以减轻管理网络的负担。

4. 区域复制

鉴于 DNS 的重要性，一般需要配置多台 DNS 服务器，以提高域名解析的可靠性和容错性。当一台 DNS 服务器发生故障时，其他 DNS 服务器可以继续提供域名解析服务。这就需要利用区域复制和同步方法，保证管理区域的所有 DNS 服务器中域的记录相同。在这里，DNS 通告利用"推"的机制，当 DNS 服务器中的区域记录发生改变时，它将通知选定的 DNS 服务器进行更新，被通知的 DNS 服务器会启动区域复制操作。

7.4.3 DNS 资源记录

在成功创建新的主区域后，就可以对所属域名提供解析服务了。根据需要，网络管理员可以向域中添加各种类型的 DNS 资源记录，常用的记录类型如下。

1. 主机记录

主机（A）记录用于记录在正向搜索区域内建立的主机名与 IP 地址的关系。在实现虚拟机技术时，网络管理员通过为同一主机设置多个不同的主机记录来实现同一 IP 地址的主机对应不同的主机域名。

2. 别名记录

别名（CName）记录用于将 DNS 域名映射为另一个主要的或规范的名称。有时一台主机可能担当多台服务器，这时可以给这台主机创建多个别名记录。

3. 邮件交换器记录

邮件交换器（Mail eXchanger，MX）记录为电子邮件服务专用，主要用来查询接收邮件的服务器的 IP 地址。域里可以存在多台邮件交换器，但是它们的优先级不同。数值越低，优先级越高（0 的优先级最高），取值范围为 0~65 535。

4. 名称服务器记录

名称服务器（Name Server，NS）记录用于记录管辖此区域的名称服务器，包括主要名称服务器和辅助名称服务器。

5. 起始授权机构记录

起始授权（Start of Authority，SOA）机构记录用于记录此区域中的主要名称服务器和管理此服务器的网络管理员的电子邮箱名称。

【任务实施】安装 DNS 服务和建立 DNS 区域

1. 安装 DNS 服务

用户在访问网络时，首先会查找网络上的 DNS 服务器，然后通过 DNS 上记录的各个服务器的 IP 地址来访问具体的应用，这就是 DNS 映射。为了实现这种地址映射，用户需要先规划网络的域名、服务器的 IP 地址等，如图 7-49 所示。安装 DNS 服务的操作步骤如下。

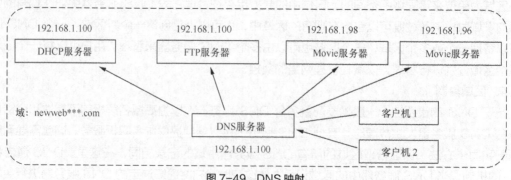

图 7-49　DNS 映射

步骤① 打开"服务器管理器"窗口，从"仪表板"处选择"添加角色和功能"选项，打开"添加角色和功能向导"窗口。

步骤② 单击"下一步"按钮，直至出现"选择服务器角色"页面，勾选"DNS 服务器"复选框，如图 7-50 所示。

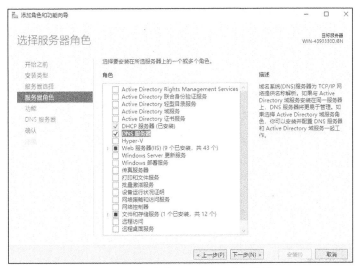

图 7-50　勾选"DNS 服务器"复选框

步骤③ 在弹出的"DNS 服务器工具"对话框中，单击"添加功能"按钮，然后继续单击"下一步"按钮，直至安装完成。在"服务器管理器"窗口中会出现一个"DNS"选项，单击后会显示当前 DNS 服务器的基本信息，如图 7-51 所示。

图 7-51　当前 DNS 服务器的基本信息

2. 建立 DNS 区域

DNS 区域是域名空间树形结构的一部分，可以用它来将域名空间分割为容易管理的小区域。一台 DNS 服务器内可以存储一个或多个区域的数据，DNS 区域分为以下两种类型。

7-7

微课

（1）正向查找区域：利用主机域名查询主机的 IP 地址。

（2）反向查找区域：利用 IP 地址查询主机域名。

建立 DNS 区域的步骤如下。

步骤① 选择"工具"菜单中的"DNS"命令，打开"DNS 管理器"窗口，在"正向查找区域"上单击鼠标右键，在弹出的快捷菜单中选择"新建区域"选项，如图 7-52 所示。

步骤② 在弹出的"新建区域向导"对话框中，单击"下一步"按钮，进入"区域类型"页面，选中"主要区域"单选按钮，单击"下一步"按钮，如图 7-53 所示。

步骤③ 在出现的"区域名称"页面中输入要管理的 DNS 区域名称"newweb***.com.dns.dns"，

单击"下一步"按钮。

步骤④ 进入"区域文件"页面，将设置的 DNS 信息保存在系统文件中，保持默认设置即可，单击"下一步"按钮，如图 7-54 所示。

图 7-52　选择"新建区域"选项

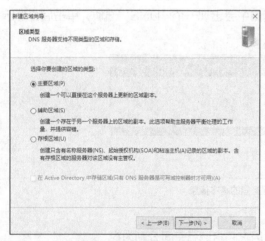

图 7-53　选择区域类型

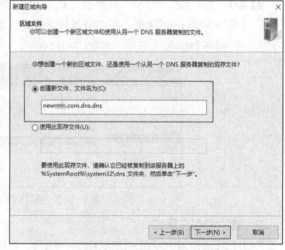

图 7-54　"区域文件"页面

步骤⑤ 进入"动态更新"页面，选中"不允许动态更新"单选按钮。

步骤⑥ 单击"下一步"按钮，再单击"完成"按钮，即完成新区域的创建。新区域的名称将显示在"DNS 管理器"窗口中，如图 7-55 所示。

3. 在正向查找区域中添加记录

步骤① 打开"DNS 管理器"窗口，在要添加主机记录的正向查找区域名称上单击鼠标右键，在弹出的快捷菜单中选择"新建主机"命令，如图 7-56 所示。

步骤② 在打开的"新建主机"对话框的"名称"文本框中输入"www"，在"IP 地址"文本框中输入主机的 IP 地址，然后单击"添加主机"按钮，系统将显示成功创建主机记录的信息。

步骤③ 单击"确定"按钮，返回"新建主机"对话框，单击"完成"按钮，主机记录即创建完成。"DNS 管理器"窗口中会显示已经成功添加的主机记录,如图 7-57 所示。

图 7-55　创建的新区域

图 7-56　选择"新建主机"命令

图 7-57　成功添加的主机记录

任务 7.5　实现 FTP 服务

【任务要求】

FTP 服务是网络中最传统、应用最广泛的资源共享方式之一。通过 FTP 服务,用户可以从服务器上下载文件,也可以将本地文件上传到服务器中。架设 FTP 服务器也是企业必要的工作之一,在本任务中,小明需要建立 FTP 站点。

【知识准备】

7.5.1　FTP 简介

文件传输协议(File Transport Protocol,FTP)应用非常广泛,主要用于实现客户机与服务器之间的文件传输。虽然通过 HTTP 也可以实现文件的上传和下载,但是使用 FTP 可以获得更高的效率并且可以严格控制文件的读写权限。一般来说,FTP 有两个意思:一是指文件传输服务,二是指文件传输协议。FTP 使用 C/S 模式,用户通过支持 FTP 的客户端软件连接到服务器上的 FTP 服务进程。当通过账户验证后,就可以向服务器发出命令,服务器执行完成后返回结果到客户端。

在使用 FTP 的过程中，需要熟悉以下相关概念。

（1）下载

下载是指通过客户端软件将 FTP 服务器存储系统中的文件复制到本地计算机存储系统中的过程。

（2）上传

上传是指将本地计算机存储系统中的文件复制到 FTP 服务器存储系统中的过程。

（3）匿名 FTP 验证

为了保证 FTP 服务器的安全，一般 FTP 服务要先验证用户的合法身份和权限后才提供服务。但一些提供公开 FTP 服务的服务器无须用户注册也可提供一定权限的服务。FTP 客户端软件可以自动使用名为 anonymous 的账户登录服务器，该过程无须客户参与。

（4）基本 FTP 验证

用户需要提供有效的用户账户进行登录。如果 FTP 服务器不能验证用户身份，则返回错误信息并且拒绝用户登录。基本 FTP 验证只提供较低的安全性，用户的账户信息以不加密的方式在网络上传输。

7.5.2　FTP 的工作流程

使用 FTP 时，用户无须关心对应计算机的位置和使用的文件系统。FTP 使用 TCP 连接和 TCP 端口。在进行通信时，FTP 需要建立两个 TCP 连接，一个用于控制信息（端口号默认为 21），叫作控制通道；另一个用于数据信息（端口号默认值为 20）的传输，叫作数据通道。

FTP 的工作流程如下。

（1）FTP 服务器运行 FTP 的守护进程，等待用户的 FTP 请求。

（2）用户运行 FTP 命令，请求 FTP 服务器为其服务。

（3）FTP 的守护进程收到用户的 FTP 请求后，派生出子进程 FTP 与用户进程 FTP 交互，建立文件传输控制连接，使用 TCP 端口 21 进行文件传输。

（4）用户输入 FTP 子命令，服务器接收子命令，如果命令正确，双方各派生一个数据传输进程 FTP-DATA，建立数据连接，使用 TCP 端口 20 进行数据传输。

（5）本次子命令的数据传输完毕，解除数据连接，结束 FTP-DATA 进程。

（6）用户继续输入 FTP 子命令，重复步骤（4）和步骤（5）的进程，直至用户输入 quit 命令，双方解除控制连接，结束文件传输，结束 FTP 的工作流程。

整个 FTP 的工作流程如图 7-58 所示。

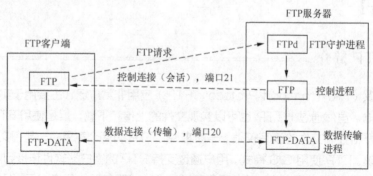

图 7-58　FTP 的工作流程

7.5.3 安装 FTP 服务

创建一个 FTP 网站需要设置它所使用的 IP 地址和 TCP 端口号。FTP 服务的默认端口号是 21，Web 服务的默认端口号是 80，所以一个 FTP 网站可以与一个 Web 网站共用同一个 IP 地址。

可以在一台服务器计算机上维护多个 FTP 网站。每个 FTP 网站都有自己的标识参数，可以进行独立配置，单独启动、停止和暂停。FTP 服务不支持主机名访问，FTP 网站的标识参数包括 IP 地址和 TCP 端口两项，只能使用 IP 地址或 TCP 端口来标识不同的 FTP 网站。

默认情况下，Windows Server 2019 没有安装 FTP 服务。该服务需要通过 "服务器管理器" 窗口安装，其中 "添加角色和功能向导" 窗口的 "选择服务器角色" 页面如图 7-59 所示。注意，"FTP 服务器" 是 "Web 服务器（IIS）" 下的一个子项。安装完成后，其将作为一个功能选项放在 IIS 管理器中。

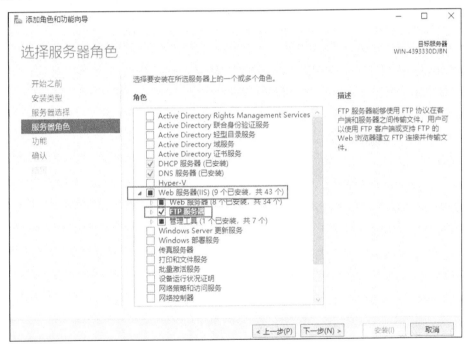

图 7-59 安装 FTP 服务

【任务实施】建立 FTP 站点

用户使用 FTP 服务之前，需要先在计算机上建立 FTP 站点。

1. 添加 FTP 站点

步骤① 在 "Internet Information Services(IIS)管理器" 窗口中单击 "网站"，在右侧 "操作" 窗格中单击 "添加 FTP 站点"，如图 7-60 所示。也可以利用 "网站" 的右键快捷菜单来操作。

步骤② 在出现的 "添加 FTP 站点" 对话框中输入站点信息，包括站点名称和主目录的物理路径，如图 7-61 所示。

7-8

微课

图 7-60　添加 FTP 站点

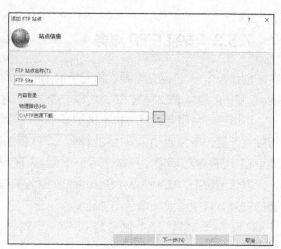

图 7-61　输入站点信息

步骤❸ 单击对话框中的"下一步"按钮，进入"绑定和 SSL 设置"页面，将"SSL"设置为"无 SSL"，"IP 地址"设置为"全部未分配"，保持默认的端口号 21。

步骤❹ 单击对话框中的"下一步"按钮，进行用户的身份验证和授权信息的设置。勾选"匿名"与"基本"复选框，开放"所有用户"拥有"读取"权限，如图 7-62 所示。

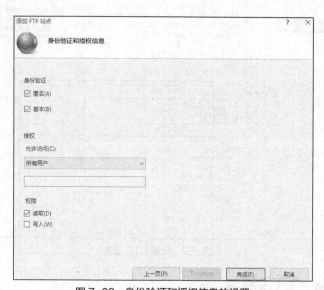

图 7-62　身份验证和授权信息的设置

步骤❺ 单击"完成"按钮，回到"Internet Information Services (IIS)管理器"窗口，"网站"下面出现了一个"FTP Site"站点，如图 7-63 所示。

2. 用户连接 FTP 站点

步骤❶ 打开命令提示符窗口，输入命令 ftp ftp.newweb***.com。

步骤❷ 按"Enter"键确定后，输入用户名和密码。

步骤❸ 按"Enter"键确定后，进入 FTP 站点，出现 FTP 提示字符"ftp>"后，输入命令 dir，并按"Enter"键，查看站点内容，如图 7-64 所示。

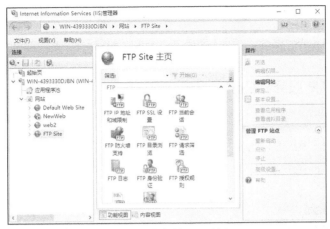

图 7-63　添加的 FTP 站点

图 7-64　查看站点内容

步骤❹ 打开文件资源管理器，在位置栏中输入 FTP 站点地址 ftp: //ftp.newweb***.com，按 "Enter" 键，计算机将会匿名连接站点，并显示站点中的文件，如图 7-65 所示。

步骤❺ 打开 IE 浏览器，在地址栏中输入 ftp: //ftp.newweb***.com，按 "Enter" 键，浏览器将打开指定的 FTP 站点，并列出其中的文件，如图 7-66 所示。

图 7-65　利用文件资源管理器访问 FTP 站点

图 7-66　利用 IE 浏览器打开 FTP 站点

若要将某个连接强制中断，只需要在服务器中选中该连接，选择鼠标右键快捷菜单中的 "断开会话" 命令即可。

【拓展实训】

项目实训　FTP 服务器的设置

1．实训目的

（1）掌握创建 FTP 用户的方法。

（2）掌握创建 FTP 服务器的方法。

2．实训内容

（1）创建用户 ceshi。

（2）创建 FTP 服务器的方法。

3．实训设备

一台已经安装 Windows Server 2019 企业版的计算机。

4．实训步骤

（1）创建用于登录 FTP 服务器的用户

步骤❶ 启用 FTP 服务器和 Web 管理工具。利用"控制面板"中"程序"的"启用或关闭 Windows 功能"启用 FTP 服务器和 Web 管理工具，如图 7-67 所示。

图 7-67　启用 FTP 服务器和 Web 管理工具

步骤❷ 新建用户。打开"计算机管理"窗口，单击左侧"本地用户和组"下的"用户"，在右侧空白处单击鼠标右键，在弹出的快捷菜单中选择"新用户"命令，如图 7-68 所示。

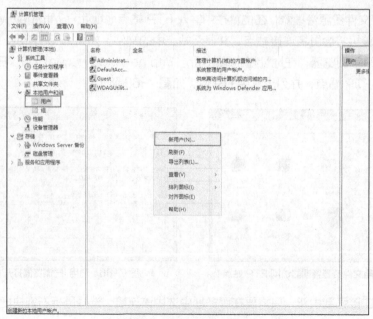

图 7-68　选择"新用户"命令

步骤 ❸ 填写用于登录 FTP 服务器的新用户信息。在"用户名"文本框中输入"ceshi",勾选"密码永不过期"复选框,如图 7-69 所示,单击"创建"按钮完成新用户的创建。

（2）创建 FTP 服务器

步骤 ❶ 在"控制面板"的"系统和安全"的"管理工具"中找到"Internet Information Services (IIS)管理器",双击打开"Internet Information Services (IIS)管理器"窗口,如图 7-70 所示,在服务器主页选项上单击鼠标右键,在弹出的快捷菜单中选择"添加 FTP 站点"命令,如图 7-71 所示。

图 7-69　创建新用户

图 7-70　双击"Internet Information Services (IIS)管理器"

图 7-71　选择"添加 FTP 站点"命令

步骤 ❷ 填写 FTP 站点名称"ceshi",物理路径是 FTP 站点所在的文件夹,如图 7-72 所示,然后单击"下一步"按钮。

步骤 ❸ IP 地址绑定为自己计算机的 IP 地址,安全套接字层（Secure Sockets Layer,SSL）选择为"无 SSL",如图 7-73 所示。

步骤 ❹ 在"身份验证"区域中勾选"基本"复选框,在"授权"区域中选择"指定用户"为"ceshi",在"权限"区域中勾选"读取"和"写入"复选框,如图 7-74 所示,FTP 服务器创建完成。

步骤⑤ 选中新添加的用户"测试"，添加用户权限，勾选"完全控制"后的"允许"复选框，如图 7-75 所示。

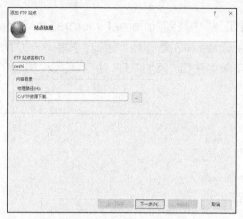

图 7-72　添加 FTP 站点

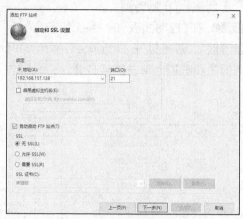

图 7-73　绑定 IP 地址

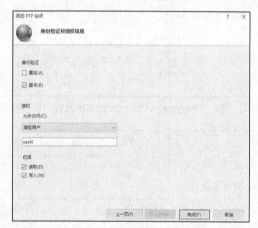

图 7-74　FTP 站点身份验证和授权信息的设置

图 7-75　用户的权限设置

步骤⑥ 在浏览器的地址栏中输入 ftp://192.168.157.128，按"Enter"键，弹出登录对话框，输入用户名和密码，FTP 服务器的设置完成，如图 7-76 所示。

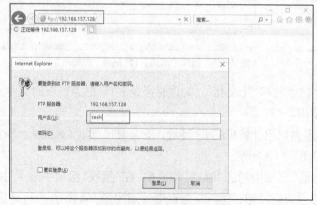

图 7-76　FTP 配置完成

5. 实训总结

（1）写出创建 FTP 用户的主要实训步骤。

（2）写出创建 FTP 服务器的主要实训步骤。

【知识延伸】IIS 10 的身份验证方式

IIS 可以对用户身份进行验证，以保证网站安全。要配置 IIS 对用户身份进行验证，必须先确认已经为 IIS 安装了"安全性"角色服务。默认情况下，IIS 10 开启了匿名访问，客户端请求时不需要提供账户即可访问。但对安全性有特殊要求的网站，则需要对用户进行身份验证，只有验证成功才可以访问。IIS 10 支持以下不同的身份验证方式。

1. 匿名身份验证

在安装 IIS 10 时，系统会自动建立名为"IUSR_计算机名"的账户，此账户属于 Gusers 用户组。用户匿名访问站点时，系统将根据该账户的权限来进行访问控制。

2. 基本身份验证

该身份验证方式要求用户提供账户名和密码，但由于账户信息以明文传输，因此安全性较低。一般只有确认客户端和服务器之间的连接安全时，才使用此种身份验证方式。

3. 摘要式身份验证

摘要式身份验证使用 Windows 域控制器来对请求访问服务器上内容的用户进行身份验证。摘要式身份验证将账户信息做 MD5 哈希运算或消息摘要运算后在网络上传输，所以具有较强的安全性。支持 HTTP 1.1 的浏览器才能支持摘要式身份验证。

4. Windows 身份验证

Windows 身份验证使用 NTLM 或 Kerberos 协议对客户端进行身份验证。Windows 身份验证最适用于 Intranet 环境，不适合在 Internet 上使用，因为该方式不需要用户凭据，也不对用户凭据进行加密。

5. Active Directory 客户端证书身份验证

Active Directory 客户端证书身份验证允许使用 Active Directory 目录服务功能将用户映射到客户端证书上，以便进行身份验证。将用户映射到客户端证书上可以自动验证用户的身份，而无须使用基本、摘要式或 Windows 身份验证等其他身份验证方式。

6. ASP.NET 模拟身份验证

使用 ASP.NET 模拟身份验证时，ASP.NET 应用程序可以用发出请求的用户的 Windows 标识（账户）执行，其通常用于依赖 IIS 10 来对用户进行身份验证的应用程序。默认情况下禁用 ASP.NET 身份模拟，如果对某 ASP.NET 应用程序启用了 ASP.NET 身份模拟，则该应用程序将运行在标识上下文中，其访问标记被 IIS 传递给 ASP.NET。该标记既可以是已通过身份验证的用户标记（如已登录的 Windows 用户的标记），也可以是 IIS 10 为匿名用户提供的标记（通常为 "IUSR_计算机名"标识）。

7. Forms 身份验证

Forms 身份验证提供了一种方法，即可以使用自己的代码对用户进行身份验证，然后将身份验证标记保留在身份验证票证（Cookie）或页的 URL 中。要使用 Forms 身份验证，可以创建一个登录页。该登录页既收集了用户的凭据，又包括验证这些凭据时所需的代码。如果这些凭据有效，则再使用适当的 Cookie 将请求重定向到最初请求的资源。Forms 使用明文进行数据传输，如果有更高的安全要求，应该对应用程序使用 SSL 进行加密。

【扩展阅读】国产自主网络操作系统——华为鸿蒙系统

华为鸿蒙系统（HUAWEI Harmony OS）是一款基于微内核、面向全场景的分布式网络操作系统，于 2019 年 8 月 9 日在东莞华为开发者大会上正式发布。华为鸿蒙系统实现了模块化耦合，可对不同设备进行弹性部署，可用于手机、平板电脑、PC、汽车等各种设备，是一个可将所有设备串联在一起的通用性系统。

华为鸿蒙系统问世时恰逢中国整个软件业亟须补足短板，华为鸿蒙系统对国产软件的全面崛起起到了带动和刺激作用。我国已经下定决心要独立发展本国核心技术，华为鸿蒙系统是时代的产物，它代表中国高科技必须开展的一次突围，是中国解决诸多技术垄断问题的一个带动点。

【检查你的理解】

1. 选择题

（1）可以使用 IIS、（　　）、Winmail 等搭建邮件交换器。

　　A. DNS 　　　　　B. URL 　　　　　C. SMTP 　　　　D. 交换服务器

（2）目前建立 Web 服务器的主要方法有 IIS 和（　　）。

　　A. URL 　　　　　B. Apache 　　　　C. SMTP 　　　　D. DNS

（3）用户在 FTP 客户端上可以使用（　　）下载 FTP 站点上的内容。

　　A. 专门的 FTP 客户端软件 　　　　　B. UNC 路径

　　C. 网上邻居 　　　　　　　　　　　D. 网络驱动器

（4）搭建 FTP 服务器的主要方法有（　　）和 Serv-U。

　　A. DNS 　　　　　B. Real Media 　　C. IIS 　　　　　D. SMTP

（5）在 Web 服务器上可以通过建立（　　）向用户提供网页资源。

　　A. DHCP 中继代理 　　　　　　　　B. 作用域

　　C. Web 站点 　　　　　　　　　　　D. 主要区域

（6）IIS 使用（　　）为客户提供 Web 浏览服务。

　　A. FTP 　　　　　B. HTTP 　　　　　C. SMTP 　　　　D. NNTP

（7）FTP 服务器默认使用的端口号是（　　）。

　　A. 21 　　　　　　B. 23 　　　　　　C. 25 　　　　　　D. 53

（8）使用 DHCP 服务的好处是（　　）。

　　A. 减少 TCP/IP 网络的配置工作量

　　B. 增加系统安全性与依赖性

　　C. 对于那些经常变动位置的工作站，DHCP 能迅速更新位置信息

　　D. 以上都是

（9）要实现动态 IP 地址分配，要求网络中至少有一台计算机的网络操作系统中安装了（　　）。

    A．DNS 服务器   B．DHCP 服务器

    C．IIS 服务器   D．PDC 主域控制器

（10）TCP/IP 中，哪个协议是用来自动分配 IP 地址的？（　　）。

    A．ARP   B．NFS   C．DHCP   D．DNS

2．填空题

（1）在 Windows Server 2019 中，其 IIS 版本为＿＿＿＿＿＿＿＿＿＿＿＿＿。

（2）用于学校的顶级域为＿＿＿＿＿＿＿＿＿＿＿。

（3）＿＿＿＿＿＿＿＿＿＿＿服务器能够为客户端动态分配 IP 地址。

（4）＿＿＿＿＿＿＿＿＿＿＿就是 DHCP 客户端能够使用的 IP 地址范围。

（5）Web 也被称为＿＿＿＿＿＿＿＿＿＿，它起源于＿＿＿＿＿＿＿＿＿＿。

（6）用户将一个文件从自己的计算机发送到 FTP 服务器的过程叫作＿＿＿＿＿＿＿＿＿＿，将文件从 FTP 服务器复制到自己计算机的过程叫作＿＿＿＿＿＿＿＿＿＿。

（7）FTP 服务就是＿＿＿＿＿＿＿＿＿＿服务，FTP 的英文全称是＿＿＿＿＿＿＿＿＿＿。

（8）FTP 命令的格式为＿＿＿＿＿＿＿＿＿＿＿。

（9）FTP 服务有两种工作模式：＿＿＿＿＿＿＿＿＿＿＿和＿＿＿＿＿＿＿＿＿＿。

3．简答题

（1）什么是 FTP 服务？FTP 服务器有什么用处？

（2）什么是 IIS？

（3）DHCP 服务的作用是什么？

项目8
网络管理与安全防护

项目背景

前面详细介绍了组建办公室网络、组建小型网络、组建无线局域网、搭建网络服务的相关知识。小明所在的公司经历了一个飞速的发展过程，公司营业额在 5 年间增长了 10 倍。但是公司的急速扩张给公司 IT 管理部门带来了巨大工作压力，公司原有的 IT 管理架构早已不堪重负，于是需要对公司的整个网络系统进行一次重大升级，以提高整个网络系统的可用性和可管理性。但是，网络管理员忽略了系统策略及安全政策的制定，日常维护工作没有标准可循，也根本没有考虑到系统及数据备份的灾难恢复，经常会有一些系统安全问题暴露出来。本项目主要讲解网络管理与安全防护的知识和技能。本项目知识导图如图 8-1 所示。

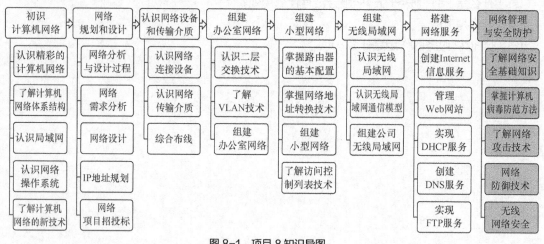

图 8-1　项目 8 知识导图

项目目标

在学习完本项目之后，小明应该能够回答下面的问题。

- 网络安全的属性有哪几个？
- 网络安全面临的主要威胁有哪些？
- 网络安全常用命令有哪些？
- 计算机病毒如何防范？
- 常见的网络攻击有哪些？
- 网络攻击防范措施有哪些？
- 常用的入侵检测有哪些？
- 常见的无线网络的安全加密措施有哪几项？
- 如何防范无线网络中的入侵？

素养提示

国家安全观　网络安全意识　良好网络生态　信息保护　爱国情怀

关键术语

● 网络安全	● 威胁
● 计算机病毒	● 服务集标识符
● 特洛伊木马	● 防火墙
● 入侵检测	● 入侵检测系统
● ping 命令	● 无线网络安全
● 无线 AP 安全	● 蠕虫病毒
● 拒绝服务攻击	● 云安全
● 防御技术	

任务 8.1　了解网络安全基础知识

【任务要求】

近日，公司员工打开企业网站后经常提示无法连接数据库，打开网站的速度一会快一会慢，或者服务器的 CPU 被占满，无法打开网站数据库，进程占用率高，服务器卡顿，无法进行远程操作。对于出现这些状况的原因，网络管理员认为可能是攻击者恶意删除了数据库，或者是网站的代码文件被删除了，也可能是攻击者利用网站代码植入了勒索病毒等。网站速度变慢可以确定为受到 DDoS 攻击和 CC 攻击，大量的僵尸网络或者"肉机"访问请求造成了网络堵塞，让网站无法打开。鉴于企业网络目前的情况，作为网络项目负责人的小明，需要了解网络安全基本知识，提高网络防护技能，维护好企业网络。

【知识准备】

8.1.1　网络安全的内涵

随着科技的不断发展，网络已走进千家万户。人们利用网络可以开展工作，进行娱乐、购物，互联网的应用也变得越来越广泛。互联网以其开放性和包容性，融合了传统行业的许多服务，给人们带来前所未有的便捷。但网络的开放性和自由性，也使私有信息和保密数据可能被破坏或侵犯，网络的安全问题从而显现出来。网络安全不仅是商家关注的焦点，也是技术研究的热门领域，同时还是国家和政府的重点关注对象，网络安全已经涉及国家主权等许多重大问题。

1. 网络安全的含义

网络安全（Network Security）是一门涉及计算机科学、网络技术、通信技术、密码技术、信息安全技术、应用数学、数论、信息论等学科的综合性科学。

网络安全从本质上来讲就是网络上的信息安全，它涉及的领域相当广泛。从广义来说，凡是涉及网络上信息的保密性、完整性、可用性、真实性和可控性的相关技术和理论，都是网络安全所要研究的领域。

网络安全有一个通用定义：网络安全是指网络系统的硬件、软件及其系统中的数据受到保护，不因偶然的或者恶意的因素而遭到破坏、更改、泄露，系统连续、可靠、正常地运行，网络服务不中断。也就是说，网络安全包括运行系统安全，即保证信息处理和传输系统的安全；网络上系统信息的安全；网络上信息传播的安全，即信息传播后果的安全；网络上信息内容的安全，即我们讨论的狭义的"信息安全"。

2. 网络安全的属性

从技术角度来讲，网络安全的主要属性表现在网络信息系统的保密性、完整性、可用性、可控性、不可抵赖性等方面。

（1）保密性（confidentiality）

保密性是指保证信息不能被非授权用户访问，即使非授权用户得到信息也无法知晓信息内容，因此该信息不能被非授权用户使用。通常通过访问控制阻止非授权用户获得机密信息，通过加密变换阻止非授权用户获知信息内容。

（2）完整性（integrity）

完整性是指维护信息的一致性，即信息在生成、传输、存储和使用过程中不应发生人为或非人为的非授权篡改。一般通过访问控制阻止篡改行为，同时利用消息摘要算法来检验信息是否被篡改。信息的完整性包括两个方面：一是数据完整性，即数据没有被非授权用户篡改或者损坏；二是系统完整性，即系统未被非法操纵，一直按既定的目标运行。

（3）可用性（availability）

可用性是指保障信息资源随时可提供服务的能力特性，即授权用户根据需要可以随时访问所需信息。可用性用于表示信息资源服务功能和性能可靠性，它涉及物理、网络、系统、数据、应用和用户等多方面的因素，是对信息网络总体可靠性的要求。

（4）可控性（controllability）

可控性主要指对危害国家信息（包括利用加密技术的非法通信活动）的监视审计，即控制授权范围内的信息流向及行为方式。使用授权机制可以控制信息传播范围、内容，必要时能恢复密钥，实现对网络资源及信息的可控性。

（5）不可抵赖性（no-repudiation）

不可抵赖性可以对出现的安全问题提供调查的依据和手段。使用审计、监控、防抵赖等安全机制，使得攻击者、破坏者、抵赖者无法逃脱或隐藏，并进一步对网络出现的安全问题提供调查的依据和手段，实现信息安全的不可抵赖性。

8.1.2 网络安全面临的主要威胁

早期的网络安全大多局限于各种计算机病毒的防护，随着计算机网络的发展，除了传播计算机病毒，还有木马入侵、漏洞扫描、DDoS 攻击等新型攻击手段。网络安全的演化过程如图 8-2 所示。

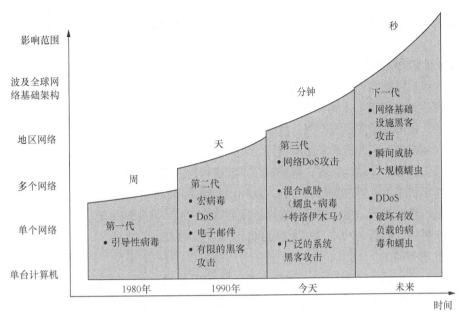

图 8-2　网络安全的演化过程

1. 网络的脆弱性

Internet 的美妙之处在于你和每个人都能互相连接，Internet 的可怕之处在于每个人都能和你互相连接。

（1）网络操作系统的脆弱性

网络操作系统体系结构本身就是不安全的因素。网络操作系统可以创建进程，即使在网络的节点上同样也可以进行远程进程的创建与激活，更令人不安的是被创建的进程具有继续创建进程的权限。网络操作系统提供的远程进程调用服务和它所安排的无口令入口也是攻击者的通道。

（2）计算机系统的脆弱性

计算机系统的脆弱性来自网络操作系统的不安全性，在网络环境下，还来源于通信协议的不安全性。如果存在超级用户，入侵者得到超级用户的口令后，整个系统将完全受控于入侵者。计算机可能会因硬件或软件故障而停止运转，或被入侵者利用并造成损失。

（3）协议安全的脆弱性

网络操作系统使用的 TCP/IP、FTP、E-Mail、NFS 等协议包含着许多影响网络安全的因素，存在许多漏洞。入侵者通常采用 Sock、TCP 预测或使用远程访问进行直接扫描等方法对防火墙进行攻击。

（4）数据库管理系统安全的脆弱性

由于数据库管理系统（Database Management System，DBMS）对数据库的管理是建立在分级管理的概念上的，因此 DBMS 的安全性也有所欠缺。另外，DBMS 的安全配置必须与网络操作系统的安全配置配套，这无疑是一个先天的不足之处。

（5）人为因素

不管是什么样的网络操作系统，都离不开人的管理，但大多网络操作系统缺少安全管理员，特别是高素质的网络管理员，此外，还缺少网络安全管理的技术规范、定期的安全测试与检查、安全监控。令人担忧的是，许多网络操作系统已使用多年，但网络管理员与用户的注册、口令等还处于默认状态。

2. 网络安全面临的主要威胁

目前，计算机网络面临的安全性威胁主要有以下几个方面。

（1）非授权访问和破坏（黑客攻击）

非授权访问指没有预先经过同意，就使用网络或计算机资源，如有意避开网络操作系统包间控制机制，对网络设备及资源进行非正常使用，或擅自扩大权限，越权访问信息。它主要有以下几种形式：假冒身份攻击、非法用户进入网络操作系统进行违法操作、合法用户以未授权方式进行操作等。网络操作系统总不免存在漏洞，一些人就利用网络操作系统的漏洞进行网络攻击，其目的就是对网络操作系统数据进行非授权访问和破坏。黑客攻击已有十几年的历史，黑客活动几乎覆盖了所有的网络操作系统，包括 UNIX、Windows NT、VM、VMS 和 MVS。

（2）拒绝服务攻击

拒绝服务（Denial of Service，DoS）攻击是一种破坏性攻击，最早的 DoS 攻击是"电子邮件炸弹"，它能使用户在很短的时间内收到大量电子邮件，使网络操作系统不能处理正常业务，严重时会使网络操作系统崩溃、网络瘫痪。

它不断对网络操作系统进行干扰，改变其正常的作业流程，执行无关程序使网络操作系统响应速度减慢甚至瘫痪，影响用户的正常使用，甚至使合法用户被排斥，不能进入计算机网络系统或不能得到相应的服务。

（3）计算机病毒

计算机病毒程序有着巨大的破坏性，其危害已被人们所认识。单机病毒就已经让人们"谈毒色变"了，而通过网络传播的计算机病毒无论是在传播速度、破坏性，还是在传播范围等方面都远超单机病毒。

（4）特洛伊木马

特洛伊木马（Trojan Horse）的名称来源于古希腊的历史故事，以下简称木马。木马的程序一般是由编程人员编制的，它提供了用户不希望出现的功能，这些额外的功能往往是有害的。木马的程序一般把预谋的、有害的功能隐藏在公开的功能中，以掩盖其真实企图。

（5）破坏数据完整性

破坏数据完整性指以非法手段窃得对数据的使用权，删除、修改、插入或重发某些重要信息，其可以修改、销毁、替换网络上传输的数据，重复播放某个分组序列，改变网络上传输的数据包的先后次序，使攻击者获益，干扰用户的正常使用。

（6）蠕虫

蠕虫（Worms）是一个或一组程序，可以从一台机器向另一台机器传播。它与普通计算机病毒不一样，其不需要修改宿主程序就能传播。

（7）活板门

活板门（Trap Door）是为攻击者提供"后门"的一段非法网络操作系统程序，一般是指一些内部程序人员为了某些特殊的目的，在所编制的程序中潜伏代码或保留漏洞。

（8）隐蔽通道

隐蔽通道是一种允许以违背合法安全策略的方式进行网络操作系统进程间通信（Inter-Process

Communication，IPC）的通道，它分为隐蔽存储通道和隐蔽时间通道，隐蔽通道的重要参数是带宽。

（9）信息泄露或丢失

信息泄露或丢失指敏感数据在有意或无意中被泄露出去或丢失，它通常包括：信息在传输过程中丢失或泄露（如黑客们利用电磁泄露或搭线窃听等方式截获机密信息，或对信息流向、流量、通信频度和长度等参数进行分析，推出有用信息，如用户口令、账号等）、信息在存储介质中丢失或泄露、通过建立隐蔽隧道等方式窃取敏感信息。

8.1.3 网络安全常用命令

要学会网络安全防护，就必须学会网络安全常用命令，这样才能更好地去掌握网络，保护自己的系统，防止恶意入侵。

8-1

微课

1. ping 命令应用

ping 命令通常用来进行网络可用性检查，该命令可以对一个网络地址发送测试数据包，观察该网络地址是否有响应并统计响应时间，进而测试网络的可用性。

（1）ping 命令的使用格式如下。

```
ping  [-t]  [-a] [-size] [-n count] [-i TTL]
```

（2）ping 命令的参数应用。

在"开始"菜单中选择"运行"命令，然后在弹出的"运行"对话框中输入"CMD"命令，按"Enter"键后系统就会运行 DOS 程序窗口，然后输入"ping 192.168.100.46"命令，按"Enter"键。

－t：让本机不断向目的主机发送数据包。

－n count：指定要 ping 多少次，具体次数由后面的 count 指定。

－l size：指定发送到目的地主机的数据包的大小，默认数据包的大小是 32 字节。

例：C:\>ping 192.168.0.1 or target_name。

2. ipconfig 命令应用

ipconfig 是调试计算机网络的常用命令，通常大家用它来显示计算机中网络适配器的 IP 地址、子网掩码及默认网关。其实这只是 ipconfig 命令的不带参数用法，它的带参数用法在网络应用中也非常常见。

（1）ipconfig 命令的使用格式如下。

```
ipconfig [/all] [/batch file] [/renew all] [/release all] [/renew n] [/release n]
```

（2）ipconfig 命令的参数应用。

ipconfig/?：主要用于显示 ipconfig 命令的所有参数、参数的定义及其简单的用法。

在命令提示符后面直接输入 ipconfig 命令，可以看到主机内部 IP 地址、子网掩码、网关 IP 地址等。

在命令提示符后面输入 ipconfig/all 命令，除了会显示主机的基本信息外，还会显示主机的所有详细信息。

例：C:\> ipconfig/all。

3. netstat 命令应用

netstat 命令用于显示当前正在活动的网络连接的详细信息，如采用的协议类型、当前主机与远端相连主机（一个或多个）的 IP 地址和它们之间的连接状态等。

（1）netstat 命令的使用格式如下。

```
netstat  [-a] [-e] [-n] [-s] [-p proto] [-r] [interval]
```

（2）netstat 命令的参数应用。

-a: 显示任何 socket，包括正在监听的。

-n: 以网络 IP 地址代替名称，显示出网络连接情况。

例: C:\>netstat - a; C:\>netstat - n;。

4. nbtstat 命令应用

nbtstat 命令使用 TCP/IP 上的 NetBIOS 显示协议统计和当前 TCP/IP 连接的情况，使用这个命令可以得到远程主机的 NetBIOS 信息，如用户名、所属的工作组、网卡的 MAC 地址等。

（1）nbtstat 命令的使用格式如下。

```
nbtstat    [-a remotename] [-A IPaddress] [-c] [-n] [-r] [-R] [-RR] [-s] [-S] [In
terval]
```

（2）nbtstat 命令的参数应用。

-n: 显示本地计算机的 NetBIOS 名称表，Registered 中的状态表明该名称是通过广播还是WINS 服务器注册的。

-A IPaddress: 显示远程计算机的 NetBIOS 名称表，其名称由远程计算机的 IP 地址指定（以小数点分隔），还可以显示远程计算机的用户名、所属的工作组、网卡的 MAC 地址。

例: C:\>nbtstat - A 192.168.0.1; C:\>nbtstat - n。

5. arp 命令应用

arp 是 TCP/IP 中一项重要的命令，用于确定对应 IP 地址的网卡 MAC 地址。使用 arp 命令，我们能够查看本地计算机或另一台计算机的 ARP 高速缓存中的当前内容。

（1）arp 命令的使用格式如下。

arp 命令有以下 3 种用法。

```
arp -a [inet_addr]  [-N if_addr]
arp -s inet_addreth_addr [if_addr]
arp -d inet_addr [if_addr]
```

（2）arp 命令的参数应用。

-a: 用于查看高速缓存中的所有项目。

-s IP MAC 地址: 向 ARP 高速缓存中手动输入一个静态项目。该项目在计算机引导过程中将保持有效状态，或者在出现错误时，手动配置的 MAC 地址自动更新该项目，起到将 IP 和 MAC地址进行绑定的作用。

-d IP 地址: 使用本命令能够手动删除一个静态项目。

例: arp -a。

【任务实施】获取计算机基本信息

除了可以通过查看计算机属性，获取计算机的基本信息，我们还可以通过命令获取计算机的更多信息。

8-2

微课

步骤❶ 获取本机的 IP 地址、MAC 地址。

在互联网中，一台主机只有一个 IP 地址，因此黑客要想攻击某台主机，必须找到这台主机的 IP 地址，才能进行入侵攻击，可以说 IP 地址是黑客实施入侵攻击的一个关键。使用 ipconfig 命令可以获取本地计算机的 IP 地址，如图 8-3 所示。

在命令提示符窗口中输入 ipconfig/all 命令，然后按"Enter"键，可以在显示的结果中看到一个"物理地址"：00-23-24-DA-43-8B。这是本机的 MAC 地址，也就是本机的网卡地址，它是唯一的，如图 8-4 所示。

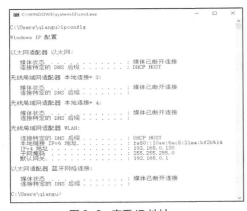

图 8-3　查看 IP 地址

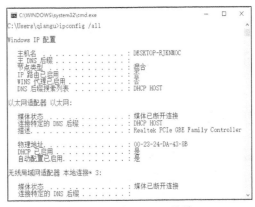

图 8-4　查看 MAC 地址

步骤❷ 查看系统开放的端口。

经常查看系统开放端口状态的变化，可以帮助计算机用户及时提高系统安全性，防止黑客通过端口入侵计算机，用户可以使用 nbtstat 命令查看自己系统端口的状态，如图 8-5 所示。

图 8-5　查看系统端口的状态

步骤❸ 查看系统的注册表信息。

注册表（registry）是 Microsoft Windows 中一个重要的数据库，用于存储系统和应用程序的设置信息。通过注册表，用户可以添加、删除、修改系统内的软件配置信息或硬件驱动程序，如图 8-6 所示。

图 8-6　查看系统的注册表信息

任务 8.2　掌握计算机病毒防范方法

【任务要求】

公司目前经常遇到打开企业网站后提示无法连接数据库的情况，网络管理员认为可能是入侵者利用网站代码植入了勒索病毒。小明想要搞清勒索病毒属于什么类型的计算机病毒，以及如何检测、防范、清除计算机病毒。

【知识准备】

随着计算机在社会生活各个方面的广泛应用，计算机病毒攻击的技术也不断拓展升级。据报道，世界各国每年遭受计算机病毒攻击的事件数以亿计，计算机病毒严重地干扰了人们正常的生活，给计算机网络的发展带来了负面影响。因此，计算机病毒的防范技术受到世界各国的高度重视。

8.2.1　计算机病毒概述

计算机病毒被公认为数据安全的头号大敌，从 1987 年开始，计算机病毒在世界范围内受到普遍重视，我国也于 1989 年首次发现计算机病毒。目前，新型计算机病毒正向更具破坏性、更加隐秘、感染率更高、传播速度更快等方向发展。因此，必须深入学习计算机病毒的基本常识，加强对计算机病毒的防范。

1. 计算机病毒的定义

计算机病毒程序是依附于其他程序或文档，能够自身复制，并且出现用户不知情和不希望的恶意操作的非正常程序。

计算机病毒（computer virus）是指编制者在计算机程序中插入的破坏计算机功能或者破坏数据，影响计算机使用并且能够自我复制的一组计算机指令或者程序代码。

2. 计算机病毒的特点

根据对计算机病毒的产生、传播和破坏行为的分析，可将计算机病毒的特点概括为以下 6 个。

（1）传播性

传播性是计算机病毒的基本特点。计算机病毒与生物病毒类似，也会通过各种途径传播扩散，在一定条件下使被感染的计算机系统工作失常甚至瘫痪。

（2）非授权可执行性

计算机病毒在用户调用正常程序时窃取到系统的控制权，先于正常程序执行，计算机病毒的动作、目的对用户来说往往是未知的并且未经用户允许的。

（3）隐蔽性

计算机病毒程序很隐蔽，只有经过代码分析才能将其与正常程序区别开。

（4）破坏性

侵入系统的任何计算机病毒，都会对系统及应用程序产生影响，其破坏方式多种多样，如占用系统资源、降低计算机工作效率，甚至导致系统崩溃。

（5）潜伏性

绝大部分的计算机病毒感染系统之后不会马上发作，而是长期隐藏在系统中，只有当满足其特定条件时才启动其破坏程序，显示发作信息或破坏系统。

（6）不可预见性

不同种类的计算机病毒程序相差很大，但有些操作具有共性，如驻内存、改中断等。虽然利用这些共性已研发出查找计算机病毒的软件，但软件种类繁多，难以预见计算机病毒的变异。

3. 计算机病毒的分类

（1）根据计算机病毒存在的媒体分类

计算机病毒可以划分为网络病毒、文件病毒、引导型病毒。

（2）根据计算机病毒的破坏能力分类

① 无害型：除了传播时会减少磁盘的可用空间外，对系统没有其他影响。

② 无危险型：这类计算机病毒仅减少内存、显示图像、发出声音及同类音响。

③ 危险型：这类计算机病毒会在计算机系统操作过程中造成严重的错误。

④ 非常危险型：这类计算机病毒会删除程序、破坏数据、清除系统内存区和网络操作系统中重要的信息。

（3）根据计算机病毒特有的算法分类

① 伴随型病毒：这类计算机病毒并不改变文件本身，它们根据算法产生 EXE 文件的伴随体，与 EXE 文件具有同样的名字和不同的扩展名（即扩展名为 COM 的文件），例如 XCOPY.exe 的伴随体是 XCOPY.com。

② 蠕虫型病毒：这类计算机病毒通过计算机网络传播，不改变文件和资料信息，利用网络从一台机器的内存中传播到其他机器的内存中，将自身的计算机病毒通过网络进行传播。有时它们存在于系统中，一般除了内存不占用其他资源。

③ 寄生型病毒：除了伴随型和蠕虫型病毒，其他计算机病毒均可称为寄生型病毒，它们依附在

系统的引导扇区或文件中，通过系统的功能进行传播，按算法有如下划分。

　　a．练习型病毒：这类计算机病毒自身包含错误，不能进行很好的传播，例如一些计算机病毒还在调试阶段，不具备发作的条件。

　　b．诡秘型病毒：这类计算机病毒一般不直接修改 DOS 中断和扇区数据，而是通过技术设备和文件缓冲区等在 DOS 内部修改，其不易看到资源且使用比较高级的技术，利用 DOS 空闲的数据区进行工作。

　　c．变型病毒（幽灵病毒）：这类计算机病毒使用一种复杂的算法，使自己每传播一次都具有不同的内容和长度。

8.2.2　计算机病毒检测与防范方法

对大多数计算机用户来说，计算机病毒似乎深不可测、无法琢磨，但其实计算机病毒是可以防范的。随着计算机的普及与深入，对计算机病毒的检测与防范越来越受到计算机用户的重视。

1．计算机病毒的检测

（1）特征代码法

特征代码法是检测已知计算机病毒最简单、开销较小的方法。其检测步骤为：采集中毒样本，抽取其特征代码，打开被检测文件，然后搜索检查被检测文件是否含计算机病毒特征代码。

（2）校验和法

校验和法指在使用文件前检查其检验和变化的方法，或定期地检查文件校验和变化的方法。该方法既可发现已知计算机病毒，又可发现未知计算机病毒，但无法识别病毒类和病毒名。

（3）行为监测法

行为监测法是利用计算机病毒的行为特征监测计算机病毒的一种方法。病毒的一些行为特征比较特殊且具有共性，运行监视程序可发现计算机病毒并及时报警。

（4）软件模拟法

为了检测多态性病毒，新的检测方法——软件模拟法被研制出来。它是一种软件分析器，用软件方法来模拟和分析程序的运行，以后演绎为在虚拟机上进行查杀，启发式查杀技术等。

2．计算机病毒的防范

计算机病毒的防范重于检测和清除，这项系统工程需要全社会的共同努力。国家依法打击计算机病毒的制造者和蓄意传播者，并建立计算机病毒防治机构及处理中心，从政策与技术上组织、协调和指导全国的计算机病毒防治工作。建立计算机病毒防范体系和制度，实时检测，及时发现计算机病毒的侵入行为，可以有效遏制计算机病毒的传播和破坏，尽快恢复数据。

企事业单位应树立"预防为主"的思想，制订出切实可行的管理措施，定期组织专项培训，提高计算机使用人员的防毒意识。对于重要部门，要专机专用；对于具体用户，一定要遵守有关规则和培养良好习惯，如配备杀毒软件并及时升级；留意安全信息，及时打好补丁；经常备份文件并对文件进行一次杀毒；对外来文件和存储介质都应先查毒后使用；一旦遭到大规模的计算机病毒攻击，应立即采取隔离措施，并向有关部门报告，再采取清除措施；不访问不明网站及链接；不使用盗版光盘；不下载不明文件和游戏等。要遵守计算机病毒防治的法纪和制度，不断学习，积累防毒知识和经验，养成良好的防毒习惯，不造毒，不传毒。

【任务实施】勒索病毒的防范

2018 年 12 月，一种新型勒索病毒在国内开始传播，该病毒要求受害者通过网络支付赎金。勒索病毒采用"供应链感染"方式进行传播，通过论坛传播植入病毒的"易语言"编程软件，进而植入各开发者开发的软件。同时，勒索病毒还会窃取用户的账号和密码，包括淘宝、天猫、支付宝、QQ 等。勒索病毒的防范措施如下。

步骤❶ 个人用户的防御措施。

（1）浏览网页时提高警惕，不下载可疑文件，警惕伪装为浏览器更新或者 flash 更新的计算机病毒。

（2）安装杀毒软件，保持监控开启，及时升级计算机病毒库。

（3）安装防勒索软件，防御未知勒索病毒，如果已经感染勒索病毒，可使用相关解密工具尝试解密。目前，许多公司已经针对该勒索病毒开发了解密工具，如火绒 Bcrypt 专用解密工具、腾讯电脑管家"文档守护者"、360 安全卫士"360 解密大师"等。

（4）不打开可疑邮件附件，不访问可疑邮件中的链接。

（5）及时更新系统补丁，防止受到漏洞攻击。

（6）备份重要文件，建议采用本地备份+脱机隔离备份+云端备份。

步骤❷ 企业的防御措施。

（1）针对系统漏洞攻击。及时更新系统补丁，防止攻击者通过漏洞入侵系统。安装补丁不方便的组织，可安装网络版安全软件，对局域网中的机器统一打补丁。在不影响业务的前提下，将危险性较高的、容易被漏洞利用的端口修改为其他端口号，如 139、445 端口，如果不使用，可直接关闭高危端口，以降低被漏洞攻击的风险。

（2）针对远程访问弱口令攻击。使用复杂密码。更改远程访问的默认端口号，将其改为其他端口号。禁用系统默认的远程访问途径，使用其他远程管理软件。

（3）针对钓鱼邮件攻击。安装杀毒软件，保持监控开启，及时更新计算机病毒库。如果业务不需要，建议关闭 office 宏、powershell 脚本等。开启显示文件扩展名。不打开可疑的邮件附件，不访问邮件中的可疑链接。

（4）针对 Web 服务漏洞和弱口令攻击。及时更新 Web 服务器组件，及时安装软件补丁。Web 服务不使用弱口令和默认密码。

（5）针对数据库漏洞和弱口令攻击。更改数据库软件默认端口号。限制远程访问数据库。数据库管理密码不使用弱口令。及时更新数据库管理软件补丁，及时备份数据库。

任务 8.3　了解网络攻击技术

【任务要求】

公司遇到了 DDoS 攻击和 CC 攻击，小明想知道 DDoS 攻击和 CC 攻击是怎么回事，以及常见的网络攻击及其防范方法。

【知识准备】

8.3.1　常见的网络攻击

网络攻击是网络安全最大的威胁之一，防御网络攻击已成为网络安全的重要内容。新的网络攻击形式和手段还在不断出现。

1. 网络攻击概述

计算机网络攻击是攻击者利用网络通信协议自身存在的缺陷、用户使用的网络操作系统内在缺陷或用户使用的程序语言本身所具有的安全隐患，使用网络命令或者专门的软件非法进入本地或远程用户主机系统，获得、修改、删除用户系统的信息，以及在用户系统上插入有害信息，降低、破坏网络使用效能等一系列活动的总称。

2. 常见的网络攻击

（1）口令入侵

所谓口令入侵，是指使用某些合法用户的账号和口令，登录到目的主机，然后实施攻击活动。这种网络攻击的前提是必须先得到该主机上的某个合法用户的账号，然后进行合法用户口令的破译。

（2）木马攻击

木马的程序能直接侵入用户的计算机并进行破坏，木马程序常伪装成工具程序或游戏等，诱使用户打开带有木马程序的邮件附件，或从网上直接下载携带计算机病毒的程序。

（3）互联网欺骗攻击

用户可以通过浏览器访问各种各样的 Web 站点，一般的用户不会意识到有以下问题存在：正在访问的网页已经被黑客篡改过，网页上的信息是虚假的。例如，黑客将用户要浏览的网页的 URL 改写为指向黑客自己的服务器，当用户浏览目标网页的时候，实际上正在向黑客服务器发出请求，这样黑客就可以实现欺骗目的了。

（4）电子邮件攻击

电子邮件是互联网上应用范围最为广泛的应用之一。网络上的攻击者能使用一些邮件炸弹软件或 CGI 程序，向目的邮箱发送大量内容重复、无用的垃圾邮件，从而使目的邮箱被"撑爆"而无法使用。当垃圾邮件的发送量特别大时，更有可能使邮件系统工作缓慢，甚至瘫痪。相对于其他的网络攻击来说，这种网络攻击具有简单、见效快等特点。

（5）网络监听攻击

网络监听是连接在网络中的一种主机工作模式。在这种模式下，主机能接收到本网段上在同一条物理通道中所有计算机传输的所有信息，无论这些信息的发送方和接收方是谁。

（6）黑客软件攻击

黑客软件攻击是互联网上常见的一种攻击手段，如 Back Orifice2000、冰河等，它们能非法地取得用户计算机的终极用户级权利，能对其进行完全的控制。这种攻击手段除了能进行文件操作外，同时也能对对方桌面截图、取得对方密码等。

（7）端口扫描攻击

所谓端口扫描，就是利用 Socket 编程和目标主机的某些端口建立 TCP 连接、进行传输协议的验证等，从而侦查到目标主机的扫描端口是否处于激活状态、主机提供了哪些服务、提供的服务是否含有某些缺陷等。

（8）拒绝服务攻击（DoS 攻击）

DoS 攻击是一种针对 TCP/IP 漏洞的网络攻击手段，其原理是利用 DoS 攻击工具向目标主机发送海量的数据包，消耗网络的带宽和目标主机的资源，造成目标主机网段阻塞，致使网络或系统负荷过载而停止向用户提供服务。常见的 DoS 攻击有 SYNFlood 攻击、Smurf、UDP 洪水、Land攻击、死亡之 Ping、电子邮件炸弹等。

（9）缓冲区溢出攻击

简单地说，缓冲区溢出的原因是向一个有限的缓冲区复制了超长的字符串，结果覆盖了相邻的存储单元。这种覆盖往往会导致程序运行失败，甚至是宕机或重启系统。黑客就是利用这样的漏洞，执行任意的指令，掌握系统的操作权。

（10）欺骗类攻击

欺骗类攻击主要是利用 TCP/IP 自身的缺陷发动攻击。在网络中，如果使用伪装的身份和地址与被攻击的主机进行通信，向其发送假报文，往往会导致主机出现错误操作，甚至对攻击主机做出信任判断。这时，攻击者可冒充被信任的主机进入系统，并有机会预留后门供以后使用。

（11）程序错误攻击

在联网的主机中，存在着许多服务程序错误和网络协议错误。换句话说就是，服务程序和网络协议无法处理网络通信中所有的问题。攻击者利用这些错误，故意向主机发送一些错误的数据包。

（12）后门攻击

通常网络攻击者在获得一台主机的控制权后，会在主机上建立后门，以便下一次入侵时使用。后门的种类很多，如登录后门、服务后门、库后门、口令破解后门等，这些后门多数存在于 UNIX系统中。

8.3.2　网络攻击技术

目前，网络攻击者一般先进行网络信息采集，然后进行拒绝服务攻击或漏洞攻击。

8-4

微课

1. 网络信息采集

入侵者一般先通过网络扫描技术进行网络信息采集，获取网络拓扑结构，发现网络漏洞，探查主机基本情况和端口开放程度，为实施攻击提供必要的信息。

网络信息采集有多种途径，既可以使用 ping、whois 等网络测试命令实现，也可以通过漏洞扫描、端口扫描和网络窃听工具实现。

（1）常用信息采集命令

① ping 命令。ping 命令用于确定本地主机是否能与远程主机交换数据包，通过向目标主机发送 ICMP（Internet Control Message Protocol，互联网控制报文协议）回应请求来测试目标的可达性。使用 ping 命令能够查看网络中有哪些主机接入 Internet，测试目标主机的计算机名和 IP 地址，计算到达目标网络所经过的路由器数，获得该网段的网络拓扑结构信息。推算数据包通过的路由器数。例如，返回的 TTL 值为 119，可以推算出 TTL 的初值为 128，源地址到目标地址要通过128-119=9 个路由器。

② host 命令。host 命令是 Linux、UNIX 系统提供的有关 Internet 域名查询的命令。使用该命令可以从域中的 DNS 服务器上获得所在域内主机的相关资料，实现主机名到 IP 地址的映射，得知域中邮件服务器的信息。

③ traceroute 命令。traceroute 命令用于路由跟踪，获得从源主机到目标主机经过的路由器数、跳计数、响应时间等。traceroute 命令跟踪的路径是源主机到目标主机的一条路径，但是不能保证或认为数据包总是遵循这个路径。

④ nbtstat 命令。nbtstat（NBT statistics，即 NBT 统计信息，其中 NBT 指的是 NetBIOS over TCP/IP）命令是 Windows 命令，用于查看当前基于 NetBIOS（Network Basic Input Output System，网络基本输入输出系统）的 TCP/IP 连接状态。使用该命令可以获得远程或本地机器的组名和机器名。

⑤ net 命令。net 命令是功能强大的以命令行方式执行的工具。该命令有很多函数，用于核查计算机之间的 NetBIOS 连接，可以查看和管理网络环境、服务、用户、登录等信息。其中常用的有 Net View，用来显示域列表、计算机列表或指定计算机的共享资源列表；Net User 用来添加或更改用户账号或显示用户账号信息。

⑥ finger 命令。该命令用来查询用户的信息，通常会显示系统中某个用户的用户名、主目录、闲置时间、登录时间、登录 shell 等信息。

⑦ whois 命令。whois 命令是一种 Internet 的目录服务命令，它提供了在 Internet 上的一台主机或某个域所有者的信息，包括网络管理员姓名、通信地址、电话号码、邮箱信息、Primary 和 Secondary 域名服务器信息等。

⑧ nslookup 命令。在 Internet 中存在许多免费的 nslookup 服务器，它们提供域名到 IP 地址的映射和 IP 地址到域名的映射等有关网络信息的服务。通过 nslookup 命令，攻击者可以在 whois 命令的基础上获得更多目标网络信息。

（2）漏洞扫描

漏洞是指硬件、软件、网络协议等在设计上和实现上出现的可以被攻击者利用的错误、缺陷和疏漏。

漏洞扫描程序是用来检测远程或本地主机安全漏洞的工具。根据扫描对象的不同，漏洞扫描又可分为网络扫描、网络操作系统扫描、万维网服务扫描、数据库扫描和无线网络扫描等。

（3）端口扫描

计算机的端口是 I/O 设备和 CPU 之间进行数据传输的通道。通过端口扫描，可以发现打开或正在监听的端口，一个打开的端口就是一个潜在的入侵通道。每台计算机都有 65 536 个端口可供使用，前 1 024 个端口作为系统处理的端口被保留，并向外界的请求提供众所周知的服务，所以这些端口被攻击者视为重点检查对象，希望借此减少扫描范围，缩短扫描时间。

① TCP 端口扫描。TCP 端口扫描是指向目标主机的指定端口建立一个 TCP 全连接的过程，即完成三次握手过程，从而确定目标端口是否已激活或正在监听。这是一种最基本，也是最简单的扫描方式，但通常也会留下日志，易被发现。

② TCP SYN 扫描。TCP SYN 扫描会向目标端口发送一个 SYN 数据包，如果应答是 RST，说明端口是关闭的；如果应答中包含 SYN 和 ACK，说明目标端口处于监听状态。使用 TCP SYN 扫描并不完成三次握手过程，所以这种方式通常被称为半连接扫描。由于很少有站点会记录这种扫

描方式，所以 TCP SYN 扫描也被称为半公开扫描或秘密扫描。

③ TCP FIN 扫描。对于一些网络操作系统，当 FIN 数据包到达一个关闭的端口时，会返回一个 RST 数据包。当端口开放时，这种数据包被忽略，不作任何应答，从而可以判断端口状态。防火墙和包过滤器会监视 SYN 数据包，而使用 FIN 数据包有时能够穿过防火墙和包过滤器，所以 TCP FIN 扫描比 TCP SYN 扫描更为隐蔽。

（4）典型信息采集工具

① nmap 扫描器。nmap 扫描器是当前最流行的扫描器之一，能够在全网范围内实现 ping 扫描、端口扫描和网络操作系统检测。nmap 扫描器使用网络操作系统堆栈指纹技术，可以准确地扫描主流网络操作系统、路由器和拨号设备，还可以绕过防火墙。

② Axcet NetRecon 扫描器。该扫描器能够发现、分析、报告网络的各种设备，检测它们存在的漏洞。该扫描器能够扫描多种网络操作系统，包括 UNIX、Linux、Windows 和 NetWare 等，提供对服务器、防火墙、路由器、集线器、交换机、DNS 服务器、网络打印机、Web 服务器和其他网络服务设备的测试。该扫描器还可以模拟入侵或攻击行为，可以找出并报告网络弱点，提出建议和修正措施。

2. DoS 攻击

DoS 攻击是常用的一种攻击方式。DoS 攻击通过抢占目标主机系统资源使系统过载或崩溃，破坏和拒绝合法用户对网络、服务器等资源的访问，达到阻止合法用户使用系统的目的。

DoS 攻击属于破坏型攻击。DoS 攻击对目标主机系统本身的破坏性并不是很大，但影响了合法用户正常的工作和生活秩序，间接造成巨大的损失。

（1）基本的 DoS 攻击

当一个授权实体不能进行对网络资源的访问或当访问操作被严重推迟时，就认为其受到了 DoS 攻击。DoS 攻击可能由网络部件的物理损坏引起，也可能由网络负荷超载所引起，还可能由不正确地使用网络协议而引起。DoS 攻击有两种基本类型：目标资源匮乏型和网络带宽消耗型。

目标资源匮乏型攻击又可分为服务过载和消息流两种。服务过载指的是向目标主机的服务守护进程发送大量的服务，造成目标主机服务进程发生服务过载，拒绝向合法用户的正常使用要求提供应有的服务。消息流指攻击者向目标主机发送大量的畸形数据包，使得目标主机在重组数据包过程中发生错误，从而降低目标主机的处理速度，甚至阻止目标主机处理正常的事务，严重时可以造成目标主机宕机。

网络带宽消耗型攻击的目标是整个网络，使目标网络中充斥着大量无用的、假的数据包，而使正常的数据包得不到正常的处理。

（2）分布式拒绝服务攻击

分布式拒绝服务（Distributed Denial of Service，DDoS）攻击是一种基于 DoS 攻击的特殊形式的拒绝服务攻击。DDoS 攻击是分布式的、协作的大规模攻击方式，比 DoS 攻击具有更大的破坏性。

DDoS 攻击要构建 DDoS 攻击体系，集合众多的傀儡机进行协同工作。与入侵单台主机相比，DDoS 攻击要复杂得多。

3. 漏洞攻击

由于应用软件和网络操作系统的复杂性和多样性，网络信息系统的软件中存在着不易被发现的安全漏洞。现有网络技术本身存在着许多不安全性。对于网络设计和管理人员而言，不合理的网络拓扑结构和不严谨的网络配置，都将不可避免地造成网络中的漏洞。对于一个复杂系统而言，漏洞的存在是不可避免的。

（1）配置漏洞攻击

配置漏洞可分为系统配置漏洞和网络结构配置漏洞。系统配置漏洞多源于网络管理员的疏漏，如共享文件配置漏洞、服务器参数配置漏洞等。网络结构配置漏洞多与网络拓扑结构有关，例如将重要的服务设备与一般用户设备设置于同一网段，这就为攻击者提供了很多的可乘之机，埋下了安全隐患。

（2）协议漏洞攻击

Internet 上现有的大部分协议在设计之初并没有考虑安全因素，因此攻击者可以利用协议固有的漏洞对目标进行攻击。网络操作系统在设计处理 TCP/IP 时，并没有预计到要处理非法数据包，当这种不应存在的特殊数据包出现时，许多操作系统会发生处理速度缓慢、停止响应和操作系统崩溃等不正常现象。

（3）SYN Flood 攻击

SYN Flood 攻击利用的是 TCP 的设计漏洞。假设一个客户端向服务器发送了 SYN 报文后突然死机或掉线，那么服务器在发出 SYN+ACK 应答报文后无法收到客户端的 ACK 报文。在这种情况下服务器会重试，再次发送 SYN+ACK 应答报文给客户端，并等待一段时间，判定无法建立连接后，就丢弃这个未完成的连接。这段等待时间称为 SYN 中止时间，一般为 30 秒至 2 分钟。如果攻击者大量模拟这种情况，服务器为了维护非常大的半连接列表就会消耗非常多的资源。此时从正常客户端的角度来看，服务器已经丧失了对正常访问的响应。这便是 SYN Flood 攻击的机制。

（4）程序漏洞攻击

由于编写程序的复杂性和程序运行环境的不可预见性，因此程序难免存在漏洞。程序漏洞攻击是攻击者非法获得目标主机控制权的主要手段。

缓冲区溢出攻击利用系统、服务、应用程序中存在的漏洞，通过恶意填写内存区域，使内存区域溢出，导致应用程序、服务甚至系统崩溃，无法提供应有的服务来实现攻击目的。不检测边界是造成缓冲区溢出的主要原因。UNIX 系统的主要设计语言是 C 语言，而 C 语言缺乏边界检测。若不检查数组的越界访问，就会留下基于堆栈攻击的隐患。

【任务实施】DDoS 攻击和 CC 攻击的常见防御方法

随着互联网的兴起，各种网络攻击日益频繁，各种恶意网络攻击给许多企业带来口碑、财务的巨大损失。近几年，最常见的网络攻击手段是 DDoS 攻击与 CC 攻击，因此企业一定要做好网络安全攻略，防御 DDoS 攻击与 CC 攻击。

DDoS 攻击一般来说是指攻击者利用"肉机"在较短的时间内对目标网站发起大量请求，大规模消耗目标网站的主机资源，让它无法正常服务。

CC（Challenge Collapsar，挑战黑洞）攻击是 DDoS 攻击的一种，这种攻击见不到真实源 IP 地址，见不到特别大的异常流量，但是破坏性非常大，能直接导致系统服务无法正常进行。攻击者通过代理服务器或者控制大量"僵尸网络""肉机"模拟真实用户向受害主机不停地发出大量数据包，造成对方服务器资源耗尽，一直到宕机崩溃。

DDoS 攻击和 CC 攻击的常见防御方法如下。

（1）做好网站程序和服务器自身的维护

日常做好服务器漏洞防御和服务器权限设置，尽量把数据库和程序单独移出根目录，更新使用的时候再放进去，尽可能把网站做成静态页面。

（2）负载均衡

负载均衡建立在现有网络结构之上，为扩展网络设备和服务器的带宽、增加吞吐量、加强网络数据处理能力、提高网络的灵活性和可用性提供一种廉价、有效、透明的方法。CC 攻击会使服务器进行大量的网络传输，进而产生过载现象。负载均衡可以有效防御 CC 攻击和 DDoS 攻击，同时可以加快用户访问速度。

（3）分布式集群防御

分布式集群防御的特点是其可以在每个节点服务器配置多个 IP 地址，如一个节点受攻击无法提供服务，系统将会根据优先级设置自动切换到另一个节点，并将攻击者的数据包全部返回发送点，使攻击源成为瘫痪状态，从更加深入的安全防护角度去加强企业的安全执行决策。

（4）接入高防服务

日常网络安全防御方法对一些小流量 DDoS 攻击能够起到一定的防御效果，但如果遇到大流量洪水 DDoS 攻击，最直接的办法就是接入专业的 DDoS 高防服务。建议接入墨者盾，利用墨者盾高防隐藏源 IP 地址，对攻击流量进行清洗，保障企业服务器的正常运行。

任务 8.4 网络防御技术

【任务要求】

进攻和防御是对立统一的矛盾体，必须树立"积极防御"的意识，"网络防御"的成熟是网络实现"攻防平衡"的前提和基础。小明了解了计算机病毒和网络攻击防御技术，还要学会主动积极地进行网络防御，学习被动防御技术（包括路由器过滤、防火墙等），以及主动防御技术（包括攻击预警、入侵检测、网络攻击诱骗和反向攻击等）。

【知识准备】

8.4.1 防火墙技术

防火墙允许授权的数据通过，并拒绝未经授权的数据通过。防火墙是隔离内部网络与 Internet 的一道防御系统，允许人们在内部网络和开放的 Internet 之间通信。访问者必须先穿越防火墙的安全防线，然后才能接触目标计算机。

防火墙既可以是一台路由器、一台 PC 或者一台主机，也可以是由多台主机构成的体系。应该将防火墙放置在网络的边界。网络边界指本地网络的整个边界，本地网络通过输入点和输出点与其他网络相连，这些连接点处都应该装有防火墙。在网络边界内部也应该部署防火墙，以便为特定主机提供额外的、特殊的保护。

实际上防火墙是一个分离器、限制器或分析器，它能够有效监控内部网络和外部网络之间的所有活动，主要功能为建立一个集中的监视点，隔离内、外部网络，保护内部网络，强化网络安全策略，有效记录和审计内、外部网络之间的活动。

1. 防火墙的分类

根据采用技术的不同，可将防火墙分为包过滤防火墙和代理服务防火墙。按照应用对象的不同，可将防火墙分为企业级防火墙与个人防火墙。依据实现方法的不同，可将防火墙分为软件防火墙、硬件防火墙和专用防火墙。

（1）包过滤防火墙

包过滤（packet filter）是所有防火墙中最核心的功能，进行包过滤的标准是根据安全策略制定的。通常情况下，包过滤靠网络管理员在防火墙设备的 ACL 中设定。与代理服务器相比，包过滤的优势是传输信息时不占用网络带宽。包过滤规则一般存放于路由器的 ACL 中，ACL 中定义了各种规则来表明是否同意数据包的通过。

如果没有一条规则能匹配，包过滤防火墙就会使用默认规则。一般情况下，默认规则要求包过滤防火墙丢弃该包。包过滤防火墙的核心是安全策略，即包过滤算法的设计。

（2）代理服务防火墙

最初，代理服务器将常用的页面存储在缓冲区中，以便提高网络通信的速度。后来代理服务器能够提供强大的安全功能。代理服务器能在应用层实现防火墙功能，代理技术针对每一个特定应用都有一个程序，代理服务器可以实现比包过滤更严格的安全策略。

代理服务防火墙基于软件，运行在内部用户和外部主机之间，并且在它们之间转发数据，它像真的墙一样立在内部网络和 Internet 之间。从外面来的访问者只能看到代理服务器防火墙而看不见任何内部资源；内部客户根本感觉不到代理服务器防火墙的存在，他们可以自由访问外部站点。代理服务防火墙可以提供极好的访问控制、登录能力和地址转换功能，对进出防火墙的信息进行记录，便于网络管理员监视和管理系统。

2. 防火墙体系结构

防火墙是保护网络安全的一个很好的选择，设置防火墙、选择合适类型的防火墙并配置它，是用好防火墙的 3 个关键任务。

（1）堡垒主机

单宿主堡垒主机。单宿主堡垒主机是指有一块网卡的堡垒主机，通常用于应用级网关防火墙，具体日程是将外部路由器配置成所有进来的数据均发送到单宿主堡垒主机上，同时将全部内部客户端配置成所有出去的数据都发送到这台单宿主堡垒主机上。堡垒主机以安全方针作为依据检验这些数据，它的主要缺点是可以配置路由器使信息直接进入内部网络，而完全绕过单宿主堡垒主机；内部用户也可以配置他们的主机，绕过单宿主堡垒主机把信息直接发送到路由器上。

双宿主堡垒主机。双宿主堡垒主机是指有两块网卡的堡垒主机，两块网卡各自与内、外部网络相连。但是内、外部网络之间不能直接通信，内、外部网络之间的数据流被双宿主堡垒主机完全切断。双宿主堡垒主机采用主机取代路由器执行安全控制功能的方式，可以通过运行代理软件或者让用户直接注册到其上来提供网络控制。当一个黑客要访问内部网络时，他必须先攻破双宿主堡垒主机，这使网络管理员有时间阻止，并对入侵做出反应。

（2）非军事化区（Demilitarized Zone，DMZ）

在现代网络安全设计中，用到的最关键思想是按照功能或者部门将网络分割成不同的网段。不同的网段对安全有着不同的需求。

以太网是一个广播的网络，网络上的任何机器都有可能查看到这个网络上的所有通信。黑客如果侵入网络，则可以容易地截获所有通信。为了配置和管理方便，内部网络需要向外提供服务，提供服务的服务器往往会放在一个单独的网段中，这个网段便是 DMZ。DMZ 在内部网络之外，具有一个与内部网络不同的网络号，连接到防火墙，提供公共服务。

（3）屏蔽路由器

屏蔽路由器（screening router）是指在 Internet 和内部网络之间放置一个路由器，使之执行包过滤功能，这是最简单的防火墙。屏蔽路由器可以由路由器实现，它作为内外连接的唯一通道，要求所有的数据包都必须在此通过检查。在路由器上安装包过滤软件，该路由器便可以实现包过滤功能。虽然它并不昂贵，但仍能提供重要的保护。

（4）双宿主主机体系结构

双宿主主机体系结构用一台双宿主堡垒主机作为防火墙，双宿主堡垒主机的两块网卡各自与内部网络和 Internet 相连。在双宿主堡垒主机上运行防火墙软件，可以转发应用程序、提供服务等。内、外部网络之间的通信必须经过双宿主堡垒主机。在这种体系结构中必须禁用路由选择功能，这样防火墙两边的网络才可以只与双宿主堡垒主机通信，而两边的网络不能直接通信，如图 8-7 所示。

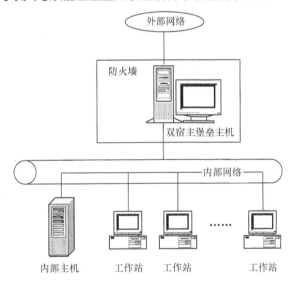

图 8-7　双宿主主机体系结构

双宿主主机体系结构优于屏蔽路由器的地方是：双宿主堡垒主机的系统软件可用于维护系统日志、硬件复制日志或远程管理日志。这对日后的检查很有用，但它不能帮助网络管理员确认内部网络中哪些主机可能已被黑客入侵。

（5）主机过滤体系结构

双宿主主机体系结构中没有使用路由器，而主机过滤体系结构则使用一个路由器把内部网络和外部网络隔离，路由器充当内部网络和外部网络之间的端口，如图 8-8 所示。

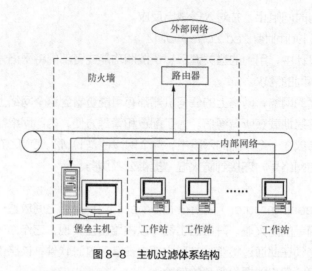

图 8-8　主机过滤体系结构

　　主机过滤体系结构也称作屏蔽主机体系结构或者筛选主机体系结构。在这种体系结构中，利用一个执行数据包过滤的路由器连接外部网络，在其上设立过滤规则用于防止人们绕过代理服务器与外部网络直接相连。同时将一台堡垒主机安装在内部网络中，并使这台堡垒主机成为外部网络唯一可直接到达的主机，这样就确保了内部网络不受未授权的外部用户的攻击。

　　（6）子网过滤体系结构

　　子网过滤体系结构也称为被屏蔽子网体系结构或者筛选子网体系结构。它用两台包过滤路由器建立一个 DMZ，用这个 DMZ 将内部网络和外部网络分开。

　　在这种体系结构中，两台包过滤路由器放在 DMZ 的两端，构成一个内部网络和外部网络均可访问的被屏蔽子网，但禁止信息直接穿过被屏蔽子网进行通信。在被屏蔽子网中的堡垒主机作为唯一的可访问点，该点作为应用级网关代理，如图 8-9 所示。

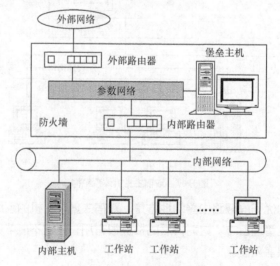

图 8-9　子网过滤体系结构

8.4.2　入侵检测技术

入侵是任何试图破坏信息系统的完整性、保密性或有效性的活动的集合。入侵检测就是从计算机网络或计算机系统中的若干关键点中收集信息并对其进行分析，从中发现计算机网络或计算机系统中是否有违反安全策略的行为和遭到袭击的迹象的一种安全技术。

8-5

微课

1. 入侵检测系统概述

（1）入侵检测系统（Intrusion Detection System，IDS）

入侵检测系统用于监视受保护系统的状态和活动，采用异常检测或滥用检测的方式，发现非授权的或恶意的系统及网络行为，为防范入侵行为提供有效的手段，是一个完备的网络安全体系的重要组成部分。入侵检测系统的软件与硬件的组合，是防火墙的合理补充，是防火墙之后的第二道安全闸门。

（2）入侵检测系统分类

入侵检测系统分为基于主机的入侵检测系统、基于网络的入侵检测系统和分布式入侵检测系统。

① 基于主机的入侵检测系统（Host-based Intrusion Detection System，HIDS）通常安装在被保护的主机上，对该主机的网络实时连接和系统审计日志进行分析和检查，当发现可疑行为和安全违规事件时，系统就会向网络管理员报警，以便采取措施。这些受保护的主机可以是 Web 服务器、邮件服务器、DNS 服务器等关键主机设备。

② 基于网络的入侵检测系统（Network Intrusion Detection System，NIDS）安装在需要保护的网段中，实时监视网段中传输的各种数据包，并对这些数据包进行分析和检测。如果发现入侵行为或可疑事件，该入侵检测系统就会发出警报甚至切断网络连接。

③ 分布式入侵检测系统（Distributed Intrusion Detection System，DIDS）将基于主机和基于网络的检测方法集成在一起，是一种混合型入侵检测系统。该入侵检测系统一般由多个部件组成，分布在网络的各个部分，完成相应的功能，如分别进行数据采集、分析等，可以利用中心的控制部件进行数据汇总、分析、产生入侵报警等。分布式入侵检测系统不仅可以检测到针对单独主机的入侵，还可以检测到针对整个网络的主机入侵。

2. 入侵检测方法

（1）滥用检测（misuse detection）

滥用检测也称为误用检测或者基于特征的检测。这种方法先直接对入侵行为进行特征化描述，建立某种或某类入侵行为特征的模式，如果发现当前行为与某个入侵行为的特征模式一致，就表示发生了这种入侵行为。

（2）异常检测（anomaly detection）

① 基本思想：任何人的正常行为都是有一定规律的，并且可以通过分析这些行为产生的日志信息（假定日志信息足够全面）总结出一些规律，而入侵和滥用行为则通常与正常行为有比较大的差异，检查这些差异就可以检测出入侵行为。

② 主要方法：为正常行为建立一个规则集，该规则集称为正常行为模式，也称为正常轮廓（normal profile）或用户轮廓。当用户活动和正常轮廓有较大偏差的时候，则认为该用户活动是异常或入侵行为。这样能够检测出非法的入侵行为，甚至是通过未知攻击方法进行的入侵行为。此外，

不属于入侵的异常用户行为（滥用自己的权限）也能被检测到。

3. 入侵检测的过程

（1）信息收集。入侵检测的第一步是信息收集，收集内容包括系统、网络、数据及用户活动的状态和行为。

（2）信息分析。收集到的信息被送到检测引擎，检测引擎驻留在传感器中，一般通过 3 种技术手段进行分析，分别是模式匹配、统计分析和完整性分析。当发现某种误用模式时，产生一个告警并将其发送给控制台。

（3）结果处理。控制台按照告警产生预先定义的响应并采取相应措施，可以是重新配置路由器或防火墙、终止进程、切断连接、改变文件属性，也可以只是简单的告警。

4. 入侵检测的发展方向

在工业界，入侵检测的主要研究内容是如何通过优化入侵检测系统的算法来提高入侵检测系统的综合性能与处理速度，以适应千兆网络的需求。

在学术界，主要通过引入各种智能计算方法，使入侵检测技术向智能化方向发展，如人工神经网络技术、人工免疫技术、数据挖掘技术等。

【任务实施】网络安全纵深防御流程

网络主动防御技术是指在增强和保证网络安全性的同时，及时发现正在遭受的攻击并及时采取各种措施使攻击者不能达到其目的，并使自己的损失降到最低的各种方法和技术。

网络安全纵深防御包含两层含义：一是要在各个不同层面、不同方面实施安全方案，避免出现疏漏，不同安全方案之间需要相互配合，构成一个整体；二是要在正确的地方做正确的事情，即在解决根本问题的地方实施针对性的安全方案。网络安全纵深防御流程如下。

步骤① 根据对已经发生的网络攻击或正在发生的网络攻击及其趋势的分析，以及对本地网络的安全性分析，预警机制对可能发生的网络攻击发出警告。

步骤② 网络系统的各种防御手段（如防火墙）除了在平时根据其各自的安全策略正常运行外，还要对预警机制发出的警告做出及时的反应，从而能够在本防御阶段最大限度地阻止网络攻击行为。

步骤③ 检测手段包括入侵检测、网络监控和网络系统信息与漏洞信息检测等。其中的漏洞信息检测在网络安全纵深防御的若干阶段都要用到，如预警、检测和反击等。

入侵检测系统检测到网络入侵行为后要及时通知其他的防御手段，如防火墙、网络监控、网络攻击响应等。

网络监控系统不仅可以实时监控本地网络的行为，阻止来自内部网络的攻击，也可作为入侵检测系统的有益补充。

步骤④ 只有及时地响应才能使网络攻击造成的损失降到最低。响应除了要根据检测到的入侵行为及时地调整相关手段（如防火墙、网络监控）来阻止进一步的网络攻击，还包括使用其他主动积极的技术，如网络僚机、网络攻击诱骗、网络攻击源精确定位和电子取证等。

① 网络僚机：一方面可以牺牲自己来保护网络，另一方面可以收集网络攻击者信息，为攻击源定位和电子取证提供信息，如蜜罐系统。

② 网络攻击诱骗：可以显著提高网络攻击的代价，还可以将网络攻击流量引导到其他主机上。

③ 网络攻击源精确定位：除了可以利用网络僚机和网络攻击诱骗外，还可以利用其他技术（如移动 Agent、智能分布式 Agent、流量分析）来定位网络攻击源。

④ 电子取证：综合利用以上信息，根据获得的网络攻击者的详细信息进行电子取证，为法律起诉和网络反向攻击提供凭证。

步骤⑤ 遭受到网络攻击后，除了要及时地阻止网络攻击外，还要及时地恢复遭到破坏的本地系统，并及时地对外提供正常的服务。

步骤⑥ 网络反击是网络安全纵深防御流程的最后一步。根据获得的网络攻击者的详细信息，综合运用探测类、阻塞类、漏洞类、控制类、欺骗类和病毒类攻击手段进行网络反击。

任务 8.5　无线网络安全

【任务要求】

公司主要利用铜缆和光缆构成有线局域网，但相距较远的终端是通过组建无线局域网联系起来的。就无线网络情况来说，这是一个几乎完全缺乏控制的开放环境，网络安全更是至关重要的。为此小明还要学习无线网络安全知识，掌握防范无线网络入侵的措施。

【知识准备】

8.5.1　无线网络安全措施

计算机无线联网方式是有线联网方式的一种补充，它是在有线网络的基础上发展起来的，使联网的计算机可以自由移动，能快速、方便地解决有线联网方式不易实现的信道连接问题。

由于无线网络采用空间传播的电磁波作为信息的载体，因此它与有线网络不同，若辅以专业设备，任何人都有条件窃听或干扰信息。可见在无线网络中，网络安全是至关重要的。

1. 无线网络安全概述

随着无线网络技术的广泛应用，其安全性越来越引起人们的关注，主要包括访问控制和数据加密两个方面。访问控制保证机密数据只能由授权用户访问，而数据加密则要求发送的数据只能被授权用户所接收和使用。

无线网络利用微波辐射传输数据，只要在无线 AP 覆盖范围内，所有无线终端都可能接收到无线信号。无线 AP 无法将无线信号定向传输到一个特定的接收设备，时常有无线网络用户被他人盗号或泄密等。因此，无线网络的安全威胁、风险和隐患更加突出。

2. 无线网络的入侵方法

对无线网络进行入侵可以采用射频干扰的方法，使用信号机切断信息传播的通道。不管是有意还是无意，只要噪声的功率大于信号功率，接收端信噪比差到一定程度就会出现误码，甚至无线传输链路彻底中断。

黑客入侵无线网络的主要方法如下。

方法一：利用现在的开放网络。

黑客扫描所有开放型的无线路由器和无线 AP，其中部分网络的确是专供大众使用，但多数开放网络的形成则是因为使用者没有做好安全设置。

黑客企图：免费上网、利用入侵的网络攻击第三方、探索其他人的网络。

方法二：侦测入侵无线存取设备。

黑客先在某一企图网络或公共地点设置一个伪装的无线存取设备，好让受害者误以为该处有无线网络可使用。若黑客的伪装无线存取设备信号强过真正的无线存取设备信号，受害者计算机便会选择信号较强的伪装无线存取设备连入网络。此时，黑客便可等着收取受害者输入的密码，或将计算机病毒代码植入受害者的计算机中。

黑客企图：侦测入侵、盗取密码或身份、取得网络权限。

方法三：有线等效保密（Wired Equivalent Privacy，WEP）加密入侵。

黑客侦测 WEP 安全协议漏洞，破解无线存取设备与客户之间的通信。若黑客只是采取监视的方式进行被动式攻击，可能需要花上好几天的时间才能破解通信，但有些主动式的攻击手法只需数小时便可破解通信。

黑客企图：非法侦测入侵、盗取密码或身份、取得网络权限。

方法四：偷天换日入侵。

跟方法二类似，黑客架设一个伪装的无线存取设备，以及与企图网络相同的虚拟私人网络服务器（如 SSH）。当受害者连接服务器时，冒牌服务器则会送出响应信息，使受害者连上冒牌的服务器。

3. 常见的无线网络安全措施

（1）服务集标识符

对多个 AP 设置不同的服务集标识符（Service Set Identifier，SSID），并要求无线工作站出示正确的 SSID 才能访问 AP，这样就可以允许不同的用户接入，并对资源访问的权限进行控制。

（2）扩展服务集标识符

用户为扩大带宽而连接多个 AP，它们的扩展服务集标识符（Extended Service Set Identifier，ESSID）必须一致而跳频序列不一样，所有这些设置都受安装者代码的控制。因此，有了 32 位字符的 ESSID 和 3 位字符的跳频序列，对于那些试图经由局域网的无线网段进入局域网的人来讲，推断出确切的 ESSID 和跳频序列会十分困难。

（3）MAC 地址过滤

由于每个无线工作站的网卡都有唯一的 MAC 地址，因此可以在 AP 中手动维护一组允许访问的 MAC 地址列表，实现 MAC 地址过滤。这个方案要求 MAC 地址列表随时更新。

（4）有线等效保密

在数据链路层采用对称加密计数，用户的密钥必须与 AP 的密钥相同才能存取网络的资源，以防止非授权用户的监听和非法用户的访问。这种措施存在以下隐患：一个服务区所有用户都共享一个相同的密钥，一个用户丢失或泄露密钥将导致整个服务区的不安全。

（5）VPN 技术

VPN 技术可以在一个公共 IP 网络平台上通过隧道和加密技术保证专用数据的网络安全性，目前许多企业及运营商已经采用 VPN 技术。

VPN 技术可以替代有线等效保密措施和 MAC 地址过滤措施。采用 VPN 技术还可以提供基于 Radius 的用户认证及计费。

（6）端口访问控制技术（IEEE 802.1x）

该技术是用于无线局域网的一种增强网络安全的措施。当无线工作站与 AP 关联后，是否可以使用 AP 的服务取决于 IEEE 802.1x 的认证结果。如果认证通过，则 AP 为用户打开这个逻辑端口，否则不允许用户接入网络。

8.5.2 无线 AP 及无线路由器安全

无线局域网可以在普通局域网的基础上通过无线集线器、无线 AP、无线网桥、无线 Modem 及无线网卡等来实现。

1. 无线 AP 安全

无线 AP 用于实现无线客户端之间信号互联和中继，具体安全措施如下。

（1）修改 admin 密码

无线 AP 与其他网络设备一样，也提供了初始的网络管理员用户名和密码，其默认用户名为 admin 或空。如果不修改 admin 密码将给入侵者可乘之机。

（2）WEP 加密传输

数据加密是实现网络安全的一项重要技术，可通过 WEP 进行。WEP 是 IEEE 802.11b 中最基本的无线网络安全加密措施，是所有经过 Wi-Fi 认证的无线局域网产品所支持的一项标准功能，主要用途有：防止数据被黑客恶意篡改或伪造；用 WEP 加密算法对数据进行加密，防止数据被黑客窃听；利用接入控制，防止未授权用户对其网络进行访问。

（3）禁用 DHCP 服务

启用无线 AP 的 DHCP 服务时，黑客可自动获取无线网络的 IP 地址并接入该无线网络。若禁用此功能，则黑客将只能以猜测的方式破译 IP 地址、子网掩码、默认网关等，由此提高了无线网络的安全性。

（4）修改 SNMP 字符串

必要时应禁用无线 AP 支持的 SNMP 功能，无专用网络管理软件且规模较小的网络特别适合使用此方法。若确需 SNMP 进行远程管理，则须修改公开专用的共用字符串。否则，黑客可能利用 SNMP 获得有关的重要信息，借助 SNMP 漏洞进行攻击和破坏。

（5）禁止远程管理

规模较小的网络直接登录到无线 AP 对网络进行管理，无须开启无线 AP 的远程管理功能。

（6）修改 SSID 标识

无线 AP 厂商可利用 SSID 初始化字符串，在默认状态下检验登录无线网络节点的连接请求，检验通过即可连接到无线网络。由于同一厂商的产品都使用相同的 SSID 名称，从而给黑客提供了可乘之机，使其以非授权连接对无线网络带来威胁。因此在组建无线网络之初，就应尽快登录到节点的管理页面，修改默认的 SSID。

（7）禁止 SSID 广播

为了保证无线网络安全，应当禁用 SSID 通知客户端所采用的默认广播方式，以使非授权客户端无法通过广播获得 SSID，即无法连接到无线网络。否则，再复杂的 SSID 设置也无安全可言。

（8）过滤 MAC 地址

利用无线 AP 的访问控制列表功能可精确限制连接网络的节点工作站。不在访问控制列表中的工作站将无权访问无线网络。无线网卡都有各自的 MAC 地址，可在节点设备中创建一张"MAC 访问控制列表"，将合法无线网卡的 MAC 地址输入此列表，使只有在"MAC 访问控制列表"中显示的 MAC 地址才能进入无线网络。

（9）合理放置无线 AP

将无线 AP 放置在一个合适的位置非常重要，因为无线 AP 的放置位置不仅能决定无线局域网的信号传输速度、通信信号强弱，还会影响网络通信的安全。另外，在放置天线前，应先确定无线信号的覆盖范围，并根据范围大小将其放置到其他用户无法触及的位置。

（10）WPA 用户认证

WPA（Wi-Fi Protected Access，Wi-Fi 保护接入）利用一种时限密钥完整性协议（Temporal Key Integrity Protocol，TKIP）处理 WEP 所不能解决的各设备共用一个密钥的安全问题。

2. 无线路由器安全

无线路由器位于网络边缘，面临更多安全威胁。其不仅具有无线 AP 功能，还集成了宽带路由器的功能，因此可实现小型网络的 Internet 连接共享。维护无线网络安全除了需要采用无线 AP 的安全策略外，还应采用如下安全策略。

（1）利用网络防火墙

充分利用无线路由器内置的防火墙功能加强无线网络的防护能力。

（2）IP 地址过滤

启用 IP 地址过滤列表，进一步提高无线网络的安全性。

【任务实施】防范无线网络入侵的措施

在无线网络中，很多用户都没有开启安全功能，把自己主动暴露在黑客的面前，这是十分危险的。其实只要使用改变无线 AP 默认网络管理员密码、禁止 SSID 广播、设置使用 WEP 和 WPA 等各种加密措施，同时使用 MAC 地址过滤，就能够获得相对安全的无线网络环境。不论在咖啡店这样的公共场所，还是在公司或家里，我们都应该将无线网络安全设置变成一种日常的行为规范，养成良好的习惯，这样才能最大限度地保证网络安全。防止无线网络受到黑客入侵的措施如下。

（1）正确放置网络的接入点设备。在网络配置中，要确保无线 AP 放置在防火墙范围之外。

（2）利用 MAC 地址阻止黑客入侵。利用基于 MAC 地址的访问控制列表确保只有经过注册的设备才能进入网络。MAC 地址过滤技术就如同给系统的门再加一把锁，设置的障碍越多，越会使得黑客知难而退。

（3）有效管理无线网络的 ID。所有无线网络都有一个默认 SSID 或网络名，务必要更改这个名字，用文字和数字符号来表示。如果企业具有网络管理能力，应该定期更改 SSID，取消 SSID 自动播放功能。

（4）保证 WEP 的重要性。WEP 是 IEEE 802.11b 中的无线局域网的标准网络安全协议。在传输信息时，WEP 可以通过加密无线传输数据来提供类似有线传输的保护。在简便的安装和启动之后，应立即更改 WEP 密钥的默认值。最理想的方式是 WEP 的密钥能够在用户登录后进行动态改变，基于会话和用户的 WEP 密钥管理技术能够实现最优保护，为网络增加另外一层防范。

（5）要清楚地认识到 WEP 不是万能的。不能将加密保障都寄希望于 WEP。WEP 只是多层网络安全措施中的一层，虽然这项技术在数据加密中具有相当重要的作用，但整个网络的安全不应该只依赖这一层的安全性能。

（6）采用 VPN 技术。VPN 是最好的网络技术之一，如果每一项安全措施都是阻挡黑客进入网络前门的门锁，那么 VPN 则是保护网络后门安全的关键。VPN 具有比 WEP 更高层的网络安全性（第三层），能够支持用户和网络间端到端的安全隧道连接。

（7）提高已有的 Radius 服务能力。企业的网络管理员能够将无线局域网集成到已经存在的 Radius 架构中来简化对用户的管理。这样不仅能实现无线网络的认证，而且还能保证无线用户与远程用户使用同样的认证方法和账号。

（8）简化网络安全管理，集成无线网络和有线网络安全策略。无线网络安全不是单独的网络架构，它需要各种不同的程序和协议。制定结合有线网络和无线网络安全的策略能够提高管理水平，降低管理成本。

（9）认识到无线局域网设备不全都一样。尽管 IEEE 802.11b 是一个标准协议，所有获得 Wi-Fi 标志认证的设备都可以进行基本功能的通信，但不是所有这样的无线设备都完全对等。虽然 Wi-Fi 认证保证了设备间的互操作能力，但许多生产商的设备都不包括增强的网络安全功能。

（10）不能让非专业人员构建无线网络。尽管现在的无线网络的构建已经相当方便，非专业人员可以在自己的办公室安装无线路由器和接入点设备，但是他们在安装过程中很少会考虑网络的安全性，入侵者只要使用网络探测工具扫描网络就能进行入侵。因此在没有专业网络管理员同意和参与的情况下，要限制无线网络的搭建，这样才能够保证无线网络的安全。

8-6

微课

【拓展实训】

项目实训　局域网安全防护实战

随着人类社会生活对 Internet 需求的日益增长，网络安全逐渐成为 Internet 及各项网络服务和应用进一步发展的关键。网络使用户能以最快的速度获取信息，但是非公开性信息的被盗用和破坏是目前局域网面临的主要问题。

1. 实训目的

（1）了解局域网的安全隐患。

（2）利用各种工具对局域网进行安全防护。

2. 实训内容

（1）查看局域网中的主机信息。

（2）局域网攻击实战。

（3）局域网安全防护。

3. 实训设备

两台以上联网的计算机，相关防护软件。

4．实训步骤

步骤❶ 查看局域网中的主机信息。

（1）使用 LanSee 查看信息

LanSee 是一款对局域网上的各种信息进行查看的工具。使用该工具可以快速搜索出局域网中的主机信息，如主机名、IP 地址、MAC 地址等，如图 8-10 所示。

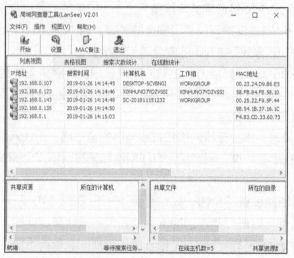

图 8-10　LanSee 主界面

（2）使用 IPBook 查看信息

IPBook（超级网络邻居）是一款小巧的搜索共享资源、FTP 共享的工具，软件自解压后就能直接运行。它还有许多辅助功能，如发送短信等，并且所有功能还可以在互联网中使用，如图 8-11 所示。

图 8-11　IPBook 主界面

步骤❷ 局域网攻击实战。

（1）使用网络剪刀手 NetCut 切断网络

网络剪刀手 NetCut 是一款网络管理必备工具，其可以切断局域网里任何主机的网络连接。利用 ARP，可以看到局域网内所有主机的 IP 地址，如图 8-12 所示。

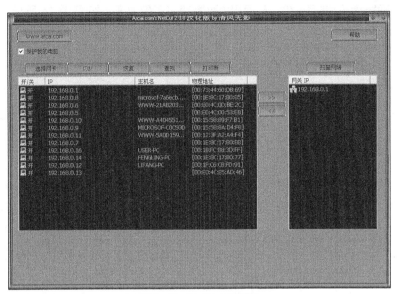

图 8-12 NetCut 主界面

（2）监听局域网中的数据包

使用网络特工可以监听局域网中的数据包，例如可以监视与主机相连的集线器上所有机器收发的数据包；还可以监视所有局域网内的机器上网情况，以对非法用户进行管理，并使其登录指定的IP 地址，如图 8-13 所示。

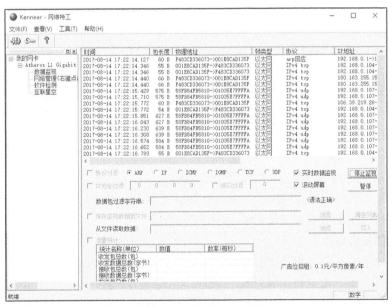

图 8-13 网络特工主界面

步骤 ❸ 局域网安全防护。

聚生网管是优秀的网络监控软件，用户只需要在局域网中的任意一台计算机上安装该软件，就可以控制整个局域网的 P2P 下载、各种聊天工具、股票软件、游戏软件等，网络管理员可以在一台控制机上控制任意一台局域网主机，从而极大地提高了工作效率，如图 8-14 所示。

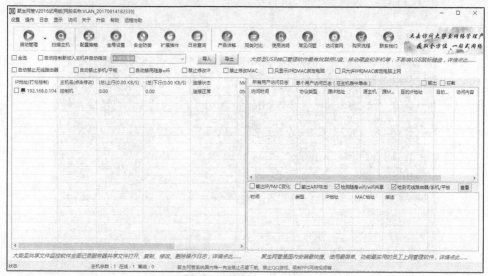

图 8-14　聚生网管主界面

5. 实训总结

（1）下载 LanSee、IPBook，查看局域网中的主机信息。

（2）下载网络剪刀手、网络特工，进行局域网防护。

（3）下载聚生网管，对局域网进行安全监控。

（4）总结实训心得。

【知识延伸】云安全基础

1. 云安全概念与含义

"云安全"（Cloud Security）计划是网络时代信息安全的体现，它融合了并行处理、网格计算、未知计算机病毒行为判断等新兴技术和概念，通过网状的大量客户端对网络中的软件行为进行异常监测，获取互联网中木马、恶意程序的最新信息，并将其推送到服务器端进行自动分析和处理，再把计算机病毒和木马的解决方案分发到每一个客户端。

"云安全"是"云计算"的重要分支，在反计算机病毒领域中获得了广泛应用。将整个互联网变成一个超级大的杀毒软件，这就是云安全计划的宏伟目标。

2. 云安全的发展趋势

未来杀毒软件将无法有效地处理日益增多的恶意程序。来自互联网的主要威胁正在由计算机病毒转为恶意程序及木马，在这样的情况下，特征库判别法显然已经过时。云安全技术得到应用后，识别和查杀计算机病毒不再依靠本地硬盘中的计算机病毒库，而是依靠庞大的网络服务，实时进行采集、分析和处理。整个互联网就是一个巨大的杀毒软件，参与者越多，每个参与者就越安全，整个互联网就会越安全。

3. 云安全新增功能

（1）木马下载拦截

基于业界领先的反木马技术，拦截中毒计算机，使其可能通过网络下载更多的计算机病毒和盗号木马，并截断木马进入用户计算机的通道，遏制"木马群"等恶性木马的泛滥。

（2）木马判断拦截

基于强大的"智能主动防御"技术，当木马和可疑程序启动、加载时，立刻对其行为进行拦截，阻断其盗号等破坏行为，在木马运行时发现并清除它，保护账号安全。

（3）自动在线诊断

自动在线诊断是瑞星"云安全"计划的核心功能，能够自动检测并提取计算机中的可疑木马样本，并将其上传到瑞星木马/恶意软件自动分析系统（Rs Automated Malware Analyzer，RsAMA），随后 RsAMA 将把分析结果反馈给用户，查杀木马，并通过瑞星安全资料库分享给其他所有瑞星用户。

【扩展阅读】全民国家安全教育日

全民国家安全教育日是为了增强全民国家安全意识，维护国家安全而设立的节日。2015 年 7 月 1 日，全国人大常委会通过的《中华人民共和国国家安全法》第十四条规定，每年 4 月 15 日为全民国家安全教育日。

国家"十三五"规划纲要提出，要深入贯彻总体国家安全观，实施国家安全战略。要制定实施政治、国土、经济、社会、资源、网络等重点领域国家安全政策，保障国家政权主权的安全，防范化解经济安全风险，加强国家安全法治建设。

关于社会组织和公民个人在维护国家安全方面的义务，《中华人民共和国国家安全法》明确规定了以下几个方面：遵守宪法、法律、法规关于国家安全的有关规定；及时报告危害国家安全活动的线索；如实提供所知悉的涉及危害国家安全活动的证据；为国家安全工作提供便利条件或者其他协助；向国家安全机关、公安机关和有关军事机关提供必要的支持和协助；保守所知悉的国家秘密；履行法律、行政法规规定的其他义务。此外，该法还明确规定：任何个人和组织不得有危害国家安全的行为，不得向危害国家安全的个人或者组织提供任何资助或者协助。

【检查你的理解】

1. 选择题

（1）网络级安全所面临的主要攻击是（　　）。

  A. 窃听、欺骗　　B. 自然灾害　　C. 盗窃　　　　D. 网络应用软件的缺陷

（2）计算机系统的脆弱性主要来自（　　）。

  A. 硬件故障　　　　　　　　B. 网络操作系统的不安全性

  C. 应用软件的 Bug　　　　　D. 计算机病毒的入侵

（3）根治针对网络操作系统安全漏洞的蠕虫病毒的技术措施是（　　）。

  A. 防火墙隔离　　　　　　　B. 安装安全补丁程序

  C. 专用计算机病毒查杀工具　D. 部署网络入侵检测系统

（4）以下关于计算机病毒的特征说法正确的是（　　　）。

    A. 计算机病毒通常是一段可运行的程序

    B. 反病毒软件可清除所有计算机病毒

    C. 加装防毒卡的计算机不会感染计算机病毒

    D. 计算机病毒不会通过网络传染

（5）入侵检测系统通常采用的方式是（　　　）。

    A. 基于网络的入侵检测　　　　　　B. 基于 IP 地址的入侵检测

    C. 基于服务的入侵检测　　　　　　D. 基于域名的入侵检测

（6）黑客利用 IP 地址进行攻击的方法有（　　　）。

    A. IP 欺骗　　　　B. 解密　　　　C. 窃取口令　　　D. 发送计算机病毒

（7）网络蠕虫病毒以网络带宽资源为攻击对象，主要破坏网络的（　　　）。

    A. 可用性　　　　B. 完整性　　　　C. 保密性　　　　D. 可靠性

（8）在使用复杂度不高的口令时，容易产生弱口令的安全脆弱性，攻击者则利用此弱点破解用户账户，下列口令中，（　　　）具有最好的口令复杂度。

    A. morrison　　　　　　　　　　　B. Wm.$*F2m5@

    C. 27776394　　　　　　　　　　D. wangjing1977

2. 填空题

（1）防火墙位于两个网络之间，一边是＿＿＿＿＿＿＿＿＿，另一边是＿＿＿＿＿＿＿＿＿。

（2）防火墙的体系结构分为＿＿＿＿＿、＿＿＿＿＿、＿＿＿＿＿。

（3）用于显示当前正在活动的网络连接的网络命令是＿＿＿＿＿。

（4）验证本地计算机是否安装了 TCP/IP 及配置是否正确，可以使用＿＿＿＿＿命令。

3. 简答题

（1）简述网络安全的基本要素。

（2）简述常用的网络攻击手段。

（3）从网上下载一款流行的网络监听工具，并简单介绍一下它的使用方法。

（4）利用端口扫描程序，查看网络上一台主机的信息，以及这台主机使用的网络操作系统。